Ute Eilenberger

Die Dschungelfrau

Ute Eilenberger

Die Dschungelfrau

Wunderlich

1. Auflage Januar 2004

Satz aus der Dolly PostScript PageMaker bei
Pinkuin Satz und Datentechnik, Berlin
Druck und Bindung Clausen & Bosse, Leck
Printed in Germany
ISBN 3 8052 0736 0

Die Schreibweise entspricht den
Regeln der neuen Rechtschreibung.

«The truth is
I never left you
all through my wild days,
my mad existence
I kept my promise,
don't keep your distance»

Song For Argentina

Für A & A,
Afrikas Straßenkinder, die keine Chance bekamen,
und für T., der die Chance jetzt hat.

Inhalt

An einem Strand in Mexiko, der sich in einem endlosen weißen Bogen erstreckt, fühle ich die Wärme der Sonne meine Schultern streicheln, während die Wellen gierig an meinen Füßen lecken. Ich lehne mich genießerisch zurück und versuche mich ganz auf das Tosen der Wellen zu konzentrieren, um meine Erinnerungen auszulöschen.

Eine Geschichte von Kraft und Verzweiflung, von Hoffnung und Schmerz, von Leidenschaft, Macht und Intrigen, von einer großen Vision und dem Aussterben einer bedrohten Art. Eine Geschichte, die die Hauptakteurin fast mit dem Leben bezahlt hätte: meine Geschichte.

Der kleine Zweifuß

Begonnen hat sie, als ich erst drei Jahre alt war und meine Mutter mir die Geschichte vom kleinen Zweifuß erzählte.

Wenn du ein wildes Pferd finden willst, sagte der alte Indianer zu seinem Enkel, dann musst du versuchen, zu denken wie ein Pferd. Und der kleine Zweifuß ging an den Fluss, wo die Pferde tranken, aber er fand kein Pferd. Er lief und lief und lief, bis er in die Steppe kam, wo die wilden Pferde grasten, aber er fand kein Pferd. Zum Schluss war der kleine Indianerjunge sehr müde und erschöpft, und er legte sich traurig hinter einen hohen Stein zum Schlafen. Als er wieder erwachte, stand ein wildes Pferd mit einem verletzten Bein vor ihm. Der kleine Zweifuß hatte kein Pferd gefunden. Aber ein Pferd fand ihn!

Die Idee, sich großen, wilden Säugetieren zu nähern, indem man sich in sie hereinversetzt, und dann zu erleben, wie sie die Nähe eines völlig fremden Geschöpfes tolerieren, hat mich seither immer fasziniert.

Peter Høeg hat einmal eine Geschichte über zwei Kinder geschrieben, in der sich das eine dem anderen nähert, indem es sich in den Seelenzustand des anderen hineinversetzt. Der seelisch kranke Junge läuft gefangen in seinem Schmerz und seiner Hoffnungslosigkeit stereotyp im Kreis, immer an der Wand seines Zimmers entlang. Wie ein Raubtier mit einer Käfigneurose ist das Kind in seiner emotionalen Verstörtheit derart auf seine Grundstrukturen reduziert, dass seine Gefühlswelt dem eines Tieres gleicht. Sein Freund, ein einfühlsames Kind, wählt instinktiv die einzige Möglichkeit, sich dieser verletzten Seele zu nähern: Er geht stundenlang neben ihm her, bis sich ihre Schritte einander angleichen und der kranke Junge sich entspannt und beruhigt und schließlich eine Annäherung zulässt.

Zwei Geschichten, so verschieden und doch so gleich. Wie nähere ich mich einem fremden Geschöpf, einem Wesen mit völlig anderer Sprache, Mimik und Gestik? Indem ich versuche, mich in es hineinzuversetzen und es nachahme, sodass es mich als harmlos anerkennen und akzeptieren kann. Nur so kann ich etwas über es erfahren, etwas von ihm lernen. Der Same für den Wunsch, große, wilde Säugetiere zu erforschen, ihnen nah zu sein, mich in fremde Welten und Kulturen einzufühlen, war mit diesen Geschichten gesät.

Schon als Kind tat ich nichts lieber, als Schlittenhund- und Wolfsromane zu lesen. Ich verschlang die Bücher von Konrad Lorenz, dem Begründer der Verhaltensforschung am Tier, las Berichte über die Kopfjäger in Papua-Neuguinea und die Abhandlungen von Hassenstein, Eibl-Eibesfeldt oder Bischof über menschliche Verhaltensmuster. Ich liebte Hunde und Wölfe und wollte ihr Verhalten erforschen. Schließlich stieß ich auf die Artikel über die Arbeit der Affenforscherin Jane Goodall, allesamt ausgestattet mit eindrucksvollen Bildern. Das brachte mich auf die Idee, dass die Arbeit mit Affen am faszinierendsten sein müsste. Eine Vision war geboren! An Jane Goodall gefiel mir besonders, dass sie sich als Partner für ihre ersten Schritte in den Urwald von Tansania, in eine gefährliche unbekannte Welt, ihre Mutter ausgewählt hatte. Wie sich später herausstellte, war das eine exzellente Wahl. Dass sie darüber hinaus ihr unabhängiges Leben in der Wildnis mit dem Wunsch nach einem Partner und einem Kind in Einklang zu bringen versuchte, fand ich sehr sympathisch. Dian Fossey dagegen wirkte auf mich immer zu fanatisch und auf sich bezogen – eine Eigenschaft, die bei Affenforschern, insbesondere aber auch solchen weiblichen Geschlechts, leider nicht selten anzutreffen ist.

Starke Frauen

Frauen spielten in meiner Kindheit und Jugend eine wichtige Rolle. Ich wuchs – neben meinem kleinen Bruder und meinem Vater – in einem Fünf-Frauen-Haushalt auf. Meine beiden großen Schwestern empfand ich immer als besonders schön und begabt. Ich bewunderte sie, weil sie in ferne Länder reisten, Kampfsportarten trainierten und den Männern die Köpfe verdrehten. Alles schien ihnen spielerisch von der Hand zu gehen. Sie verbanden Attraktivität mit Bildung, Wissen mit Leidenschaft, Intelligenz mit menschlicher Wärme. Ich war daran gewöhnt, dass die Frauen in meiner Familie erreichten, was sie sich vornahmen.

Meine Mutter gab mir mit ihrem steten Glauben an mich viel Selbstvertrauen und Kraft. Sie hielt uns für hübsch und fand es großartig, dass wir jede beliebige Schul- und Berufsausbildung wählen konnten. Mein Vater zwang uns von frühester Jugend an, Zivilcourage zu zeigen, uns für unsere Interessen einzusetzen und sehr hart an unserer Ausbildung zu arbeiten.

Auch in meiner Generation (und vermutlich allen Generationen davor) macht man Frauen immer noch weis, dass sie, wenn sie sich mit Begeisterung ihrer Bildung und Intelligenz widmeten, jede Hoffnung auf ein erfülltes Glücks- und Liebesleben fahren lassen müssen. Besonders wenn sie sich mit Gebieten befassen, die außerhalb der drei Klassiker Kinder, Küche und Kirche liegen – kurz: einfach mit all den Dingen, die mich begeisterten. Indem diese Angst ganz bewusst geschürt wird – in den Familien, während der Ausbildung, in der Literatur und den Medien –, knebelt man Frauen. Es führt dazu, dass viele von ihnen sich aus Angst, auf einen wichtigen Teil ihres Fühlens und Denkens verzichten zu müssen, Dinge untersagen und sich selbst Hürden aufbauen. Sie leben dadurch wichtige Bedürfnisse und Fähigkeiten nicht aus, mitunter außerordentliche, wunderbare Dinge; Dinge, die sie an ihre körperlichen und seelischen Grenzen bringen, aber auch an die Grenzen des Glücks und der Erfüllung. Ich selber habe mich nie davor gefürchtet, das zu tun, was ich für wichtig hielt.

Mit zwei hoch begabten, hübschen älteren Schwestern und einem deutlich jüngeren Bruder, der als einziger Sohn und Nesthäkchen für beide Eltern außer Konkurrenz lief, hatte ich als drittes Kind eine schwierige Rolle in der Familie. Während meine großen Schwestern im Stillen durchaus auch Knüffe austeilten, schrie mein kleiner Bruder immer schon, lange bevor ich irgendetwas tat. Natürlich wurde ich dann ungerechterweise bestraft – Männer waren schon immer die berechnenderen Taktiker ... Aber vielleicht hat diese Situation auch meinen Willen und mein Durchsetzungsvermögen gestärkt, die mir später in schwierigen Situationen gute Dienste leisteten.

Oft war ich als dritte Tochter enttäuscht darüber, dass in meiner Familie schon immer alles da gewesen war. Nichts konnte meine Eltern mehr wirklich beeindrucken. Also tat ich möglichst immer die Dinge, die meine Schwestern noch nicht getan hatten. Ich interessierte mich früh für alles, was mit Tieren zusammenhing, insbesondere aber für die Ausbildung von Hunden und Pferden. Schon damals empfand ich die Methoden, mit denen man diese Tiere erzog, als brutal und unangemessen. Wohl aus Angst vor ihrer Stärke unterdrückte man sie mit Gewalt. Heute, zwanzig Jahre später, ist man auf einem guten Weg, diese Methoden zu revolutionieren – mit spektakulären Erfolgen.

Ich begann zu reiten und beschäftigte mich weiter mit Hunden und anderen Haustieren. Oft, wenn ein verletztes Tier behandelt wurde, dachte ich: «Das hätte man besser machen können», oder sogar: «Das würde ich gerne besser machen.» Natürlich wusste ich, dass «Planstellen» für Verhaltensforscher dünn gesät sind. Also beschloss ich, als ich zwölf Jahre alt war, Tierärztin zu werden. Dieser Beruf kam meiner Leidenschaft für praktische Tätigkeiten und meiner Tierliebe entgegen, und ich dachte, dass ich immer dann, wenn ich keine Arbeit bei den Affen in Afrika hätte, zu Hause als Tierärztin arbeiten könnte. Diese Überlegung erwies sich später als goldrichtig.

Professoren und andere Primaten

Nach der Schule musste ich aber zunächst auf meinen Tiermedizinstudienplatz warten und begann daher Biologie zu studieren. In meinem Grundstudium belegte ich gleich Kurse über Verhaltensforschung und Zoologie und arbeitete nebenbei in der Säugetiersammlung. Ich hatte über diese Arbeit auch die Möglichkeit, im Menschenaffenhaus eines Zoos ein Praktikum zu machen. Obwohl ich als Kind noch gerne in den Zoo gegangen war, lernte ich schnell, dass viele der Säugetiere dort unter erbarmungswürdigen Umständen leben. Dennoch war das Praktikum im Menschenaffenhaus in jeder Hinsicht lehrreich. Es gab dort zwei Schimpansenmännchen, von denen das eine dem anderen jeden Tag aufs Neue in dieselbe Wunde im Nacken biss. Zweifelsohne eine sehr grausame Konstellation. Das ging bereits über Jahre so, und keiner unternahm etwas dagegen.

Die Schimpansenjungtiere, eine sehr gemischte Gruppe, machten den ganzen Tag lang ein furchtbares Getöse. Sie traten mit den Füßen gegen die Käfigtüren und rissen an jedem Kleidungsstück, das sie erreichen konnten, wenn wir in ihrem Käfig sauber machten. Ich konnte mich nicht so richtig für sie begeistern. Dabei suchten diese bemitleidenswerten, hochintelligenten Kreaturen in ihrem tristen Gefangenendasein nur eine Abwechslung.

Die Gorillas, die ein ruhiges, relativ intaktes Gruppenleben führten, beeindruckten mich dagegen sehr, allein deshalb, weil eines der Gorillaweibchen ein Neugeborenes hatte. Ich konnte Tage damit zubringen, zuzusehen, was dieses Weibchen selbst unter den anregungsarmen Käfigbedingungen mit ihrem Kind so alles anstellte. Das Silberrückenmännchen steckte immer seine klodeckelgroßen Hände unter der Tür zum Wärtergang durch, um mich um Erdnüsse anzubetteln. Eine anrührende, aber auch traurige Geste.

Die Orang-Utan-Kinder griffen mir ständig in den Ausschnitt, wenn ich vor ihrem Käfig hockte. Das verblüffte mich, bis ich erkannte, das die anderen Tierpfleger immer Erdnüsse in der Brusttasche ihrer Latzhosen aufbewahrten. Ein erwachsenes Orang-Utan-Weibchen beschäftigte sich den ganzen Tag mit unendlicher Geduld damit, mit seinen sehr langen Fingernägeln den Mörtel zwischen den Kacheln herauszukratzen, diese dann von der Wand abzulösen und zu sammeln. Das Weißhandgibbonmännchen dagegen hegte, wie man mir sagte, eine unerklärliche Abneigung gegen Frauen. Eines Tages entriss es mir meinen Anorak mit den Käfigschlüsseln. Zum Glück war ich schneller, bekam die Jacke am Ärmel zu fassen und konnte sie zurückerobern. Das nächste Mal jedoch griff es nach meinen langen Haaren und versuchte mich an einem Haarbüschel durch die Käfigstangen zu ziehen. Eine überaus schmerzhafte Sache.

Insgesamt bot die kleine Affengesellschaft im Zoo einen deprimierenden Anblick. Wenn man diese Tiere einmal in ihrem Leben in freier Natur gesehen hat, weiß man, dass wir ihnen niemals auch nur annähernd ein an ihre Neugier und Intelligenz angepasstes Umfeld in Gefangenschaft bieten können. Die Zoolobby legt heute großen Wert darauf, dass man statt «Gefangenschaft» den Ausdruck «in Menschenhand» bzw. «in Menschenobhut» verwendet. Aber im Grunde genommen ist der Zoo zumindest für die hochintelligenten Menschenaffen die übelste Form eines «Lebenslänglich». Menschenaffen sollte man in ihrem angestammten Lebensraum belassen. Wir wissen von vielen Tierarten noch gar nicht genau, welche Bedürfnisse sie haben, was sie in ihrer natürlichen Umgebung genau fressen, welche Luftfeuchtigkeit dort herrscht, wie sich der Rhythmus von Tages- und Jahreszeiten auswirkt, wie sich soziale Gruppen zusammensetzen und welche natürlichen Verhaltensweisen zur Vermeidung von Krankheiten diese Tiere entwickelt haben. Trotz der Erkenntnisse in der Zootiermedizin in den letzten zehn Jahren wissen wir immer noch so gut wie gar nichts über den natürlichen Alterungsprozess der Tiere in der Natur. Und wir wissen noch weniger über die Medikamentenunverträglichkeiten vieler Spezies. Um ein Wildtier in Gefangenschaft möglichst stressfrei behandeln zu können, müsste der Zootierarzt viel mehr Kenntnisse über deren natürliche Verhaltensweisen haben. Viele Zoos in Deutschland tun sich auch heute noch sehr schwer, neueste Forschungserkenntnisse zu berücksichtigen, Spezialisten aus dem Freiland zuzuziehen oder Forschung zu finanzieren, um dort Wissen über ihre Pfleglinge zu sammeln. Diese Erkenntnisse werden umso seltener angenommen, wenn sie unbequem sind. Im Grunde genommen sollte eine verantwortungsbewusste Tierhaltung nur Tierarten aufnehmen, denen man eine artgerechte Haltung und Ernährung bieten kann und über deren Krankheiten man durch Beobachtung der Wildtiere über ausreichendes Wissen verfügt.

Nach zwei Jahren konnte ich endlich zum Tiermedizinstudium überwechseln, das ich mit großem Interesse und Begeisterung verfolgte. Während des Studiums traf ich tatsächlich auf Professoren, die den Kommilitonen Folgendes rieten: «Meine Herren, schauen Sie sich um, schwängern Sie Ihre Kolleginnen, dann ist die Konkurrenz nur noch halb so groß!» – und das im Jahr 1985! Dabei war die Mehrzahl der Tiermedizin Studierenden begabte Damen. Andere, etwa der Rinderklinikdirektor, weigerte sich, Studentinnen in dem Prüfungsfach «Rinderchirurgie» Einsen zu geben, weil dies angeblich keine Frauendomäne sei. Ich habe aber auch vorurteilsfreie, sehr inspirierende Ausbilder getroffen, die mit Begeisterung und Offenheit Frauen ausbildeten und unterstützten und denen ich für ihr Engagement bis heute ungeheuer dankbar bin. Als ich zu guter Letzt das hart erarbeitete dritte Staatsexamen und die Approbation als Tierärztin in den Händen hielt, war mir sofort klar, dass es nun nicht bei Pudeln, Dackeln und Rindviechern bleiben konnte. Es war an der Zeit, meine «Affenträume» in die Tat umzusetzen. Seit der Geburt meiner Idee waren etwa fünfzehn Jahre vergangen.

Buchläden, Einfriedungen und andere Hindernisse

Ich überlegte lange, wie ich als Außenstehende und ohne Beziehungen an einen der schwer umkämpften, raren Plätze für Verhaltensforscher kommen sollte. Der damals bekannteste deutsche Primatenforscher war Bernhard Winter. Ich kannte nicht nur seine faszinierenden Studien aus Indien, sondern auch seinen gerade erschienenen Bildband über Affen. Ich setzte mich also an meinen Schreibtisch und schrieb ihm einen Brief, in dem ich versuchte, alles Wichtige über mich auf den Punkt zu bringen. Er antwortete mir tatsächlich und schrieb, er käme in drei Wochen zu einer Autorenlesung seines neusten Buches in meine Stadt. Wenn es mir dann gelingen würde, ihn innerhalb einer halben Stunde von meinen Fähigkeiten zu überzeugen, würde er mich mit ein paar Freunden nach Afrika schicken. Ob ich die «Prinz Eisenherz»-Buchhandlung kenne? In der Kneipe daneben sollten wir uns treffen.

Der erzitterte Termin kam. Wie um Himmels willen sollte ich in einer halben Stunde jemanden davon überzeugen, dass ich diejenige sei, die am besten für seine Stelle sei? Und das, obwohl ich keine Erfahrung hatte! Ich hatte mir die ganze lange Geschichte mit den Hunden, mit Konrad Lorenz und meinen vielen Studiengängen sorgfältig zurechtgelegt. Als Herr Winter dann kam, brachte er einen Freund mit, der Journalist war. Das machte mich noch nervöser. Schon peinlich genug, die eigenen Vorzüge einer fremden Person anpreisen zu müssen, die meine Passion für Affen teilte, aber nun auch noch jemandem, der vom Metier keine Ahnung hatte! Die Herren bestellten Bier und hörten in aller Seelenruhe zu, wie ich mich wand, während sie langsam ihre Gläser leerten. Viele Fragen kamen von ihrer Seite nicht. Plötzlich hieß es, nun beginne die Lesung, und ich müsse jetzt sofort mein Bier austrinken. Ich stürzte also meinen halben Liter in einem Zug hinunter, weil ich nicht unhöflich erscheinen wollte, und saß dann selig beduselt auf meinem Klappstühlchen in einer Schwulenbuchhandlung mit dem schönen Namen «Prinz Eisenherz». Als Herr Winter während seiner Lesung auf den heftigen Widerstand der anwesenden Herren stieß, kam mir das Ganze nur noch grotesk und urkomisch vor, und ich musste mir das Lachen verkneifen. Nach der Veranstaltung ließ mich Herr Winter völlig abrupt mitten auf der Straße stehen, sagte, ich würde von ihm hören, und verschwand dann mit seinem Tross. Ich sollte damals noch ein Referat über das Sexualverhalten von weiblichen Bonobos für ihn verfassen. Etwas verwirrt, aber glücklich torkelte ich nach Hause. Diese Art, einen so abrupt abzuservieren, erlebte ich von ihm noch oft in den folgenden Jahren. Aber er war ein Forscher, der niemals die schlechte finanzielle Situation seiner Studenten vergaß und kompetent für Abhilfe sorgte. Überdies hatte er eine hohe Meinung von weiblichen Primatologinnen. Er fand, dass Frauen stärker und daher mental besser geeignet seien, die extremen und entbehrungsreichen Situationen bei der Affenarbeit auszuhalten.

Es war klar, dass bis zu meiner Reise nach Afrika noch mindestens ein Jahr vergehen würde, denn ich musste erst ein Stipendium beantragen. Und ich brauchte Geld und wollte mein mühsam erlerntes tiermedizinisches Wissen in die Praxis umsetzen. Obwohl man uns jahrelang in den düstersten Farben ausgemalt hatte, dass die Tierärzteschwemme jede Hoffnung auf Arbeit nach dem Studium zunichte machen würde, bekam ich bereits zwei Monate nach meiner Approbation die Assistenzstelle meiner Wahl als Rindertierärztin. Darüber war ich ungeheuer glücklich. Meine Kollegen waren beide reizend und unterstützten mich in dieser oft nicht sehr einfachen Arbeit. Es war für die Bauern zunächst sehr ungewohnt, eine zierliche Blondine aus dem Praxiswagen aussteigen und Dinge tun zu sehen, die sie selbst nicht konnten. Zunächst kam ich in Begleitung meines Chefs, der mich einarbeitete, und so fragten sie promt, ob ich seine Tochter sei. Wenn wir beide dies entrüstet von uns wiesen, folgte unweigerlich die Frage, ob mein Vater oder Onkel denn Tierärzte seien. Oder ob ich denn wenigstens aus der Landwirtschaft käme. Man konnte sich einfach nicht vorstellen, dass eine Frau aus freien Stücken und ohne irgendeine erbliche «Vorbelastung» aus der männlichen Linie einer so schmutzigen und gefährlichen Arbeit nachging. Besonders wenn meine Kollegen mich begleiteten, gab es immer Landwirte, die sich durch dumme Sprüche hervortun mussten, etwa: «Passen Sie auf, dass Sie nicht in die Kuh fallen» und Ähnliches. Nach einigen Monaten hatte ich die meisten Zweifler durch stoisches Ignorieren, sorgfältig zurechtgelegte, schlagfertige Antworten und gute Arbeit endlich überzeugt. Die Unterstützung durch meine beiden Kollegen war mir dabei von unschätzbarem Wert. Zu meiner großen Genugtuung konnte ich gerade bei dem größten Sprücheklopfer einem von ihm völlig verdrehten Kalb auf die Welt helfen und auch noch das Muttertier retten. Von dem Tag an hatte ich Ruhe.

Viele, gerade die kleineren Landwirte, nahmen mich nach einiger Zeit richtiggehend in ihre Familien auf. Ich kriegte immer eine Tasse Kaffee, selbst gemachte Wurst und den neusten Tratsch vorgesetzt. Als ich einmal bei der Untersuchung den Urin einer Kuh in den Mund bekam, hieß es: «Else, bring Frau Doktor mal 'nen Schnaps, sie hat 'n schlechten Geschmack im Mund!»

Das ständige Schnäpsetrinken bei den norddeutschen Bauern wurde mir eines Tages fast zum Verhängnis. Nach jeder gelungenen Kälbergeburt wurde Hochprozentiges ausgegeben, alle tranken aus demselben Glas, die Tierärztin bekam ihren Schluck zuerst. Obgleich ich gar keinen Klaren mag, habe ich erst nicht abgelehnt, um mir keine Blöße zu geben. Da in der Saison aber schon ab morgens um sieben eine Geburt auf die andere folgen kann und ich meist noch nicht einmal gefrühstückt hatte, war ich einmal so selig enthemmt, dass ich um Haaresbreite einen Autounfall verursacht hätte. Danach lehnte ich die Schnäpse immer ab.

Zu Anfang war ich oft ziemlich nervös, denn die meisten Gehöfte sind schwer zu finden, das Dienstauto war neu und das norddeutsche Wetter ist meistens schlecht. Aber das tägliche Lernen und der Erfolg, der sich bald einstellte, gaben mir sehr viel Befriedigung.

Eines Tages ging mir auf freier Strecke das Benzin aus. Ich hatte zwar schon vorher gemerkt, dass sich die Tanknadel gefährlich weit nach links neigte, aber ich hatte gehofft, es doch noch zu schaffen. Nun war ich mit meinem Auto zwei Kilometer vor der Tankstelle liegen geblieben. Am Morgen hatte ich Schweine geimpft. Wenn Schweine Angst haben, und sie haben immer Angst, wenn man ihnen mit einer Impfspritze zu Leibe rückt, rennen sie davon. In diesem Fall waren sie durch ihr Flüssigfutter gerannt, und ich war von oben bis unten damit bespritzt und stank nach Schwein. Schweinegeruch ist selbst für Tierärzte und Landwirte kaum zu ertragen, aber für Uneingeweihte ist er geradezu umwerfend. Es war Nebel, und ich hoffte, man würde den Dreck an mir nicht so sehen, während ich mutterseelenallein mit meinem Benzinkanister in Richtung Tankstelle trampte. Das erste Auto, das hielt, war ein BMW mit schwarzen Ledersitzen. Es war mir furchtbar peinlich, als ich mich vorsichtig in der Karosse niederließ und sich das Gefährt sofort mit einem unbeschreiblichen Schweinegestank füllte. Aber der Fahrer, ein junger Mann in edler Kluft, zeigte Haltung. Er fuhr mich ohne mit der Wimper zu zucken sogar noch mit dem gefüllten Kanister zu meinem Wagen zurück. Zweifelsohne hatte ich den Schutzengel dabei, der mich auch mein ganzes bisheriges Leben weiter begleitet hat.

Das Unangenehmste, was mir in jener Zeit passierte, war die Geschichte mit dem Schwein. Ich sollte einen Schweineläufer kastrieren, dessen Hoden sich noch in der Bauchhöhle befanden. Mein Operationsinstrumentarium legte ich während der Operationen immer auf einen Plastikdeckel, zusammen mit den gebrauchten Tupfern und leeren Medikamentenverpackungen. Die Bauersfrauen warfen den Abfall dann fort, die Instrumente und Nadeln wusch ich aber selber ab und sterilisierte sie wieder. Ich öffnete also die Bauchhöhle und führte die Operation durch. Als ich das Schwein wieder zunähen wollte, stellte ich fest, das die Bauersfrau alle Nadeln mitsamt dem Abfall bereits «entsorgt» hatte. Erst versuchte ich, mein Nahtmaterial durch Spritzennadeln zu fädeln. Das funktionierte aber nicht. Ich vertiefte also die Narkose, sagte der Bauersfrau, ich müsste mal schnell weg, legte das arme Schwein mit abgedeckter Wunde auf den Rücken und raste zur Praxis, um Nadeln zu holen. Dem Schwein hatte die Aktion offenbar gar nichts ausgemacht, aber mir saß der Schreck noch lange in den Knochen. Von da an kontrollierte ich immer doppelt und dreifach meine Instrumente.

Das Gefährlichste aber, was ich je in meinem Leben getan habe, inklusive meiner Reisen in putschgeschüttelte Staaten, war das Impfen nicht an Menschen gewöhnter Bullen gegen Maul- und Klauenseuche. 1990 war das letzte Jahr, in dem die Bundesregierung die Maul- und Klauenseucheimpfung für alle Rindviecher ab einem halben Jahr verfügte – ein für den Staat sehr teures, für die Tierärzte aber sehr lukratives Geschäft. Ich glaube, ich war extra zu diesem Zweck eingestellt worden. In der deutschen Tierhaltung werden die männlichen Rinder in Mastbeständen wie Kälber aufgestallt. Bis zur Schlachtung bekommen sie ihr Futter meist nur zugeworfen. Der Kot und die Gülle fließen durch den Betonspaltenboden ab oder bleiben liegen. Das heißt, diese Tiere sind nicht an die Anwesenheit von Menschen in ihren Stallbuchten und schon gar nicht an Berührungen gewöhnt. Jedes wiegt zudem mindestens fünfhundert Kilogramm, hat

Hörner und ist durchaus wehrhaft. Moderne Landwirte haben Möglichkeiten, die Bullen beim Füttern an den Hälsen einzuklemmen, nicht so aber die Kleinbauern, die irgendwo in dunklen Scheunen ihre zehn Jungbullen untergebracht haben. Während ich also mit meinem etwa ein Meter langen Impfstab und daran hängender Impfstoffflasche über die Einfriedungen kraxelte, senkten fünftausend Kilogramm Muskelfleisch mit zwanzig Hörnern schon angriffslustig die Köpfe. Der Landwirt sah sich panisch nach der Mistgabel um, um sich selbst zu schützen und dann vielleicht meine sterblichen Überreste bergen oder in die Gülle kratzen zu können.

Wenn ich mich nun anschickte, das erste Tier zu impfen, rannten die in Panik geratenen anderen Rinder wie die Wahnsinnigen in einem engen Kreis um mich herum. Ich sprühte also mit der einen Hand Farbe auf die geimpften Tiere, impfte mit der anderen und musste dabei immer aufpassen, dass ich nicht unter die hysterisch trampelnden Klauen geriet. Wäre ich umgefallen, hätte ich keine Chance gehabt. Ich habe Blut und Wasser geschwitzt.

Tierarzt ist der drittgefährlichste Beruf nach Feuerwehrmann und Stuntman. Die Berufsunfallversicherung ist so schwindelerregend hoch, dass die Mitglieder der am schlechtesten bezahlten Berufsgruppe unter den Akademikern, nämlich die Tierärztinnen, meist keine haben, und insgesamt interessiert die Situation auch im wahrsten Sinne des Wortes überhaupt kein Schwein. Dennoch ist Tierarzt einer der schönsten Berufe überhaupt. Aber denken Sie an meine Kollegen, wenn Sie das nächste Mal im Zirkus einen Extraobolus dafür zahlen, dass die Artisten Kunststücke ohne Netz vorführen – dort passieren statistisch nämlich weniger Unfälle.

Meine Zeit als Tierärztin war schön, aber auch oft schwierig. Damals lernte ich, immer nur nach vorne zu schauen und mich nicht von der Angst überwältigen zu lassen, mich auf mich selbst zu verlassen und kreative Lösungen für Probleme zu finden. Und vor allen Dingen lernte ich, mich nie von dem Gerede und den Prognosen anderer beirren zu lassen. Trotzdem denke ich oft: Wenn man vorher genau wüsste, was alles auf einen zukommt – und wie oft habe ich mir gewünscht, wenigstens den Ausgang des nächsten Tages im Voraus zu kennen! –, würde man niemals die Begeisterung und Kraft aufbringen, manche lang gehegte Träume tapfer bis zum Ende zu verfolgen.

Stipendien

Während der ganzen Zeit in Norddeutschland schrieb ich nach Dienstschluss mein «Schimpansenreferat», bereitete den Antrag für ein Stipendium vor und polierte meine Französischkenntnisse auf.

In meinem Urlaub absolvierte ich eine Fortbildung im Affenzoo. Der Dozent dort war freundlich und geduldig und brachte mir bei, welcher Gesichtsausdruck bei Affen was bedeutet und wann man am besten welche Beobachtungstechniken anwendet. Bis heute sind wir gut befreundet. Mit seiner sachlichen und klaren Urteilsgabe konnte er mir meist genau vorhersagen, mit welchen meiner «Starfighterprojekte» in der Primatologie ich garantiert baden gehen würde. Er fand, dass ich mich weniger bei meinen beruflichen Projekten verausgaben, dafür aber mehr Geduld mit mir selber haben und mehr an mein Seelen- und Privatleben denken sollte. Manchmal brauchte ich einige Zeit, um seine Ratschläge anzunehmen und umzusetzen, aber letztendlich erwiesen sie sich immer als richtig. In dem Affenzoo lebten auch Schopfmangaben, mit denen ich später arbeiten sollte – eine sehr hübsche, grazile, pechschwarze Affenart mit einem hochstehenden Kamm Haare auf dem Kopf. Bis heute ist nur wenig über ihr Verhalten und ihre Sozialstruktur bekannt. Es ist ein Phänomen, dass überall auf der Welt das Verhalten von Affen die Menschen zum Nachahmen anregt. Man kann das überall dort beobachten, wo beide Arten aufeinander treffen. Und natürlich deuten die Menschen das, was sie da sehen, auf «menschelnde» Art und Weise. Nach einigen Tagen vor dem Käfig der Schopfmangaten konnte ich den Kommentar der Besucher schon mit Sicherheit voraussagen: «Die sehen ja aus wie Punker!»

Die anderen Teilnehmer in meinem Kurs, allesamt Biologiestudenten, saßen abends um mich herum und stellten fasziniert Fragen zu meiner zukünftigen Tätigkeit, denn ich war unmittelbar davor, einen von vielen heiß begehrten Traumjob zu beginnen. Das glaubten sie und ich zumindest.

Der Deutsche Akademische Austauschdienst (DAAD) hatte beschlossen, mich zum Auswahlgespräch einzuladen. Das war an sich schon ein kleiner Sieg. Vor dem Saal traf ich eine um etwa fünfzehn Jahre ältere Primatologin mit gesundem Selbstbewusstsein, die mir unmissverständlich klar machte, dass das alles für sie nur ein Klacks sei. Meine Schwester war hier einmal durchgefallen und hatte ihr Stipendium nicht bekommen, weil ihr der Name des einen großen Kurfürsten der Schweiz nicht eingefallen war. Also hatte ich Respekt vor dieser Prüfung, zumal ich das Geld unbedingt zur Verwirklichung meines großen Traumes benötigte.

Die Männer im Prüfungsausschuss fragten mich einiges zur Politik und Kultur. Dann kam die Frage, was ich denn machen würde, wenn ich das Geld von ihnen nicht bekommen würde. Eine heikle Frage, weil ich das Geld unbedingt brauchte und auch keine Möglichkeit sah, es woanders zu beschaffen. Ich antwortete, ich würde alles versuchen, um das Projekt trotzdem zu finanzieren. Auch meine damals noch spärlichen Französischkenntnisse wurden angesprochen. Aber ich erklärte, dass ich in Totalisolation mitten im Dschungel und mit den Affen nicht viele Sprachkenntnisse benötigen würde, und das überzeugte sie wohl. Nach zehn Tagen gespannten Wartens erhielt ich einen dicken Brief mit der Zusage. Ich war außer mir vor Freude!

Charaktere und Karikaturen

Ich sollte zwei mit Bernhard Winter befreundete Biologen begleiten, die ein Jahr vorher im zentralen Kongobecken ein Projekt mit Zwergschimpansen aufgezogen hatten. Dort wollte ich meine eigenen Untersuchungen über Gruppenkontakte zwischen Schopfmangaben und Meerkatzen anstellen. Der Forschungsort lag weit entfernt von jeder menschlichen Siedlung mitten im Kongobecken, dem zweitgrößten zusammenhängenden Urwald der Welt. Dort herrschten Tages- und Nachttemperaturen zwischen 25 Grad und 95 Prozent Luftfeuchtigkeit. Herr Winter und später auch andere Leute, die die beiden Biologen kannten, hatten mich vor dieser Dreierkonstellation in der Einsamkeit des Dschungels gewarnt. Aber ich war fest entschlossen, mein Ziel weiterzuverfolgen.

Es sollte ein Kennenlerntreffen in dem damals noch existierenden Max-Planck-Institut für Humanethologie von Eibl-Eibesfeldt in Seewiesen stattfinden. Ich fuhr also einmal quer durch Deutschland. Am Ende des Bahnsteigs erwartete mich ein unscheinbares, brav gekleidetes Mädchen mit krausem Haar und Hautproblemen, das sich als «die Bärbel» vorstellte. Wir gingen zunächst einmal in ein Café und sprachen über dies und jenes, bevor sie mich zu dem Schloss brachte, in dem Eibl-Eibesfeldt damals residierte. Dort wurde ich «ihrem Freund», wie sie bei jeder Gelegenheit betonte, vorgestellt. Eckhardt war ein hagerer asketischer Enddreißiger, der mich trocken begrüßte.

Das Personal des Humanethologieinstitut bestand im Wesentlichen aus so schönen und attraktiven Frauen, dass es einem schier die Sprache verschlug. Ganz offensichtlich suchte sich der Institutsdirektor die Damen nach äußerer Attraktivität aus – wobei viele durchaus auch sonst Profil zeigten. Mindestens einmal täglich versammelte Eibl-Eibesfeldt seine Schönen zum Essen und allgemeinen Diskutieren vor dem Schloss. Neben Eckhardt war hier noch ein Humanbiologe aus Österreich, der sich alle Mühe gab, Aufsehen zu erregen. Er inszenierte seine Ankunft auf einem roten Rennrad und in einem hautengen schwarzen «Fahrradfahrerstrampelanzug» stets so, dass sie genau mit dem Beginn des Frühstücks zusammenfiel. Nachdem er sich lässig zu den anderen gesellt hatte, streifte er immer erst die Sonnenbrille hoch und dann, für alle, die noch nicht genug von seiner braun gebrannten Brust hatten, seine Träger herunter. Wenn ich jetzt noch verrate, dass dieser Herr sich intensiv mit dem weiblichen Paarungsverhalten befasste, kann sich jeder sein eigenes Bild machen. Ich habe mich selten so köstlich amüsiert wie in dieser Woche.

Meine zukünftigen Begleiter verschwanden in dieser Woche immer mal wieder ohne jede Ankündigung. Ich wunderte mich zwar darüber, dachte jedoch, dass sie ja sicher sehr beschäftigt waren. Ich kannte sie ja noch gar nicht und wollte mir kein vorschnelles Urteil bilden. Als Eckhardt mich Eibl-Eibesfeldt vorstellte, sagte der in entsetztem Ton: «Was, die wollt ihr mitnehmen?» – obwohl er noch nicht einen einzigen Satz mit mir gewechselt hatte! Zugegeben, zwischen «seinen» Schönheiten wirkte ich eher wie ein Aschenputtel. Selbst Eckhardt fand diesen Kommentar des hochkarätigen Wissenschaftlers ausgesprochen unhöflich. Immerhin erklärten er und seine Freundin Bärbel sich am Ende dieser Woche Herrn Winter gegenüber bereit, mich mitzunehmen.

Manchmal glaube ich an Schicksal. Und mein Schicksal wollte es wohl so. Denn wenn ich nicht Herrn Winter um Entsendung nach Afrika gebeten hätte, hätte ich mich auf jeden Fall an einen Humanbiologen aus meinem Bekanntenkreis gewandt, der auch in diesem Schloss arbeitete. Und vermutlich wäre ich in genau denselben Händen gelandet.

Letzte Vorbereitungen

Da wir im Sommer reisen wollten, kündigte ich meine Stelle und löste meine Wohnung auf. Es machte mir ungeheuer Spaß, meine Expeditionsausrüstung sorgfältig auszuwählen und von meinem mühsam ersparten Geld zu kaufen. Für ein halbes Jahr Urwald durfte ich nur zwanzig Kilogramm Gepäck inklusive Zelt und Schlafsack plus einem Paket Medikamente für alle mitnehmen. Und dabei wogen allein Kamera und Teleobjektiv bereits drei Kilo! Ich zog zu meinem Lebensgefährten zurück und war gerade dabei, mein Zelt in dessen Wohnzimmer aufzubauen, als mich Eckhardt anrief und sagte, es wäre ihnen nun plötzlich doch zu gefährlich, mich mitzunehmen. Etwas verstört rief ich daraufhin Bernhard Winter an und machte klar, dass ich soeben nicht nur einen wunderbaren Job aufgegeben und meine gesamten Finanzen in eine urwaldtaugliche Ausrüstung umgewandelt hatte, sondern auch das Stipendium für genau diesen Zweck zugesprochen bekommen hatte. Bernhard Winter räumte die Bedenken das Biologenpärchens dann aus. Zwei Wochen vor Weihnachten kam dann eine echte Hiobsbotschaft: In Kinshasa, der Hauptstadt der Demokratischen Republik Kongo, waren erneut Unruhen ausgebrochen; der französische Botschafter war erschossen und der Ausnahmezustand verhängt worden. Der Deutsche Akademische Austauschdienst sperrte mein Stipendium. Wir durften nicht reisen!

Da saß ich nun: ohne Job, ohne Geld und ohne Stipendium.

Inzwischen hatte ich mich wieder als Biologiestudentin eingeschrieben. Also ging ich zur studentischen Arbeitsvermittlung. Dort vermittelte man mir einen Job in der Registratur einer großen Versicherung. Die Kollegen wunderten sich zwar, warum ich als völlig anders qualifizierte Kraft ausgerechnet bei ihnen arbeiten wollte, aber ich erklärte meine Situation, und das leuchtete ihnen ein. Da nach dem Mauerfall Hunderte von Versicherungsvertretern in den Osten geströmt waren, um die Leute davon zu überzeugen, sich möglichst auch noch gegen den Sonnenaufgang zu versichern, gab es eine solche Flut von Anträgen, dass das Stammpersonal sie nicht mehr bewältigen konnte. Mein Stundenlohn lag höher als das, was ich als Tierärztin erhalten hatte, und ich musste keine Nacht- und Wochenenddienste absolvieren. Die Arbeit machte mir sogar Spaß, ich hatte ja langfristig eine andere Perspektive. Und die medizinischen Berichte zur An- oder Aberkennung von Lebensversicherungen waren durchaus lesenswert: So hatte man damals in Ostdeutschland offenbar einige Zwitter in die falsche Richtung operiert, mit all den Problemen, die das nach sich zog. Das mit der Geschlechtsbestimmung nach Chromosomen war dort damals offenbar nicht so ganz fehlerlos verlaufen.

Ich rationalisierte die Kontrolllisten für die Aktensuche, und nach einem Monat lief der Laden sogar effektiver als vorher. Der Aktensuchtrupp, den es in jeder größeren Versicherung gibt, hatte nun weniger zu tun. Die Freude des Dauerpersonals darüber war nicht ungetrübt, schließlich konnte jetzt auffallen, wie gemütlich sie sonst arbeiteten. Vielleicht lag die friedvolle Atmosphäre aber auch an den Bierflaschen, die überall hinter den Aktenordnern standen und ab zehn Uhr morgens herausgeholt wurden. Da die Situation im Kongo unruhig blieb, verlängerte ich meinen Arbeitsvertrag noch einmal, und später überredete ich die Versicherung, statt meiner meinen Bruder einzustellen. Ihm bot man übrigens für genau die gleiche Arbeit ein sogar noch höheres Gehalt.

Irgendwann im Februar schien sich die Situation im Kongo endlich zu stabilisieren, und es hieß, wir könnten unter großen Vorsichtsmaßnahmen einreisen. Am gefährlichsten war die Hauptstadt, die wir aus logistischen Gründen aber nicht umgehen konnten. Das Auswärtige Amt blieb bei seiner Stipendiumssperre. Wenn mir etwas passieren würde, so argumentierte es, würde die Presse es beschuldigen, dass es mich in eine so gefährliche Region entlassen hätte. Wir beschlossen, uns darüber hinwegzusetzen.

Bernhard Winter bat mich, ihm einen Abschlussbesuch abzustatten. Wochenlang hatte ich immer wieder vergeblich bei seiner Frau angerufen, die mir immer die fadenscheinigsten Ausreden für seine Abwesenheit lieferte, und er rief mich auch nie zurück. Endlich erzählte mir ein Kollege, dass er aus der ehelichen Wohnung längst ausgezogen sei. Die arme Frau, die sich immer wieder irgendwelche Geschichten ausdenken musste, um hartnäckige Studenten abzuwimmeln! Es war also nicht leicht, immer auf dem neuesten Stand der privaten Entwicklungen der Primatologen zu sein – meist verhielten sie sich ganz ähnlich wie ihre Studienobjekte. Schließlich erforschten sie ja die Spezies, die dem Menschen evolutionsbiologisch am nächsten ist.

In den folgenden Tagen musste ich die Tropentauglichkeitsuntersuchung ablegen und traf dort einen von vielen, die mir von meinem Vorhaben abrieten: Der Arzt, der mir das Zertifikat ausstellte, sagte, dass ihn keine zehn Pferde in den Kongo kriegen würden. «Da gibt es die Schlafkrankheit, ich würde an Ihrer Stelle die Beine in die Hand nehmen und laufen!», warnte er. Einer meiner männlichen Freunde konstatierte: «Was? Ein halbes Jahr keinen Sex? Das käme für mich nicht infrage!» Statt diesen wohlmeinenden Ratschlägen zu folgen, verschuldete ich mit einer für mich ungeheuer hohen Summe bei meiner Familie und Freunden, um auch ohne mein Stipendium in den Kongo reisen zu können. Ich war entschlossen, meinen Traum Wirklichkeit werden zu lassen.

Wenige Tage vor dem Abflug fuhr ich zu meinen Eltern, um mich zu verabschieden. Ich erinnere mich, dass ich in der letzten Nacht bei ihnen von dem Putsch in Kinshasa träumte. Ich war schweißgebadet, als ich aufwachte. Meine Eltern waren dagegen ungeheuer enthusiastisch, denn sie wussten, dass mein lang gehegter und hart erkämpfter Traum in Erfüllung ging. Sie hatten nie Bedenken geäußert, und so bekam der Abschied letztendlich einen ganz selbstverständlichen Anstrich.

Ich hatte lange überlegt, ob ich mein Testament zugunsten meines Freundes machen sollte, beschloss aber dann, dass ich lebend zurückkehren würde. Wir waren bereits seit mehr als sieben Jahren ein Paar, als ich ihn verließ, um in den Kongo zu gehen. Wir hatten geplant, dass er mich, wenn irgend möglich, nach der Hälfte der Zeit besuchen sollte. Ich verdankte ihm ungeheuer viel. Er hatte mir in der gesamten Zeit unseres Zusammenseins immer großzügig sehr viel Liebe gegeben. Vieles hätte ich ohne seine Ruhe, Kraft und stille Unterstützung nicht bewältigen können. Ich war in der Zeit meiner Ausbildung oft keine einfache Freundin, weil ich ständig von Prüfungsangst geplagt war. Über fünf Jahre lang reiste er jedes Wochenende zwischen zwei Städten hin und her, um mich zu sehen, und jeden Abend telefonierten wir miteinander, wenn wir getrennt waren. Ein Jahr bevor ich in den Kongo ging, suchte er sich sogar eine Stelle in der Stadt, in der ich lebte. Er war mir immer ein großartiger Freund, und wenn ich jemandem zu tiefem Dank und Anerkennung verpflichtet bin, dann ist er es.

Ich hatte meinem Bruder also meinen Job und mein Zimmer überlassen, in der Hoffnung, dass seine Anwesenheit meinen Freund etwas trösten würde. Am Abend vor meinem Abflug packte er mir immer wieder von neuem meine Expeditionsausrüstung, bis endlich alles in den Seesack passte. Er war ein Genie im Packen, nicht ein Millimeter blieb frei. Alles Übrige musste ich anziehen, die Feldstiefel, Pullover und meinen Anorak – ein ziemlich origineller Anblick. Die Biologen hatten die Anschlusstickets nach Kongo (Brazzaville), dem Nachbarland Zaires, da in der Hauptstadt Kinshasa am anderen Ufer des Kongo aus Sicherheitsgründen keine internationalen Fluglinien mehr landeten. Ich sollte sie in der Schweiz beim Umsteigen treffen.

Am Abflughafen verabschiedete ich mich von Bruder und

Freund, und als ich mich auf dem Weg zur Gangway befand, drehte ich mich noch einmal zu der Glasscheibe um, hinter der mein Freund stand. Ich konnte durch die Glasscheibe sein Gesicht erkennen. Es war von Schmerz verzerrt, ein Anblick, der sich bis heute in mein Gedächtnis eingegraben hat. Er hatte nie gesagt, ich solle nicht gehen, und er hatte nie gesagt, dass ihm die Trennung schwer fallen würde. Vielleicht kannte er mich auch zu gut und wusste, dass mich ohnehin nichts zurückhalten würde. Vielleicht wollte er auch einfach nicht kämpfen. Ich war mir ganz sicher, dass unsere Freundschaft dieses halbe Jahr Trennung überstehen würde, da wir uns einander sehr nahe fühlten. Und ich wollte natürlich daran glauben. Etwas verstört ging ich deshalb die Gangway herunter, und ich hörte meine Schritte wie Donnerschläge in meinen Ohren widerhallen. Ich wusste, der letzte Schritt war endgültig getan. Das große Abenteuer begann!

In der Schweiz hatte ich zwei Stunden Aufenthalt und ging direkt zum Schalter für den Anschlussflug. Wer bis zur letzten Minute nicht kam, waren die Biologen. Schon erscholl der letzte Aufruf. Da ich selbst keinen Flugschein hatte, konnte ich aber nicht alleine einsteigen. Als nur noch drei Passagiere einchecken mussten, erschienen die beiden so entspannt und lässig, als flögen sie in den Urlaub. Sie waren schick gekleidet, musterten mich in meiner Ausstattung etwas von oben herab und sagten, dass sie nördlich des Äquators niemals Feldkleidung trügen. Netterweise überließen sie mir den Fensterplatz. So sah ich zum ersten Mal in meinem Leben die Sahara von oben und war von dem Anblick hin und weg. Innerlich war ich ganz ausgefüllt von Afrika und den Assoziationen, die man damit in Europa verbindet. Während des Fluges musste Bärbel dreimal austreten, um neuen Lippenstift aufzulegen. Ob sie wohl auch während der Feldarbeit den Schminkspiegel immer dabeihatte?

Bei der ersten Zwischenlandung auf afrikanischem Boden nahm ich zum ersten Mal die nach schwerer, feuchter Erde riechende Luft des tropischen Afrika wahr, ein Geruch, den ich nie wieder vergessen sollte. Er erfüllte mich mit frohen Erwartungen.

Erste Eindrücke

Und dann waren wir da! – zumindest im Nachbarland Kongo (Brazzavillc). Meine Begleiter waren sehr nervös, weil sie fürchteten, dass man unser Gepäck durchsuchen und Teile davon beschlagnahmen würde. Sie hatten im Vorjahr bereits verlustreiche Erfahrungen damit gemacht. Den größten Teil ihres Gepäcks, also mehrere hundert Kilo, hatten sie daher als Luftfracht in den Kongo vorgeschickt. Am Zoll standen schwer bewaffnete Soldaten mit harten Mienen, die keinen Zweifel daran ließen, dass es ab hier ernst wurde. Es ging aber alles glatt.

Wir fuhren mit dem Taxi in das größte Hotel der Stadt. Es hatte vielleicht vierzig Stockwerke und war sehr prunkvoll und plüschig ausgestattet, mit viel Purpur und Gold an den Wänden und am Mobiliar, aber es roch nach feuchter Wäsche und Erde, ausgesprochen muffig. Im Gegensatz zu den beiden anderen, die nur zwei Handköfferchen hatten, musste ich sehr viel tragen. Während sie beschwingt dem Aufzug entstiegen und sich nicht die Bohne darum kümmerten, wie ich mit meiner Last zurechtkäme, musste ich noch zweimal zum Aufzug, um mein restliches Gepäck zu bergen.

In dieser Nacht schlief ich wenig. Ich war zu gespannt auf

das, was kommen würde, und außerdem machte der Ventilator in meinem Zimmer einen ungeheuren Lärm. Ohne ging es aber auch nicht, denn es herrschte eine enorm hohe Luftfeuchtigkeit, also war ich die ganze Nacht damit beschäftigt, den Ventilator an- und wieder auszuschalten. Am nächsten Morgen wurde mir das Frühstück vom weiß gekleideten Hauspersonal in altkolonialistischen Livreen und Handschuhen serviert. Neben dem Frühstücksteller lag eine Hibiskusblüte. Ich war beeindruckt.

Am Vormittag fuhren wir mit einem Taxi zum Flughafen. In einer winzigen zweimotorigen Maschine flogen wir über den Zaire-Fluss. Unter uns bot sich ein atemberaubender Ausblick auf die Mündung. Der Fluss dehnt sich an dieser Stelle in einer kaum übersehbaren Breite aus, auf ihm treiben winzige Holzeinbäume, wackelige Fähren und inselgroße abgelöste Flöße aus Gras. Der Fluss beeindruckte mich sehr, das Flugzeug weniger! Es rappelte und blinkte an jeder Ecke, und die schlampigen Schweißnähte, die das Ding notdürftig zusammenhielten, wären vom deutschen TÜV nicht einmal an einem Kinderwagen toleriert worden – und schon gar nicht an einem, der fliegt. Wie ich später erfuhr, haben die kongolesischen Buschpiloten jedoch einen ausgesprochen guten Ruf, denn sie müssen sich ohne Radarsystem orientieren, ohne das in der nördlichen Hemisphäre kaum jemand auskommt. Jahre später erzählte mir allerdings eine meiner kongolesischen Mitarbeiterinnen, dass sie einmal versehentlich über sudanesischem Kriegsgebiet geflogen wurde, obwohl sie eigentlich in den Kongo wollte. Der Pilot bemerkte seinen Irrtum gerade noch rechtzeitig und schlug doch noch die richtige Richtung ein.

Unmittelbar nach der Landung auf der kongolesischen Seite des Kongo ging der Ärger dann los. Noch auf dem Rollfeld stürzten etwa dreißig Personen, zum Teil in Militäruniformen, auf uns los, schrien, gestikulierten und rannten mit den Gepäckteilen in alle Richtungen davon. Sie hatten sofort beschlossen, dass aus uns Geld herauszuholen sein würde, also erfanden sie ein nicht näher definierbares oder nachzuvollziehendes Problem in Bärbels Pass. Wie unschwer zu erraten ist, waren sie jedoch bereit, dieses Problem nach langer Diskussion und einigen Dollars zu lösen. Endlich waren wir aus dem Flughafengebäude heraus und erlebten Zaire live!

Aber zunächst mussten wir auf den Chauffeur des mit Bärbel und Eckhardt befreundeten Missionars warteten. Während wir so dastanden, begannen sich mehrere gelähmte Menschen auf allen vieren kriechend über den riesigen Parkplatz direkt auf uns zu zu bewegen. Mal abgesehen davon, dass ich über den medizinischen Zustand der Menschen zutiefst entsetzt war, lernte ich hier meine erste kongolesische Lektion: Weiß sein bedeutet reich sein, und das hat zur Folge, dass fast jeder, der dich nicht kennt, versucht, Geld aus dir herauszuquetschen. Ich hatte bis dato in meinem Leben immer mit bescheidenen Summen auskommen müssen. Wie sollte ich jemals ungezwungen mit Menschen einer Kultur umgehen oder gar Freundschaften schließen können, wenn sie mich nur als wandelnden Geldschrank ansahen? Ich war ziemlich verstört.

Die Fahrt zwischen dem Flughafen und der Hauptstadt dauerte eine Dreiviertelstunde. Währenddessen sah ich Hunderte bunt gekleideter Menschen am Straßenrand stehen. Erst dachte ich, sie warteten vielleicht auf Busse oder Lebensmittel. Aber Lektion zwei lautete: Sie standen da, weil sie eben Zeit dazu hatten.

Abenteuerlich wirkte auch der Transport mit öffentlichen Verkehrsmitteln. Die Busse, Lastwagen oder offenen Pickups, allesamt mit schadhaften Bremsen, abgefahrenen Reifen und rudimentärer Beleuchtung, waren derart voll, dass die Leute außen auf den Stoßstangen standen und sich irgendwie festhielten. Wie jemand aus der Mitte des Busses rechtzeitig herauskommen konnte, wenn der Bus hielt, ist mir bis heute schleierhaft. Die Passagiere können häufig nicht richtig stehen oder sitzen und lassen ihre Beine deshalb aus dem Gefährt hängen, was bei der rasanten Fahrweise zu katastrophalen Verletzungen führen muss. Kongolesische Lektion Nummer drei: Menschenleben zählen wenig, und der Tod wird nicht als etwas Außergewöhnliches, sondern als etwas Alltägliches wahrgenommen und behandelt. Von Letzterem allerdings könnte man in unserer Kultur eine Menge lernen.

Schon im Flugzeug waren wir auf einige beeindruckende Damen gestoßen. Viele der besser gestellten Frauen in dieser Region sind ungeheuer korpulent, sehr kommunikativ und wirken überaus lebenslustig. Meist wurden sie von einem distinguiert aussehenden Ehemann in teurer, europäischer Straßenkleidung und vielen entzückend gekleideten und liebevoll frisierten Kindern begleitet. Die traditionelle zentralafrikanische Kleidung für Frauen setzt sich aus drei Teilen des gleichen bunten Stoffs zusammen: einem eng an den Körper geschneiderten Oberteil mit überdimensionalen Puffärmeln, einer einfachen bodenlangen Stoffbahn, die als Rock dient, und einem kurzen Tuch, das über beides gebunden wird und in dem wahlweise ein Kind oder Lasten getragen werden. Das kokette Auf- und Zuknoten des Tragetuches scheint beim Flirten von Bedeutung zu sein, man kann das in Diskotheken gut beobachten. Zu feierlichen Anlässen und manchmal auch einfach so tragen die Frauen oft noch ein Tuch im Haar, mit dem sie ihre Frisur in atemberaubende Kreationen verwandeln. Das kann in Verbindung mit der oft sehr stattlichen Haltung der Trägerin sehr edel aussehen. Die begüterten Kongolesinnen sind in der gesamten Region der Großen Seen in Afrika bekannt für ihren extravaganten Schick.

Das Straßenbild im Kongo ist durch die Vielzahl der Menschen in bunten Gewändern und die vielen unterschiedlichen Waren und Gegenstände ausgesprochen interessant und farbenfroh. Nur die Männer tragen überraschenderweise europäische Kleidung. Den Abacost, einen schmucklosen, gerade geschnittenen und meist in Khaki gehaltenen «Maoanzug», der in den Hochzeiten des Mobutu-Regimes als Demonstration der Ablehnung des europäischen Straßenanzuges eingeführt worden war, sah man nur noch hier und da, an staatlichen Administratoren oder zu offiziellen Anlässen.

Nach schier endloser Fahrt vorbei an den riesigen Armenvierteln näherten wir uns der Stadtmitte. Hier standen die Häuser der Besserverdienenden, allesamt hinter vier Meter hohen Mauern, mit Glas- und Metallsplittern oder Natodraht obendrauf. Sie wurden Tag und Nacht von zum Teil bewaffneten Wächtern geschützt. In den Autos und auf der Straße waren so gut wie keine Weißen zu sehen. Die meisten waren längst evakuiert.

Die Hauptstadt

Der Missionar hatte in seinem Auto außerhalb des Flughafengeländes von Kinshasa auf uns gewartet, um uns zu seiner Mission zu geleiten. Bruder Blasius kam aus Bayern und war der erste von vielen Missionaren, mit denen ich später zu tun hatte. Ich hatte einiges über Afrika gelesen und hatte daher so meine eigenen Vorstellungen von Missionaren in Afrika. Aber ich muss sagen, dass ich von allen, die ich tatsächlich traf, angenehm überrascht war. Sie leisteten oft schwierige Arbeit, immer freiwillig und für ihre Überzeugung. Sie kannten das Leben der einfachen Menschen in den entlegensten Orten und bewiesen erstaunlichen Realitätssinn, Menschenkenntnis und viel Humor. Dabei lebten sie überaus bescheiden und aßen unglaublich schlechtes Essen, was man von den hohen kirchlichen Würdenträgern, Diplomaten und Entwicklungshelfern in der Hauptstadt nicht gerade behaupten konnte. Missionare haben uns immer und ohne große Worte geholfen. Vieles wäre ohne ihre Hilfe schwieriger, teurer oder unsicherer gewesen. Und bei alldem blieben sie immer milde und freundlich-zurückhaltend – vielleicht auch deshalb, weil sie nun mal Männer der Kirche waren und ich eine junge Frau.

Bruder Blasius war ein kleiner, agiler, sehr freundlicher Mann. Bevor er in einen Orden gegangen war, war er Lastwagenfahrer gewesen. In der Mission arbeitete er jetzt unter anderem als Pilot. Er nahm sich meiner in den nächsten Tagen an, denn er hatte Augen im Kopf und eine rasche Auffassungsgabe für meine Situation. Anfangs hatte ich etwas Bedenken, dass er mich möglicherweise in Gespräche über Gott oder die katholische Religion verwickeln könnte, aber das tat er nie.

Bärbel wurde in der Mission in mein Zimmer einquartiert

und war gar nicht erfreut darüber. Ihre üble Laune ließ sie an mir aus, obwohl ich ja nun wahrhaftig nichts für die Regeln der katholischen Kirche konnte. In den ersten Tagen gab es gleich ein großes Problem, denn der Bischof sollte kommen, und bis dahin mussten wir mit Sack und Pack aus der Mission verschwunden sein. Am Morgen des Besuchs des Bischofs sagten Bärbel und Eckhardt zu mir, sie müssten mal kurz etwas erledigen, verschwanden und ließen mich hinter den hohen Mauern der katholischen Männermission zurück. Gegen Mittag wurde dann auch Bruder Blasius nervös und fragte immer wieder, wo die beiden anderen denn nur blieben. Mir war das Ganze extrem unangenehm, aber ich konnte mich aus Sicherheitsgründen ohne Auto nicht wegbewegen. Ich kannte ja auch niemanden. Es war vollkommen klar, dass er Ärger kriegen würde, mit einer ledigen jungen Frau in der Mission. Leider wusste ich auch nicht mehr als er. Als ich mit stetig wachsendem Zorn in der Gartenlaube saß, gesellte sich dann ein gut aussehender junger Mann zu mir, um mit mir zu plaudern. Ich schätzte ihn auf etwa Anfang dreißig. Später erfuhr ich, dass das der Bischof war. Er war Ende fünfzig. Lektion Nummer vier: Versuche nie das Alter von Menschen anderer Hautfarbe zu schätzen. Du wirst immer völlig danebenliegen!

Gegen fünf Uhr nachmittags tauchten die Biologen gut gelaunt und ohne jede Entschuldigung wieder auf. Als ich Eckhardt vorsichtig fragte, wo sie denn gewesen seien und ob er mir eine Erklärung geben wolle, entgegnete er barsch: «Nein!» Ich begab mich daraufhin mit meinem Zorn in die Lagerhalle, wo das Gepäck versandfertig in Reissäcke vernäht werden musste. Ein guter Ersatz für Sandsäcke!

Zwei Tage später nahm Bruder Blasius mich beiseite. Er sagte, es sei für ihn offenkundig, dass die Biologen mich als fünftes Rad am Wagen behandelten. Schon in dem Moment, in dem wir aus dem Auto ausstiegen, habe er das bemerkt. Er machte sich große Sorgen über meine Zeit mit den beiden im Urwald, denn dort würde ich keine Ausweichmöglichkeiten haben. Er prophezeite mir, dass sie sich mir gegenüber weiterhin so verhalten würden. Darüber hinaus machte er sich Gedanken darüber, wie ich die Monate als junge Frau so ganz ohne männlichen Begleiter durchhalten sollte. Ich wunderte mich schon etwas darüber, dass er als zölibatär lebender Missionar mich auf diesen Aspekt so deutlich hinwies. Aber natürlich wusste er auch über weltliche Dinge eine Menge und hatte eine reiche Lebenserfahrung. Ich erklärte ihm, dass ich zu Hause einen Freund hätte. Naiv, wie ich damals war, hoffte ich, dass sich das Verhältnis zu Eckhardt und Bärbel schon einrenken würde, wenn wir nur noch zu dritt und aufeinander angewiesen wären. Aber ganz ehrlich war ich mir selbst gegenüber nicht. Kurz vorher hatte ich noch im Garten hinter der Mission gesessen und mich gefragt, ob ich nicht lieber zurückfliegen und mir ein anderes Projekt suchen sollte. Aber dann dachte ich, du hast so lange auf die Erfüllung dieses Traumes hingearbeitet, du bist fast im Wald, es wäre schade, wenn du wegen so ein paar Hanseln jetzt aufgäbest.

Alkohol gehörte übrigens zu meinem Staunen durchaus zu den Dingen, die ein Missionar sich erlauben durfte. Bruder Blasius nahm mich, als ich wieder einmal alleine in der Mission saß, mit zu Gerhard, dem Arzt der deutschen Botschaft. Seine Praxis grenzte an die deutsche Botschaft und stand in einer mit wunderschön blühenden Bäumen bepflanzten Straße. Überall gab es Bougainvillea, Frangipani und große Bananenbäume. Da der Botschafter seinen Arzt in gefährlichen Zeiten gerne ganz nah bei sich hatte, musste dieser vorübergehend auch in seiner Praxis leben.

Dabei handelte es sich um ein ehemaliges Wohnhaus der

gehobenen Klasse mit großen, hellen Räumen und einer geschwungenen Treppe inmitten eines herrlichen Gartens. Gerhard war ein angenehmer, gut aussehender Gesellschafter. Wir verstanden uns auf Anhieb und fachsimpelten gleich am ersten Tag am Konsultationsschreibtisch – aber nicht allzu ernsthaft, denn wir hatten alle ein Bier vor uns. Das kongolesische Bier ist eines der süffigsten, das ich je getrunken habe; vielleicht lag es auch am großen Durst, den ich ständig hatte. Hier erlebte ich die ersten Stunden in diesem Land, in denen ich mich entspannt und in guter Gesellschaft fühlte. Gerhard stellte uns am nächsten Tag großzügig sein wunderschönes Wohnhaus mit Pool und eigenem Koch zur Verfügung. Im Garten gab es zu meiner Begeisterung wilde Graupapageien, deren Gekrächze mich morgens weckte. Aber obgleich ich die kongolesische Musik wirklich mag, fand ich das ständige Gedudel nervtötend, das Tag und Nacht in voller Lautstärke aus den Ghettoblastern der Nachtwächter aus den Nachbarvillen herüberdrang. In diesem Haus hatte ich auch die erste Begegnung mit Kongos heimlichem Wappentier, der Ameise. Ameisen wohnten ebenso wie Kakerlaken in den Abflussrohren und auch sonst so ziemlich überall. Dafür entschädigten die herrlichen Blumen überall. Als Gerhard uns das erste Mal besuchte, brachte er einen wunderschönen Blumenstrauß aus Frangipani mit, einem blühenden Baum mit wunderbarem Duft, dessen Blüten bis heute meine Lieblingsblumen geblieben sind.

Die nächsten Tage waren angefüllt mit schwierigen Besorgungen und Organisation. Allein die Mengen an Papiergeld in der Landeswährung, die wir bei der galoppierenden Inflation für mindestens ein halbes Jahr brauchten, auf dem Schwarzmarkt zu bekommen, war schwierig. Schließlich füllte unser Geld einen ganzen Werkzeugkoffer. Dann musste ein Auto gemietet und, was noch schwieriger war, das dazu nötige Benzin aufgetrieben werden, damit die Besorgungen erledigt werden konnten. Es gab in den Geschäften so gut wie nichts zu kaufen, was über die Grundbedürfnisse Reis, Nudeln, Tomatenmark, Milchpulver, Corned Beef und Seife hinausging. Und wir brauchten Dosennahrung für mindestens ein halbes Jahr!

In der Zwischenzeit war auch unsere Fracht angekommen und musste durch den Zoll gebracht werden. Jeder, der mit den zairischen Behörden Erfahrung hat, weiß, dass das ein äußerst schwieriges Unterfangen ist. Es sind unzählige Papiere in mehrfacher Ausführung und viele bunte Stempel zu besorgen. Die zuständigen Behörden sind dabei entweder geschlossen, existieren überhaupt nicht mehr, oder der ausführende Stempler ist gerade nicht da. Natürlich weiß niemand, wann und ob er je wiederkommt. Manche Vorgänge lassen sich mit einer kleinen «Beschleunigungsgebühr», hierzulande unter dem Begriff «Schmiergeld» bekannt, vorantreiben. Anderes ist einfach nur durch Hartnäckigkeit und Aussitzen zu erreichen. In jedem Fall brauchen diese Dinge viel Zeit. Je wertvoller und unersetzlicher die Sendungen sind, desto schwieriger wird es. Das gilt insbesondere für technisches Gerät, das man nur im Ausland bekommen kann. Und für unseren Inlandsflug, rund tausend Kilometer über das Land, mussten wir sogar ein Flugzeug organisieren – nebst Treibstoff, versteht sich.

Abends waren wir oft bei den Botschaftsmitgliedern oder den deutschen Entwicklungshilfeorganisationen eingeladen. Alle waren sehr hilfsbereit und schauten uns ein wenig wie seltene, exotische Tiere an. Sie selbst residierten in riesigen Villen, hatten mehrere Jeeps zur Verfügung, ein eigenes Schwimmbad, wunderschöne Gärten und ausreichend Hauspersonal. Man trug erlesene Garderobe und aß aus Belgien importierte Delikatessen. Wenn der Alkohol reichlich geflossen war, beklagte man sich ausführlich über die unverändert katastrophalen Zustände im Land und das eigene schwere Schicksal. Danach wurde über die anderen Europäer hergezogen. Viele der Ausländer im Kongo kamen während der Jahre ihrer Tätigkeit niemals aus den Villen und dieser Gesellschaft heraus. Ihr einziger Kontakt zum Gastland bestand darin, dass sie die ebenfalls gut situierten einheimischen Politiker trafen. Mit der einfachen Bevölkerung – außer mit ihrem Hauspersonal, das ja auch schon zu den Besserbezahlten gehörte – hatten sie so gut wie nie zu tun. Durch das Land fuhr man nur auf Großwildsafaris oder wenn etwa die Einweihung einer Schule oder einer Krankenstation auf dem Programm stand. In der Regenzeit vermied man diese Fahrten möglichst, weil man sich dabei die Füße schmutzig machte. Engagierte Ausnahmen bestätigten diese Regel.

Unter den Abgesandten der Entwicklungshilfeorganisationen gab es einen besonders überzeugten Schwarzmaler, der uns unser zukünftiges Schicksal im Wald in den düstersten Farben darstellte und uns kategorisch von allem abriet. Das war genau so einer, der nie über die Stadtgrenzen herausgekommen war. Ein Urgestein der kongolesischen Geschichte, ein Schweizer, der dort vierzig Jahre gelebt hatte, prägte den Spruch: «Am schlimmsten ist es immer für die gewesen, die gar nicht dabei waren!»

Mir dauerte alles, was mich vom Wald fern hielt, einfach viel zu lange. Aber irgendwann waren ein Pilot, das Benzin und ein Großteil der Ausstattung doch aufgetrieben. Am Morgen vorher war Gerhard nochmal gekommen, um uns zu verabschieden. Als wir alleine waren, nahm er mich sehr herzlich in den Arm und drückte mir eine kleine Eule aus Malachit in die Hand – sie sollte später noch eine entscheidende Rolle spielen. Dann besuchte ich ihn noch einmal in seiner Praxis, weil ich seit Wochen eine Bronchitis hatte, die sich nicht besserte. Er gab mir ausreichend Medikamente mit, aber ich las den französischen Beipackzettel nur flüchtig und nahm die ersten Tabletten direkt vorm Abflug. Wie ich später feststellte, hatte ich das Dreifache der empfohlenen Tagesdosis genommen. Der Freund, der mich zum Flughafen fuhr, versuchte mich aufzumuntern, denn ich wurde immer stiller. Er nahm an, dass ich traurig wäre oder Angst vor dem Leben im Urwald hätte. In Wirklichkeit begann mir gerade furchtbar schlecht zu werden.

Ein heikler Punkt war der Transport der Batterien, die wir im Wald zum Betreiben des Funkgerätes unbedingt brauchten. Wegen der Säure darin war der Transport in Flugzeugen verboten. Eckhardt beschloss, sie dennoch mitzuschmuggeln. Als wir dann jedoch das Gepäck in dem kleinen zweimotorigen Flugzeug verstauten, bekam er plötzlich ein schlechtes Gewissen und sagte dem Piloten die Wahrheit. Der gab uns daraufhin wortlos zwei Plastikwannen, in die wir die Batterien stellen sollten. Damit war das Problem für ihn erledigt. Bärbel saß neben dem Piloten, während Eckhardt und ich hinten in der sehr kleinen und windanfälligen Maschine Platz nehmen mussten. Es war ein Anblick von außerordentlicher, einfach unbeschreiblicher Schönheit, über die endlosen Waldflächen des Kongobeckens zu fliegen. Leider wurde mir inzwischen immer übler. Eckhardt schlug vor, ich solle mich doch auf den Boden des Flugzeugs legen, damit ich die Schaukelbewegungen nicht so spürte. Ich folgte seinem Rat. Mir ging es so hundeelend, dass ich irgendwann einschlief. Nach zweieinhalb Stunden war ich wieder so weit hergestellt, dass ich immerhin aufrecht sitzen konnte. So konnte ich den Landeanflug auf das kleine Dorf Boende im Herzen des Kongo miterleben. Ich war sehr gespannt. Als das Flugzeug tiefer ging, erkannte ich einen etwa fußballfeldgroßen staubigen Platz, um den herum spärlich bekleidete Männer mit Stöcken oder Speeren in der Hand standen. Ich war schon fast im dunklen Herzen Afrikas – aber nur fast.

Hilfreiche Missionare, diesmal aus Holland und Belgien, holten uns von der staubigen Piste ab. In ihrer Mission hatten die Biologen im Vorjahr das Projektmotorrad und den klapprigen japanischen Transporter zurückgelassen. Autos waren wertvoll und ausgesprochen teuer im Kongo, weil sie importiert werden mussten. Zum Glück war alles noch da und sogar funktionstüchtig, durchaus nicht selbstverständlich im Kongo. Wir wurden in den Gästewohnungen untergebracht. Dort sah ich den ersten Gecko meines Lebens in der Dusche sitzen und verliebte mich sofort in seine sternchenförmigen Füße. Es war hier deutlich heißer als in der Hauptstadt, und ich schwitzte selbst in der Nacht. Allein für die Akklimatisierung an dieses feuchte Klima war eine Woche Aufenthalt notwendig. Wir wollten hier auf dem Markt die restlichen schweren und voluminösen Vorräte kaufen: Reis für uns selbst und Salz, Zucker, Zigaretten und Stoffe als Tauschware. Die beiden anderen machten Ausflüge auf dem Motorrad – ohne mich. Aber hier konnte ich mich immerhin gefahrlos zu Fuß frei bewegen. Ich spazierte meist auf den Weiden hinter der Mission herum und schaute mir die interessanten Knochen der diversen Tiere an, die dort lagen. Wenn ich Dorfwege erkundete, kamen sofort alle Kinder angelaufen und riefen «Mondele, Mondele», das ist das Wort für «Weißer», «Reicher» oder «Europäer» oder für alles gleichzeitig. Dann folgten sie mir kichernd, schubsten sich gegenseitig und starrten mich an. Sie waren niedlich, aber ich fand das trotzdem sehr unangenehm.

Abends saßen wir mit den Missionsbrüdern zusammen, tranken Bier und spielten Karten. Einer von ihnen, der noch nicht so lange im Kongo arbeitete, litt permanent unter Malariaanfällen. Wie alle Leute, die ständig im Land leben, konnte er keine Prophylaxe nehmen, weil diese Medikamente langfristig schwere Nebenwirkungen haben. Ein anderer Bruder war begeisterter Gärtner, und so gab es täglich eine Art Wassersuppe, in der irgendwelche brennnesselartigen Pflänzchen schwammen, die er stolz als aus seinem Garten präsentierte. Auch hier sprach man mich auf das etwas sonderbare Verhalten meiner Begleiter mir gegenüber an.

Im selben Dorf gab es auch ein Stift mit katholischen Schwestern. Sie luden uns ein und waren sehr herzlich zu uns. Sie hatten Tischdecken und Kekse, alles war bescheiden, aber sehr gepflegt. Die Brüder hatten uns davon erzählt, dass sie einmal den Hund der Stiftsdamen einhüten sollten. Leider starb der Hund unter ihrer Obhut, und sie aßen ihn anschließend auf – eine Tat, die ihnen die Schwestern und besonders die Oberin, der der Hund gehört hatte, angeblich nie verziehen. Ich konnte die Geschichte nicht recht glauben. Auch wenn es in der Kongoprovinz Shaba durchaus üblich ist, Hunde zu essen, wissen Europäer gemeinhin, dass es in Afrika riskant ist, den Allesfresser auf den Speiseplan zu setzen. Allzu leicht kann er Krankheitserreger und Parasiten übertragen.

Als wir zu den Schwestern aufbrechen wollten, fuhr Eckhardt erst Bärbel mit dem Motorrad dorthin, und dann kam sie selbst mit dem Motorrad zurück, um mich mitzunehmen. Ich hatte den Eindruck, dass sie nicht wollte, dass ich mit ihm auf einem Motorrad saß. Eckhardt hatte gleich in Kinshasa fallen lassen, dass er für Polygamie sei, was die Situation zwischen seiner eifersüchtigen Freundin und mir nicht gerade vereinfachte – obwohl es dazu keinerlei Anlass gab. Vielleicht fühlte sie sich auch durch mich verunsichert, weil ich älter, berufserfahren und nicht mehr allzu leicht zu beeindrucken war. Eckhardt gab sich mir gegenüber immer als der erfahrene Primatologe aus. Da er schon etwas älter war, nahm ich ihm das ab. Erst Jahre später erfuhr ich von einem seiner Kollegen, dass er vorher in einem Zoo im Osten Deutschlands jahrelang als Tierpfleger gearbeitet hatte. Er konnte also nicht allzu lange vorher überhaupt erst seinen Doktor gemacht haben.

Irgendwann hatten wir es geschafft, die Autobatterie zu laden, alle Vorräte einzukaufen und loszufahren. Bärbel sollte auf dem Motorrad fahren, während Eckhardt und ich mit dem Auto und einem Teil des Gepäcks nachkommen sollten. Auf diese Weise würden wir am Ende beide Fahrzeuge vor Ort haben. Wir konnten mit dem Transporter nicht das ganze Gepäck auf einmal transportieren, denn wir mussten ja Grundnahrungsmittel, technisches Gerät, Treibstoff und Petroleum für ein halbes Jahr mitnehmen. Das Ganze war mehr oder weniger wasser- und ameisendicht in Metallcontainern und Reissäcken verpackt. Wir ließen einen «Notgroschen» in Dollar und wichtige Papiere für alle Fälle im Safe der Missionare und verabschiedeten uns von unseren netten Gastgebern.

Rein- und Durchfälle

Langsam knatterten wir auf staubigen Pisten durch entlegene Dörfer hinein in die «dunkel lockende Welt». Gleich zu Beginn der Fahrt mussten wir mit einer Fähre über einen Fluss setzen. Also boten wir dem Fährmann Treibstoff und Geld an und bauten unsere Autobatterie für die Überfahrt in das Boot ein. Erst dann konnte es losgehen. Die Lebensphilosophie des Kongo lautet: «Debrouillez vous», übersetzt etwa: «Hilf dir selbst, sonst hilft dir keiner», und sie galt überall. Die Straßen, einspurige Sandpisten, waren so schmal, dass oft Zweige und Blätter gegen den Wagen schlugen. Wo immer wir auftauchten, liefen Kinder «Mondele, Mondele» rufend neben dem Auto her. Manchmal schlossen sich ihnen Scharen von gackernden Hühnern an. Wir konnten höchstens vierzig Stundenkilometer fahren, und es gab tiefe Rinnen und Schlaglöcher. Wir sahen viele Fußgänger große Strecken mit kleineren oder größeren Lasten zurücklegen, darunter auch Kinder, die mit ihren Schulheften auf dem Kopf die kilometerlangen schmalen Pfade zur nächsten Schule liefen. Ich schätzte, dass die Versuchung für den einen oder anderen Knirps, mal eben für einen halben oder ganzen Tag in den Urwald abzubiegen, sehr groß sein musste. Aber offenbar waren sie zu motiviert, um sich den Unterricht entgehen zu lassen. An einer Stelle stand ein nackter alter Mann am Straßenrand und blickte uns interessiert nach. Auch sahen wir Händler, die riesige Bündel lebender Hühner kopfunter hängend rechts und links an den Lenkstangen ihres Fahrrads festgebunden hatten. Sie schoben ihr Gefährt, weil das Gleichgewicht schwer zu halten war, oder aber die Reifen waren platt und auf die abenteuerlichste Weise, zum Teil mit Stroh, geflickt.

Die Bevölkerung hat es mit ungeheuren Härten und Gefahren zu tun, die das einfache Leben in diesen Ländern birgt. Hinzu kommen die seit Jahrzehnten schwelenden Bürgerkriege, die immer wieder ausbrechen und sich dann über Jahre hinziehen. Die Bevölkerung ist dabei den jeweils rivalisierenden Gruppierungen ebenso wie dem staatlichen Militär ausgeliefert. In Kriegs- wie auch in Friedenszeiten wird sie regelmäßig von mindestens einer dieser Gruppierungen überfallen und ausgeraubt, zum Teil auch schwer misshandelt oder getötet.

Die Brücken auf unserer Fahrstrecke oder das, was davon übrig geblieben war, bestanden aus gebogenen Baumstämmen, die in so großen Abständen voneinander lagen oder sogar weggefault und weggebrochen waren, dass man mit den Autoreifen exakt in der Mitte der Längsstämme bleiben musste. Rutschte man dazwischen, klemmten die Räder ein. Meine Aufgabe bestand nun darin, rückwärts vor dem Auto herzugehen, um Eckhardt per Handzeichen zu zeigen, wie er vorwärts fahren musste, damit ebendies nicht passierte. Es war ein nervenaufreibender Drahtseilakt. Jeder vernünftige Mensch hätte Wüstenbleche oder Bretter mitgenommen, um sich zu behelfen; wir nicht. Bei der ersten Brücke, die aus Metall bestand, aber nur mit wenigen parallelen Längsstreben versehen war, ging das auch noch ganz gut. Bei der zweiten Brücke brachen wir dann, die beiden Vorderräder bereits auf der anderen Seite, mit einem Hinterreifen ein. Das Auto kann ja seine Räder immer nur parallel bewegen, aber die Brückenstämme beschrieben einen ovalen Bogen. Da kann man winken, so viel man will, es geht einfach technisch nicht. Eckhardt stieg aus und beschimpfte mich. Dann baten wir ein paar Fußgänger, uns schieben zu helfen. Bei solchen Gelegenheiten sammeln sich selbst in den entlegensten Gegenden wie durch Buschtrommeln herbeigerufen immer in Windeseile eine Unmenge von Menschen an – was manchmal sehr nützlich sein kann. Nach zwanzig Minuten Schieben und Heben war das Auto endlich frei, und wir waren klitschnass geschwitzt. Die Leute zogen zufrieden mit ein wenig Kleingeld in der Tasche weiter.

Wir fuhren weiter, bis wir zu einem Fluss kamen, an dem wir mit einem Einbaum übersetzen wollten. Da wir in der Trockenzeit gekommen waren, war der Fluss aber nicht mehr tief genug. Auch stundenlange Verhandlungen um den Preis von Pirogen, wie die lokalen Einbäume heißen, brachten kein akzeptables Ergebnis, und so beschlossen wir, einen Teil der Strecke zurückzufahren und einen anderen Ort zum Übersetzen zu suchen.

Inzwischen war es plötzlich dunkel geworden, und meine erste Nacht im Busch war angebrochen.

Ich liebe es, wenn es dunkel wird im Wald, wenn der Lichtkreis kleiner wird, die Geräusche der Zikaden und aller anderen Tiere immer lauter werden und sich die Luft weich anfühlt. Das erzeugt eine wunderschöne Stimmung. Wir bauten mitten auf der Piste ein Zelt auf, und es stellte sich heraus, dass die beiden ihre Schlafsäcke und eine ihrer Isoliermatten mitgenommen, aber meine Ausrüstung zurückgelassen hatten. Da sie ja nun so betont ein Paar waren, hoffte ich, dass sie sich den Schlafsack und die Isoliermatte teilen und mir den anderen Schlafsack überlassen würden. Aber weit gefehlt! Und so lag ich mit meiner Bronchitis hustend und frierend neben den beiden in meinem dünnen Innenschlafsack aus Baumwolle, den ich zum Glück in meinen Koffer gepackt hatte, während sie es sich neben mir in ihren Schlafsäcken gemütlich machten.

Am nächsten Tag beschloss Eckhardt, dass Bärbel uns von nun an über alle Brücken winken sollte. In der Mitte der ersten Brücke brachen wir prompt mit den beiden Rädern der einen Seite ein. Da das Auto auf der Hinterachse aufsaß, nützte auch der provisorische Seilzug am Fahrzeug nichts. Für die Kinder der Gegend war das ein Volksfest. Sie planschten den ganzen Tag im Bach um uns herum und sahen mit großen Augen zu, was die «Mondeles» so machten. Es kamen natürlich auch Erwachsene vorbei, jeder mit einer neuen Idee, wo man wie welche Hölzer unterschieben müsste, aber nichts half. Wir brauchten den gesamten Rest des Tages, das Auto der nächstgelegenen Mission und viele vergebliche Versuche, um unser Auto auf die andere Seite zu bugsieren.

Diese Nacht wollten wir bei einem kongolesischen Missionar in dessen nahe gelegener Mission schlafen. Das Haus war in einem abenteuerlichen Zustand, schmutzig und verwahrlost. Wir waren alle todmüde und erschöpft. In meinem Zimmer hockten riesige Spinnen, so groß wie zwei nebeneinander gelegte Handflächen und mit haarigen Beinen, an der Wand. Ich war dankbar, dass ich ein Moskitonetz hatte. Als ich es unter der Matratze feststecken wollte, huschte eine Eidechse unter ihr hervor. Leider hatte ich auch in dieser Nacht nicht viel Ruhe, denn ich musste sehr eilig auf das Klo. Es lag in einem anderen Gebäude. Ich hatte aber nur eine Kerze, und es war stockdunkel. Überall raschelte und huschte es in der Dunkelheit. Die Wasserspülung war nur durch einen komplizierten Mechanismus zu betätigen, indem man den Deckel des Spülkastens anhob, an Schnüren zog und Hähne aufdrehte. Während ich also mit der einen Hand Kerzenwachs auf die nur in Bruchstücken vorhandene Klobrille kleckerte, hing ich halb über dem Spülkasten und kämpfte heftig mit der Technik und der Übelkeit, die sich beim dritten Toilettengang eingestellt hatte. Zurück in meinem Bett, nahm ich Antibiotika und hoffte, dass es mir bis zum nächsten Morgen besser gehen würde.

Am nächsten Tag kamen wir dann an einer anderen Stelle wieder an das Flussufer. Wie immer gab es mit den Einheimischen endlose Diskussionen über das Übersetzen im Allgemeinen und den Preis im Besonderen. Während Bärbel die Rolle der Einlenkenden spielen sollte, hatte Eckhardt die Rolle des schimpfenden Sturkopfes. Am Ende sah unser Plan so aus: Bärbel sollte in einem Einbaum mit dem Motorrad übersetzen und bis zu einer bestimmten Anlegestelle fahren. Ich sollte, um das Gepäck zu beaufsichtigen, drei Pirogen flussabwärts begleiten, und Eckhardt wollte mit dem Auto zurückkehren, um die restliche Ausstattung zu holen.

Gesagt, getan. Zuerst fotografierten wir alle Mitfahrenden, damit wir sie suchen lassen könnten, wenn sie verschwänden. Dann luden wir das gesamte Gepäck in die kippeligen und nicht immer ganz wasserdichten Holzboote. In Zentralkongo paddelt man stehend mit Stechpaddeln. Die Fahrt flussabwärts war wunderschön, überall grünte und zwitscherte es. Am interessantesten für die Kongolesen und am wichtigsten für uns war die Tonne mit dem Treibstoff, die in einen anderen Einbaum geladen wurde. Gleich an der ersten Flussbiegung legte der Einbaum mit dem Treibstoff am Ufer an. Die Insassen ließen sich erst durch endlose Diskussionen und viel Theater meinerseits zum Weiterfahren bewegen.

Letztlich kam ich tatsächlich mit der ganzen Ausstattung an der vereinbarten Anlegestelle an. Von hier aus mussten wir den Rest des Weges zu Fuß zurücklegen. Unser Etappenziel war ein wunderschönes kleines Häuschen im nächsten Dorf, das Eckhardt und Bärbel von seinem Besitzer zur Dauernutzung überlassen worden war. Bärbel kam nur wenige

Minuten nach mir an, aber ich war bereits von Dutzenden Bewohnern des nahe gelegenen Dorfes umringt. Und nun hatte ich ein echtes Problem: Meine Krankheit vom Vortag war noch nicht vorbei, und ich musste sehr eilig in die Büsche. Aber wohin auch immer ich mich zurückzog, folgten mir all die kleinen kichernden Gestalten. Zum Schluss ging es einfach nicht mehr anders, und ich hockte mich direkt vor ihnen hin. Sie zogen sich daraufhin nur in einem etwas größeren Kreis zurück. Kongolesische Regel Nummer fünf: Die Einstellung zu diesen Dingen ist hier völlig anders. Dennoch fühlte ich mich hinterher viel besser.

Wir hatten gerade die Hälfte unseres Gepäcks an Träger verteilt, als ein wahrer Tumult ausbrach. Er kündigte ein weiteres Boot an, das aus dem nächsten Missionskrankenhaus kam und einen Dorfbewohner transportierte, der dort gestorben war. Bärbel wurde daraufhin furchtbar nervös. Sie glaubte, dass die Einheimischen es als schlechtes Omen deuten könnten, weil wir fast gleichzeitig mit einem Toten angekommen waren, und hatte Angst, dass sie uns dafür bestrafen könnten. Ich fand das Spektakel nur hochinteressant.

Unser langer Zug mit dem Gepäck setzte sich schließlich in Bewegung. Bärbel fuhr mit dem Motorrad voraus, ich begleitete die Träger. Vor mir ging kerzengerade ein kleiner, schmalschultriger Junge, den ich auf etwa zwölf Jahre schätzte, mit meinem Seesack von zwanzig Kilo auf dem Rücken. Ich hatte ein sehr schlechtes Gewissen, als ich das Kind so schleppen sah, und ich hoffte, dass die Erwachsenen genug Verantwortungsbewusstsein hatten, ihm das Tragen dieser Last zu untersagen, wenn sie zu schwer wäre.

In Zentralafrika müssen Kinder, besonders aber die Mädchen, schon in sehr frühem Alter lernen, schwere Lasten zu tragen. Meist beginnen sie mit Wasserkanistern, denn Wasser muss selbst im Kongo, einem der wasserreichsten Länder der Erde, fast überall zu den Behausungen getragen werden. Während im Kongobecken vieles noch genau wie vor hundert Jahren in Kiepen aus Palmblättern und Lianen auf dem Rücken getragen wird, transportieren die Mädchen und Frauen im hügeligen Ostkongo Lasten häufig an breiten Sisalbändern, die sie über die Stirn schnüren. Ich habe dort jeden Tag kleine Mädchen gesehen, die so Fünfundzwanzig-Liter-Wasserkanister trugen. Frauen, die Zentnersäcke mit Reis an der Stirn oder Kartoffelsäcke auf dem Kopf bergauf schleppen, gehören zum Straßenbild. Ich weiß von einer Ethnologin, die in Ruanda Röntgenbilder untersucht hat, dass es durch das schwere Tragen zu Halswirbelschäden kommen kann, die den Frauen im Alter schlimme Beschwerden bereiten.

Neben mir rollte jemand den Treibstoffkanister über den schmalen Waldpfad, zum Tragen war er zu schwer. Wir hatten zwar nur noch vielleicht eineinhalb Kilometer bis zum Dorf vor uns, aber der Kanister bekam durch die kleinen Steinchen auf dem Pfad immer mehr winzige Löcher, und ich machte mir Sorgen, weil einige um uns herum unbekümmert rauchten. Während des Marsches überholte uns der Trauerzug mit dem Leichnam. Man trug ihn an einer Stange, an die er, wie ich vermute, an Armen und Beinen gebunden war. Darüber waren Tücher gedeckt. Der Gestank war atemberaubend. Eine Traube von Menschen um ihn herum klagte und jammerte laut.

Endlich mit dem Gepäck im Dorf angelangt, zeigte Bärbel mir zunächst das Häuschen. Es hatte einem Holländer gehört, der mit einer Kongolesin aus dem Dorf verheiratet gewesen war. Als diese starb, war er auf unbestimmte Zeit in seine Heimat zurückgekehrt und hatte ihnen das Haus samt Ausstattung zur Verfügung gestellt. Es besaß drei Schlafzimmer sowie ein Wohn- und Esszimmer mit Möbeln und Büchern. Eine Sorte riesiger Wespen hatte ihre röhrenförmigen Lehmnester an die Buchseiten und -deckel geklebt. Die Krönung aber war das durch einen Tank auf dem Dach gespeiste Duschbad mit echten blauweiß gemusterten Delfter Kacheln an der Wand. Es gab auch eine kleine Terrasse mit einem geschnitzten Tisch, auf dem man das typisch afrikanische Bohnenspiel spielen konnte. Der Koch bereitete uns etwas zu essen, und ich unterhielt mich noch eine Weile mit Bärbel. Sie war, vielleicht weil sie allein war oder weil die Situation sie beunruhigte, ausnahmsweise richtiggehend gesprächig. Ich fragte sie ein wenig zu ihren Zukunftsplänen aus und erinnere mich, dass sie mir sagte, sie hätte keine Lust, ihr ganzes Leben durch den Wald zu kriechen. Es erstaunte mich, wie nachdrücklich sie das sagte. In der Tat blieb dies das einzige vernünftige Gespräch, das wir in sieben Monaten miteinander führten.

Die erste Nacht im Dorf werde ich nie vergessen. Ich saß noch lange allein auf der Terrasse, während die Nachbarn und mit ihnen alle Bewohner, nur durch ein Nebengebäude getrennt, zu rhythmischer und mitreißender Trommelmusik sangen und um den Toten trauerten. Dabei tanzten sie um ein großes Feuer und hielten zwischendurch zahlreiche Ansprachen. Die Musik drang mir bis tief in die Seele, und ich war ganz und gar von dieser Nacht und der Musik ausgefüllt. Ich vermisste meinen Freund mit jeder Faser meines Herzens. Zu gerne hätte ich diese beeindruckende, urtümliche Erfahrung mit ihm geteilt.

Am nächsten Morgen wurde ich durch das Signal der Schlitztrommel aus dem Nachbardorf geweckt. Jedes Dorf hatte hier eine Schlitztrommel. Das ist ein ausgehöhlter Holzklotz, der oft grob in Form eines Tieres geschnitzt ist. Um die Akustik zu verbessern, steht er auf einem Holzgestell. Jeden Morgen trommelten die Dorfbewohner mit Holzstöcken in einer Art Morsecode die Nachrichten von einem Dorf zum anderen weiter. Man hörte zunächst die ankommende Nachricht aus dem vorhergehenden Dorf, dann die weitergetrommelte Nachricht aus dem eigenen Dorf und schließlich, wie sie im nächsten Dorf weitergegeben wurde. Bärbel lauschte den ganzen Morgen angestrengt auf das, was die Nachbarn hinter der Scheune sprachen. Jedes Mal, wenn die «Mondeles» erwähnt wurden, machte sie das nervös. Dabei war gar nicht gesagt, dass sie von uns in einem negativen Zusammenhang sprachen. Erst als am Nachmittag Eckhardt mit dem Gepäck kam, entspannte sie sich ein wenig.

Jeden der folgenden Morgen wurde ich von nun an von der Trommelstafette geweckt, die mir bewusst machte, in welch exotischer Welt ich mich befand. Zu gerne hätte ich gewusst, was die Nachrichten bedeuteten und welche Neuigkeiten von den Dorfbewohnern für würdig gehalten wurden, übermittelt zu werden. Lang waren sie jedenfalls nicht, nur etwa ein, zwei Minuten. Trommelten sie weiter, dass ein Toter im Dorf angekommen war, oder übermittelten sie: «Die verrückten Mondeles sind wieder da, kommt alle zusammen, es gibt was zu tragen und Geld zu verdienen»?

Mit Eckhardts Ankunft begannen sofort wieder die zähen Verhandlungen. Wir feilschten jetzt um den Preis und die Anzahl der Träger. Es brauchte einige Tage, bis sich genug Leute fanden. Dann wurden Kiepen aus Blättern für den Transport von Gemüse und Obst gebaut, Trageringe und Befestigungsseile aus Lianen und Blättern hergestellt, und am nächsten Morgen um sechs Uhr ging es los.

Die Feuertaufe

Es gab das letzte dicke Omelett der hauseigenen Hühner, Papayas mit Zitrone und Avocados mit Salz, alles vornehm vom Koch serviert. Viele Europäer finden dieses Frühstück ärmlich, aber für mich war es der reinste Luxus, denn ich liebe Avocados und hatte deshalb in Zentralafrika wegen der vielen Avocadobäume immer eine gute Zeit.

Ich wusste, dass uns ein Achtstundenmarsch durch den Urwald bevorstand, und freute mich riesig darauf. Der Urwald, der Regenwald, das Zuhause der Affen sollte auch das meine für die nächsten sechs Monate sein! Ich überlegte lange, ob ich meine noch nicht eingelaufenen Trekkingschuhe oder nur leichte Stoffturnschuhe anziehen sollte. Ich entschied mich für Letztere. Mein Koch erzählte mir später: «Als ich dich mit den Schuhen sah, wusste ich, dass du verloren warst.» Ich ahnte das aber zum Glück noch nicht.

Ich trug nur meinen kleinen Rucksack mit meinen Wertsachen: die Kamera, das Fernglas, das restliche Geld und eine Wasserflasche. Wir gingen eine Weile an abgerodeten Maniokfeldern und importierten asiatischen Bambusstauden vorbei. Und dann umschloss uns der Wald! Eckhardt ging mit seinen langen Beinen vorneweg, er rannte fast, vielleicht um uns viel jüngeren Frauen zu beweisen, wie fit er doch war. Ich hatte keine Lust, meinen ersten lang ersehnten Marsch durch den Regenwald im Stil einer Autobahnfahrt zu absolvieren und nur auf den Boden zu starren, um nicht über die Baumwurzeln zu stolpern, und dabei aus den Augenwinkeln die Äste vorbeihuschen zu sehen. Außerdem gab es keinen Zeitdruck, und ich wollte meine Kräfte für die acht Stunden vernünftig einteilen. Deshalb ließen mich die andern in Begleitung eines unserer Angestellten zurück, der mir den Weg zeigen sollte. Schon bald hörte ich die erste Affengruppe und sah, wie sich Äste bewegten. Ich war begeistert! So gingen wir Stunde um Stunde. Das satte Grün umschloss uns, die Zikaden zirpten, der Schweiß floss in Strömen. Mit mir ging ein Teil der Träger, jeder fünfundzwanzig Kilogramm auf der Schulter, dem Rücken oder dem Kopf – und das bei der Hitze und Luftfeuchtigkeit! Nach zwei Stunden ging mir das Trinkwasser aus. Als ich die anderen einholte, gaben sie mir noch einen Liter aus ihrer Feldflasche. Nach fünf Stunden reichte auch dieses Wasser nicht mehr. Ich begann wider besseres Wissen aus jeder beliebigen Wasserpfütze zu trinken. Ich brauchte einfach mehr Wasser, die Zunge klebte mir pelzig am Gaumen, und ich war völlig verschwitzt. Außerdem begannen sich meine Füße bemerkbar zu machen. Die Sohlen der Schuhe waren so dünn, dass ich jede einzelne Baumwurzel spürte. Praktisch die gesamte Hornhaut beider Fußballen verwandelte sich in kürzester Zeit in zwei große Blasen. An einem Bach traf ich die kongolesischen Frauen, die in ihren rückenhohen schweren Palmblattkiepen unser Obst und Gemüse durch den Wald trugen. Sie schwatzten und lachten und gaben sich so locker und unbeschwert, als wären sie auf einem Familienausflug. Und ich trug doch nur meinen kleinen, leichten Rucksack! Als ich meine Schuhe auszog, kam eine von ihnen zu mir und goss mir kaltes Wasser über meine wunden Fußsohlen, eine mitfühlende Geste, die mich sehr rührte. Für sie war ich sicherlich etwas ganz Exotisches.

An einer Stelle kamen wir an den Maringa, einen wunderschönen Fluss, der glasklares Wasser in einem weißen Sandbett führt. Hier hätte ich verweilen mögen. Wir mussten alle Lasten auf dem Kopf durch das hüfthohe, eiskalte Wasser tragen. Eine willkommene Abkühlung! Einheimische boten mir hier einen Elefantenbackenzahn an, den sie in einem Schädel am Ufer gefunden hatten. Den hätte ich zu gern gehabt, aber mir fehlte die Kraft, um den Preis zu feilschen.

Kurz darauf traten wir wieder in den feuchtheißen Wald. Als ich mich nur noch mechanisch dahinschleppen konnte, kamen wir an die kleine Siedlung, von der ich wusste, dass dort die Arbeiter unseres Camps wohnten, Einheimische, die von dem amerikanischen Vorgängerprojekt angesiedelt worden waren, um als Träger und Helfer in dieser sonst unbewohnten Gegend zu arbeiten. Es waren acht Familien, und das kann im inneren Kongo, wo Polygamie häufig und viele Kinder normal sind, schnell ein richtiges Dorf werden. Mein Begleiter gehörte zu den am besten ausgebildeten Angestellten. Er hatte mit mir eine zwanglose Unterhaltung in seinen Französischbrocken geführt und umarmte nun einen seiner Angehörigen. Dieser überbrachte ihm eine schlimme Nachricht, offenbar vom Tod eines nahen Angehörigen. Daraufhin spritzten meinem Begleiter von einer Sekunde zur nächsten die Tränen nur so aus den Augen, und er warf sich dem Mann in die Arme. Ich war völlig perplex, wie sich ein Mensch abrupt derartig verwandeln kann. Nach fünf Minuten fasste er sich wieder und schien mir heiter wie zuvor. Ich war sprachlos. Lektion Nummer sechs: Andere Völker gehen völlig anders mit ihren Gefühlen um als wir.

Als wir den Dorfplatz erreichten, gab es ein großes Hallo. Ich musste mich auf einen der beiden afrikanischen Stühle setzen. Und dorthin kam dann alles, was Füße hatte, um wortreich im lokalen Dialekt auf mich einzureden und zart meine Arme und meine blonden Haare zu berühren. Ich gab in Französisch und Lingala Begrüßungsformeln zurück und bemühte mich, einen möglichst freundlichen ersten Eindruck zu machen. Das Intermezzo blieb kurz, denn es wurde schnell dunkel und wir hatten noch einen halbstündigen Marsch vor uns.

Bald war es derartig finster, dass wir auch mit Kerzen und Taschenlampen kaum etwas außer den beeindruckend großen und hellen Glühwürmchen sahen. Mein Begleiter zog mich an der Hand weiter über die Baumwurzeln, und ich stolperte auf meinen wunden Füßen bis zu unserer Wohnlichtung mitten im Wald fort. Als wir ankamen, konnte ich nur noch flüstern, geschwächt und durstig, wie ich war.

Nachdem ich zwei Liter Wasser in einem Zug ausgetrunken hatte, schnappte ich mir meine Taschenlampe und brach zu meinem ersten unbegleiteten Urwaldausflug auf. Zuerst musste man sich zwei Minuten lang durch den stockdunklen Wald tasten. Auch der kürzeste Waldweg ist im Dunkeln kaum wiederzuerkennen, und schon auf drei Metern kann man sich verlaufen. Im kleinen Kegel der Taschenlampe konnte ich nur die hohen, goldbraun leuchtenden Stämme der großen Urwaldriesen erkennen, und ich hörte eine Vielzahl geheimnisvoller Tierstimmen. An diesem Abend fand ich prompt den Rückweg nicht mehr. Dort, wo der Waldboden trocken war, waren die Pfade im Dunkeln kaum zu erkennen. An jedem Baum fragte ich mich, ob ich jetzt nach rechts oder links gehen musste. Wenige Meter erscheinen einem in der Dunkelheit schon wie weite Strecken. Im Camp leuchtete noch eine Petroleumlampe, aber der Wald war so dicht, dass man sie selbst aus zehn Metern Entfernung nicht mehr sehen konnte. So begann ich schließlich zu rufen. Einer unserer Helfer kam mit der Petroleumlampe, um mich zu holen – ich war höchstens fünfundzwanzig Meter vom Camp entfernt gewesen.

Nach einer Konservendose Kraftnahrung fiel ich in einen tiefen, traumlosen Schlaf.

Waldleben

Unser Camp befand sich auf einer natürlichen Lichtung von etwa dreißig Meter Durchmesser. Die Biologen hatten sie wegen ihrer Nähe zu einem sauberen Bach und ihrer günstigen Lage zu den Bonobos ausgewählt. Auf dem höchsten Punkt des Camps befand sich eine an zwei Seiten offene Küche aus Ästen, Palmblättern und Bambus. Darin gab es eine hölzerne Tischplatte, eine Holzbank, zwei Ikea-Klappstühle, ein Bambusregal für die Küchenutensilien und ein offenes Feuer zum Kochen. Wichtige Lebensmittel, die in Gebrauch waren, hielten wir in einer großen Metallkiste verschlossen. In einer weiteren Palmblatthütte und einem provisorisch zusammengezimmerten Holzhaus bewahrten wir die gesamte Ausrüstung auf. Hinter dem Camp lag am Ende eines idyllischen kleinen Pfades der Donnerbalken für das tägliche Bedürfnis. Zu unserer Bade- und Wasserschöpfstelle musste man das Camp verlassen. Man ging ein paar Schritte bergab und erreichte den völlig klaren Bach. Die kleine sandige Badestelle inmitten der Baumriesen, an der man so gut den Tiergeräuschen lauschen konnte, lernte ich im Laufe der Zeit sehr lieben. Hier konnte man am Ende eines anstrengenden und schweißtreibenden Tages Erfrischung, Entspannung und ein letztes Mal die Natur genießen. Manchmal kam ich auch nachts bei Mondschein hierher, setzte mich auf die kleine Bambusplattform, die unser Wächter errichtet hatte, und genoss die Stille und das Mondlicht.

Wir schliefen in Zelten, denn keine andere Behausung hat sich als so moskito-, gnitzen- und vor allen Dingen ameisendicht erwiesen. Der Tagwächter hielt sich auf einer überdachten Lehmplattform auf. Während des Europaaufenthalts von Bärbel und Eckhardt war ein Wächter für das

Aufpassen auf die Ausrüstungsgegenstände bezahlt worden – im Prinzip eine Art Schutzabgabe an das Dorf, denn alle Ausrüstungsgegenstände in den Palmblatthütten konnte man ohne weiteres erreichen, in dem man einfach die Hand durch die dünne Wand bohrte. Man konnte nie wissen, ob die Dorfbewohner während der Putsch- und Krisenzeiten im Land nicht die Hoffnung verlieren würden, dass die Wissenschaftler wieder zurückkehrten. Wir bedeuteten eine gute Einnahmequelle für sie. Zum Glück hatten sie bisher immer an die Rückkehr geglaubt und unsere technische Ausrüstung nicht verkauft.

Am nächsten Morgen begann ich damit, meine Füße zu verarzten. Die gesamte vordere Hälfte meiner Fußsohlen hatte sich abgelöst, und ich versuchte, sie mit dicken Lagen Gaze abzupolstern. Trotzdem konnte ich über eine Woche kaum laufen, sehr zur Erheiterung meiner Mitbewohner.

Ich hatte mir immer ein Zelt gewünscht, durch dessen Dach man direkt in die Sterne sehen konnte, und auch versucht, eines zu finden. Eine Woche vor meiner Abreise stellte sich jedoch heraus, dass es nicht lieferbar war, und ich wählte deshalb ein kleines blaues wespenförmiges Zelt als Heimstatt. Als ich es aufbauen wollte, kam Bärbel ganz gegen ihre sonstige Gewohnheit herbeigeeilt, um mir vorzuschreiben, an welchen drei Stellen meine Bleibe stehen könne. Da ich aber nun fand, das wäre ganz allein meine Entscheidung, wählte ich den schönsten Platz am Ausgang zum Wald unter riesigen Bäumen aus. Ich hatte in weiser Voraussicht die damals komfortabelste, selbstaufblasbare Matratze gekauft und richtete mein Zelt häuslich mit meinen beiden gegen die Feuchtigkeit verschließbaren Plastikkleidersäcken, meinem Tagebuch, meinem medizinischen Notfallkit und einer Petroleumlampe ein. Die kleine Malachiteule von Gerhard bekam den Ehrenplatz neben meinem Kopfkissen.

Die ersten Tage vergingen mit der Rekonstruktion und Vervollkommnung der Campeinrichtung. Am zweiten Abend, wir saßen schon in unseren Zelten, schrie Bärbel plötzlich auf: «Sandflöhe überall!» Ich inspizierte daraufhin meine Nagelbetten und besonders die Wunden an den Füßen genau und musste feststellen, dass sich auch bei mir einige der etwa vier Millimeter langen fadenförmigen, rostfarbenen Insekten eingebohrt hatten. Da die Flöhe monatelang im Campgrund nur einen Wächter zur Verfügung gehabt hatten, stürzten sie sich nun zu Hunderten hungrig auf die ersten Säugetiere, die sie trafen, nämlich uns. Man muss sie mit einer Nadelspitze entfernen, solange sie noch klein sind, da die weiblichen Tiere sich aufblähen, Eier legen und die Jungtiere sich dann unter der Haut entwickeln. Das war extrem schmerzhaft, weil ich in meinen offenen Wunden herumbohren musste. Doch die Aussicht, viele Wochen nicht laufen zu können, nur weil sich ein Insektenzoo in meinen Füßen fröhlich vermehrte, ließ mich die Zähne zusammenbeißen. In einem kongolesischen Märchen entfernt ein König seiner Tochter die Sandflöhe aus den Füßen, um ihr so besondere Gunst zu erweisen. Das konnte ich mir nach dieser Erfahrung sehr gut vorstellen.

Im Camp lebten auch andere «nette» Tiere, etwa die großen Vogelspinnen in der Küche, die Eigelege in Form und Größe einer Aspirintablette haben, oder die giftigen kleinen Hundertfüßler. All diese Insekten kamen jedoch erst aus ihren Verstecken hervor, wenn die roten Treiberameisen das Camp überschwemmten. Wie besessen huschten sie dann aus ihren Verstecken hervor und auf und davon. So konnten wir feststellen, in welch netter Nachbarschaft wir wohnten. Die

Vogelspinnen wurden sofort von unserem Personal mit der Machete zweigeteilt, denn sie hatten ebenso panische Angst vor ihnen wie vor den Schlangen, ganz gleich, ob sie nun giftig oder harmlos waren. Kein Wunder, denn alles, was die Einheimischen als Gegenmittel besaßen, war der so genannte «schwarze Stein», ein poröses Stück verkohlten Knochens, der auf Bisse und Stiche aufgelegt wird.

In breiten, kilometerlangen Armeen bewegen sich die roten Treiberameisen, auch «Saubermänner des Urwalds» genannt, durch den Wald voran. Nichts kann sie aufhalten. Sie fressen alles, was «biologisch abbaubar», also nicht niet- und nagelfest ist.

Wir fanden so gut wie niemals Tierleichen oder Knochenstücke auf unseren Exkursionen, denn alles fällt den Ameisen zum Opfer. Nichts wird verschont, weder große noch kleine Gliedertiere, noch Insekten, Säugetiere oder Forscher. Millionen von Arbeiterameisen marschieren so voran, die Schar wird von dicht an dicht stehenden Ameisensoldaten mit hochgereckten Zangen gesäumt. Sie sind mehrere Zentimeter groß und verhindern mit ihren Beißwerkzeugen, deren Bisse zwei blutige Male auf Menschenhaut hinterlassen, das Ausscheren von unwilligen Arbeiterameisen; ein ausgeklügeltes System. Die Ameisenscharen durchqueren sogar Bäche, indem die untersten Tiere sich aneinander klammern und als lebende Brücken für die anderen Tiere dienen. Andere Hindernisse werden überwunden, indem die Ameisen sich zu tunnelartigen Röhren verzahnen, durch die der Rest der Armee hindurchläuft. Manchmal schwärmen sie auch breitflächig aus. Mehrere Quadratmeter Boden und sogar die Bäume sind dann von ihnen bedeckt. Sie lassen sich von den Bäumen auf ihre Beute fallen. Wenn sie das mit uns machten, gab es nur einen Ausweg aus dem Dilemma: Wir mussten so schnell wie möglich aus dem verseuchten Gebiet herauslaufen, uns die Kleider vom Leib reißen und möglichst alle Ameisen abstreifen.

Solange Treiberameisen in breiten Scharen krabbeln, lassen sie die Menschen in Ruhe, wenn man nicht gerade hineintritt. Steht man jedoch sehr nahe, lockt die Körperwärme sie an. Dann verlassen sie die Hauptmarschrichtung, schlagen einen Bogen und schwärmen direkt auf ihr Ziel aus. Treiberameisen fressen auch Fruchtschalen und Schoten, die Affen als Reste ihrer Mahlzeiten von den Bäumen fallen lassen. Also traten wir während der Arbeit sicher ein-, zweimal am Tag unbeabsichtigt in eine Ameisenstraße, worauf diese sofort in die Hosenbeine liefen. Dort, wo die Beine an empfindlichster Stelle enden, bissen sie besonders gern. Alle klugen Erfindungen, wie Gummibänder, Socken oder Gamaschen über den Hosenbeinen, erwiesen sich als zwecklos gegen die gefräßigen Tierchen.

Eines Nachts wachte ich auf und verspürte den Drang zum stillen Örtchen. Als ich ahnungslos den Zeltreißverschluss öffnete, stürzten sie sich zu Tausenden auf mich. Sie hatten als lautlose Armee das ganze Zelt von außen bedeckt, und jetzt waren sie auch drinnen. In dieser Nacht konnte ich nicht wieder in mein Zelt zurück. Deshalb goss ich um die offene Küche eine Petroleumspur, die die Tiere nicht überwanden, und versuchte dort zu schlafen. Aber dann kamen die Mücken, und ich musste meine Matratze nehmen und mich unter unser Moskitonetz auf die Lehmplattform legen.

Es gab in unserem Camp noch viele andere Sorten Ameisen und Termiten: große, kleine, schwarze, braune und transparente. Manche riechen nach Marzipan, andere wohnen in Baumnestern. Einige bauen wunderschön filigrane, pilzförmige Pagodendächer aus Lehm, wieder andere erschaffen Bauten, die Menschen überragen. Die «Marzipanameisen» laufen besonders gern auf der frisch gewaschenen Unterwäsche herum und fressen kleine Löcher hinein. Einmal beobachtete ich, während ich in der Mittagspause auf dem Waldboden döste, wie zwei Ameisen miteinander kämpften. Die Unterlegene wurde getötet und abtransportiert. Ich fand ihre Gesellschaft zwar faszinierend, aber etwas zu rabiat, um wirklich sympathisch zu sein.

Das stille Treiben der Termiten dagegen verhindert im Kongo das lange Überdauern von Balkenbauten. Diese transparenten kleinen Insekten sind überall, lautlos und emsig. Einmal brach während eines schweren Gewittergusses unsere Palmblattküche, die uns und das wärmende Feuer beherbergte, über uns zusammen. Die Termiten hatten die Konstruktion angefressen. Schnell mussten wir das Feuer löschen, damit die Palmwände und das Dach sich nicht entzündeten. Den Rest des Regengusses verbrachten wir gezwungenermaßen in unseren wärmenden Schlafsäcken.

Im Wald lebt eine sehr aggressive einzeln lebende Wespenart, die ihre kleinen Papierhäuschen an Bambusstangen oder andere dünne Unterhölzer klebt. Wenn man ahnungslos am Häuschen vorbeikommt, stürzen sie sich mit lautem Gebrumm auf einen, stechen zu und kehren sofort wieder in den Schutz des Häuschens zurück. Die Stiche sind sehr schmerzhaft, und nach einiger Zeit rannten wir schon heftig um uns schlagend davon, wenn wir das Gebrumm nur aus der Ferne hörten.

Auf dem Waldboden sah ich viele sehr lange und wunderschöne Schlangen. Da wir immer Stiefel trugen und fest auftraten, flohen sie, wenn wir uns näherten. Einer meiner Begleiter sah allerdings eines Tages neben seinem Fuß eine Kobra liegen, die ihr Eigelege bewachte. Er zog sich schnell und diskret zurück. Mit Schlangenweibchen ist in der Brutphase nicht zu spaßen, und wir besaßen kein Schlangenserum, weil wir es nicht hätten kühl halten können. Eines Nachmittags, als ich in unserer Küche etwas holen wollte, trat auch ich fast auf ein lehmfarbenes Reptil, das sich neben der Feuerstelle zusammengerollt wärmte. Die Schlange hatte sich perfekt an ihre Umgebung angepasst und rührte sich nicht. Ich kam mit dem Schrecken davon.

Der Regenwald

Nach etwa einer Woche konnte ich in Eckhardts Begleitung zum ersten Mal unser Wegenetz erkunden. Ich bekam eine kleine handgezeichnete Karte, auf der die im Vorjahr frei geschlagenen Wege verzeichnet waren. Wochen, Monate und Jahre hatte ich mir gewünscht, im Regenwald mit den Affen zu leben. Wie hatte ich auf diesen Augenblick hingefiebert! Jede Sekunde im Camp hatte es mich unwiderstehlich zum Wald mit seinem geheimnisvollen Grün, seinen Tierstimmen und seiner unendlichen Ausdehnung gezogen. Auch wenn ich bei diesem Aufenthalt auf sehr harte Art lernen sollte, dass ich als sozial lebender Primat viel mehr zum Glücklichsein brauche als nur die Natur, ist der Reiz, den dieses grüne Paradies auf mich ausübt, bis heute unverändert.

Wann immer ich einen tropischen Regenwald betrete, verändert sich sofort mein ganzes Wesen. Sowie mich die feuchtwarme Luft umgibt, schärfen sich alle meine Sinne. Es ist, als ob ein Filter alle visuellen, akustischen und olfaktorischen Wahrnehmungen potenziert. Ich höre jedes Geräusch – das Knacken der Äste, das Zirpen der Zikaden, Vogelzwitschern und Affenrufe – überdeutlich. Ich nehme

Vegetation und Landschaft detailliert wahr. Im Kongobecken gibt es Tausende, ja Millionen lehmige Hügelformationen, die heute mit Baumriesen bewachsen sind. Ich entwickelte hier ein fotografisches Gedächtnis und konnte schließlich Dutzende dieser Hügel aus meinem Streifgebiet nach kürzester Zeit von verschiedenen Seiten erkennen und mich an ihnen orientieren. Die Veränderung der eigenen Sinne ist ein unglaublich intensives Erlebnis. Ich fühle mich im Regenwald ganz auf meine Instinkte reduziert, sie kommen viel stärker zur Ausprägung als in der Zivilisation. Ich werde wieder zum wachsamen Tier, verliere allen Ballast, habe keine anderen Gedanken mehr im Kopf als die, die zur Wahrnehmung der Umgebung nötig sind. Diese Veränderung, zusammen mit den vielen wilden Tieren, die man dort sieht, macht die ungeheure Faszination aus, die tropische Regenwälder auf mich ausüben. In Peter Høegs Buch «Fräulein Smillas Gespür für Schnee» kann Smilla die feinsten Veränderungen in Schnee und Eis erkennen. Was für sie Schneekristalle und Eis sind, wurden für mich bald die grünen Blätter, Zweige und Lianen im tropischen Regenwald. Eine Zeit lang war der Wald mein Zuhause, ich fühlte mich in ihm vollkommen sicher und geborgen, denn ich konnte ihn lesen. Jeder Ast, jede Bodenerhebung, jeder Baumriese, jeder Bach hatte eine Geschichte. Ich hatte mein Gespür für Grün entwickelt!

Der zentralafrikanische Urwald ist ganz anders, als die meisten Europäer ihn sich vorstellen. Viele Literaten haben nie gesehen, was sie so eindrücklich beschreiben, und Fotobildbände und -kalender über die Vegetation im Regenwald sind fast ausnahmslos in den südamerikanischen Wäldern entstanden. Der afrikanische Regenwald ist weder glitschig noch feucht noch voller umgestürzter Baumriesen oder großblütiger Pflanzen. Tatsächlich ist der Urwaldboden recht trocken und mit toten Ästen und Blättern bedeckt, wenn man sich nicht in Sumpfgebieten oder unmittelbar nach starken Regengüssen auf ihm bewegt. Meistens kann man ohne Machete sehr gut vorwärts kommen. Ich hatte nur eine Rosenschere dabei. Große Vögel, Bromelien oder Orchideen sieht man vom Waldboden aus kaum, ebenso wenig kann man die meist sehr unscheinbaren Blüten der Bäume erkennen, die weit über Augenhöhe in großer Höhe blühen. Es gibt kaum großblättrige Pflanzen, die für den mittel- und südamerikanischen Regenwald so typisch sind. Stattdessen wachsen hier sehr unterschiedliche Baum- und Lianenarten mit Stämmen in den unterschiedlichsten Farben: rot, gelb und mahagonifarben. Sehr auffällig sind die so genannten kaulifloren Bäume, die sich an das feuchte Klima angepasst haben. Bei ihnen wachsen Blätter und Früchte direkt aus dem Stamm, ein bisschen wie beim Blumenkohl. Einige Bäumchen sind stark dornenbewehrt. Wenn ich versehentlich auf sie fiel, plagte ich mich tagelang mit ihren schmerzenden Stichen herum. In unserem Wald herrscht geheimnisvolle Dunkelheit. Die Bäche und kleineren Flüsse, die das Kongobecken durchziehen, sind teefarben, weil der humusreiche Boden das Wasser wie schwarzen Tee färbt.

Einheimische Fährtensucher legen Knickspuren, wenn sie sich in unbekanntes Terrain begeben. Das heißt, sie knicken etwa alle eineinhalb bis zwei Meter Ästchen in Augenhöhe um und versuchen, auf dem Rückweg diese selbst gelegte Spur wiederzufinden. Ich selbst konnte in der dichten Vegetation meine eigenhändig geknickten Ästchen beim besten Willen nicht erkennen. Zu dicht war das Gestrüpp, die unzähligen Äste machen diese Methode für den Ungeübten sehr schwierig. Deshalb verließ ich mich lieber auf meinen Kompass. Innerhalb weniger Tage kannte ich das Wegenetz und begann mit Hilfe des Kompasses, zunächst im

Zentrum die Wege zu verlassen und die Gebiete zu durchqueren, die durch zwei Wege voneinander getrennt waren. Es war spannend wie ein Krimi, den man nicht mehr aus der Hand legen mag. Würde ich den Weg jemals wiederfinden oder für die nächsten Wochen im Urwald herumirren?

In den Regenwäldern nah am Äquator gibt es praktisch keine Dämmerungsphase. Das heißt, die Sonne geht abrupt von einer Minute auf die andere unter. Man muss also sehr genau darauf achten, dass man sich rechtzeitig auf den Rückweg begibt. Denn ist die Sonne erst einmal untergegangen, wird es in dem ohnehin dämmrigen Wald so finster, dass man die Hand nicht mehr vor Augen sehen kann.

Meine ersten Orientierungsversuche verliefen erstaunlich erfolgreich, und so erweiterte ich meinen Radius und stieß in unbekanntes Gebiet vor. Zunächst sollte ich auf Wunsch der beiden Biologen immer einen unserer Arbeiter mitnehmen, der eine Petroleumlampe für den Rückweg vor mir hertrug. Sie konnten jedoch überhaupt nicht verstehen, weshalb wir im Wald nur «herumstanden», und eines Mittags ließ mich mein Begleiter einfach im Wald stehen, um nach Hause zu gehen und sich mit nützlicheren Dingen zu beschäftigen – gegen meinen ausdrücklichen Wunsch. Ich nahm das als willkommene Herausforderung und ging auf eigene Faust weiter, nicht ohne mich gehörig über die Verantwortungslosigkeit meines Begleiters zu ärgern. Mit einer gewissen Schadenfreude hörte ich, wie er nach etwa einer Viertelstunde aufgeregt nach mir rief. Ich ließ ihn aber bis zum Abend mit seiner Angst um mich alleine – ein wenig Strafe musste sein, fand ich. Von da an hielt er sich an meine Anordnungen.

Lady Vival

Rüdiger Nehberg, gelernter Bäcker aus Hamburg und Globetrotter unter Extrembedingungen, der den ehrenvollen Titel «Sir Vival» (in Anlehnung an das Wort «survival») trägt, hat in einem seiner Bücher die Minimalausstattung für das nackte Überleben in der Wildnis zusammengestellt. Einen solchen Überlebensgurt trug ich immer am Körper. Er enthielt eine metallene Rettungsdecke, eine Nylonschnur, einen Angelhaken, ein Feuerzeug, ein Vielzwecktaschenmesser, einen Schlangengiftextraktor, eine Mullbinde, Pflaster, ein Schmerzmittel und einen Kompass. Damit konnte ich wahlweise angeln, mir einen regendichten Unterstand für die Nacht bauen oder Feuer machen. Rüdiger Nehberg empfiehlt außerdem noch eine Zyankalikapsel für den hoffnungslosen Notfall. Als Tierärztin traute ich mir jedoch zu, den letzten Schritt auf für mich angenehmere Weise mit dem Taschenmesser erledigen zu können. In meinem kleinen Rucksack trug ich außerdem ein Fernglas, eine Kamera, Regenzeug, eine Wasserflasche, eine Rosenschere und meine kleine Wegekarte. So ausgerüstet startete ich frohgemut – sozusagen als «Lady Vival» – meine ersten eigenen Urwaldtrips.

Das Urwaldgebiet am Maringa war damals noch weitgehend unberührt und voller Tiere, denn Jagen war hier verboten. Neben einer großen Anzahl verschiedener Affenarten lebten hier Ducker, Flughörnchen, große und kleine Schuppentiere, Pinselohrwaldschweine sowie eine Vielzahl von Vögeln, zum Beispiel die großen und kleinen Turakos. Von den Waldelefanten und Leoparden waren zu dem Zeitpunkt meines Aufenthaltes leider nur noch Zähne und Legenden übrig. Der letzte Leopard sollte sieben Jahre zuvor in einer Falle gefangen worden sein. Mittelgroße Raubkatzen gab es jedoch noch. Ich sah ihre Fußabdrücke im weichen Sand der Bachbetten und roch oft ihren scharfen Uringeruch. Aus meiner Zeit im Raubtierhaus des Zoos wusste ich, dass es sich um Katzenarten handelte, die ich dort gepflegt hatte.

Das Einzige, was man von den vielen großen Schuppentieren im Wald je zu Gesicht bekam, waren ihre Bauten im Boden. Sie hatten so große Eingangsöffnungen, dass fast ein Mensch hätte hineinkriechen können. Zu gerne hätte ich diese Tiere einmal zu Gesicht bekommen, aber sie sind leider nachtaktiv. Wir hatten beschlossen, ihnen einmal nachts zusammen aufzulauern, jeder von uns vor einem Ausgang des Baus sitzend, kamen aber letztendlich nie dazu. Bei den Waldbewohnern galten sie als beliebte Spezialität. Man legt sie einfach mit ihren Schuppen zum Rösten ins Feuer, um dann, wenn sie gar sind, die verkohlten Schuppen wie die Blätter einer Artischocke abzuziehen und die fertige Mahlzeit zu genießen. Das kleine Schuppentier, das etwa wie ein brauner Tannenzapfen aussieht, nur doppelt so lang, entdeckte ich einmal mit den Meerkatzen auf einem Ast. Es lief sogar auf sie zu, aber zu meiner Verwunderung reagierten die Affen weder interessiert noch ablehnend, sie ignorierten es einfach. Schuppentiere leben in einer perfekten Symbiose mit Ameisen. Wenn die Treiberameisen kommen, öffnen sie ihre Schuppen und lassen sie die Ektoparasiten wegfressen, die unter den Schuppen leben. Haben die Ameisen ihre Aufgabe erledigt, schließt der Wirt seine Schuppen, die Ameisen sterben und werden von ihm aufgefressen. So geht wenig Energie verloren.

Die Standardfrage der meisten Menschen an mich ist, ob ich denn keine Angst gehabt hätte im Regenwald, Angst vor Schlangen, fremden Kulturen, Krankheiten, Tiergeräuschen oder der Einsamkeit. Mich schüchtern neue, ungewöhnliche

Situationen nicht ein. Im Gegenteil, sie fordern mich geradezu heraus. Sie beflügeln mich und lassen mich meine Grenzen bis zum absolut Letzten ausloten und neu stecken. Sie geben mir die Gelegenheit, mich selbst bis in den letzten Winkel meines Herzens zu fühlen, im positiven wie im negativen Sinne. Natürlich sind solche Arbeitsaufenthalte weder ein Tropenurlaub noch ein idyllisches Hollywoodszenario, wo die stets perfekt geschminkte und entspannte Protagonistin mit ihrem Liebhaber schöne Stunden in der Faltbadewanne mitten im Dschungel verplanscht. Ich hatte mit vielen Leuten gesprochen und war gut informiert, als ich das erste Mal in den Kongo fuhr. Auf harte Zeiten hatte ich mich eingestellt. Ich hatte versucht, mich mit einigen Situationen gedanklich vorher auseinander zu setzen und mir Strategien dafür zurechtzulegen. Dazu gehörten die Einsamkeit und gefährliche Begegnungen mit Militärs ebenso wie Krankheiten. Einige Dinge kann man natürlich weder vorhersehen noch sich vorstellen oder sich dagegen wappnen. Denn im Regenwald gilt dasselbe Motto wie so oft im Leben: Es kommt immer ganz anders, als man es sich denkt. Oft war ich nach meinen Arbeitsaufenthalten so erschöpft, dass ich hinterher wochenlang nur schlafen oder essen konnte und zu Entscheidungen oder gar Plänen für die Zukunft nicht mehr fähig war. Oder ich trug monatelang unentdeckte Erkrankungen mit mir herum. Die Eindrücke waren immer so stark, dass der Kulturschock bei der Rückkehr in die so genannte Erste Welt fast unüberwindbar wurde. Dadurch habe ich mich von einigen Freunden total entfremdet. Die Probleme, die viele Menschen in unseren Breiten oft tagelang beschäftigen, findet man nach langen Aufenthalten im Dschungel einfach nur noch läppisch. Globetrotter haben nicht umsonst den Spruch geprägt: «Nicht zum Wegfahren braucht man Mut, sondern zum Zurückkehren.»

Von meinen Erfahrungen in den so andersartigen Kulturen, mit lokalen Freunden und Kollegen und in der einmaligen Natur- und Tierwelt möchte ich keinen einzigen Tag missen. Sie waren zur Erweiterung meiner Weltsicht und Toleranz wichtig, aber auch, um meine eigenen Beschränkungen und Grenzen kennen zu lernen. Leider musste ich auch viele menschliche Schwächen wie Hochmut, mangelnde Aufrichtigkeit und fehlende Zivilcourage erfahren. Und all das bestärkte mich in meiner Ahnung, dass Primaten einfach ehrlicher und direkter mit ihren Mitgeschöpfen umgehen.

Die Schopfmangaben

Um das Camp herum lebten viele Schopfmangaben. Einige Gruppen hielten sich oft in Sichtweite des Camps auf und waren deshalb schon ein wenig an den Anblick von Menschen gewöhnt. Eine davon wählte ich mir als Forschungsgruppe aus. Schopfmangaben sind in «Mehrmännchenstrukturen» organisiert. Das bedeutet, dass mehrere erwachsene Männchen mit vielen Weibchen und ihren Jungtieren umherziehen. Die männlichen Tiere stoßen mehrfach am Tag, besonders aber morgens, Rufe mit mehreren tiefen lang gezogenen Tönen aus. Eckhardt nahm an, dass jedes der Männchen seine eigene Lautfolge hätte und ich deshalb meine Gruppe daran erkennen und von den anderen unterscheiden könnte. Ein Irrtum, wie sich später herausstellte.

Die Schopfmangaben, die ich erforschen wollte, lebten zusammen mit einer Gruppe von Monameerkatzen im Wald. Monameerkatzen haben lange Schwänze, eine rötlich gelbe Rückenfärbung und eine bunte Gesichtszeichnung mit einem Haarkamm über den Augen, der ihnen ein wenig das Aussehen von fröhlichen Eulen verleiht. Meistens bewegten sich Mangaben und Meerkatzen bunt durchmischt miteinander, manchmal auch getrennt. In anderen Regenwäldern mischen sich diese beiden Affenarten nicht, sie tun es nur im Kongobecken. Diese Form des Zusammenlebens bezeichnet der Biologe als «sympatrisch». Herauszufinden, welche Gründe es genau für diesen ungewöhnlichen Zusammenschluss gab, war das Ziel meiner Forschung. Ich wollte zunächst sehen, ob die Tiere miteinander agierten, ob sie sich zum Beispiel berührten, miteinander spielten oder ob eine Gruppe die andere vor Feinden warnte. Verhaltenswissenschaftler gehen davon aus, dass sympatrische Gruppen einen gegenseitigen Vorteil davon haben, miteinander statt getrennt voneinander umherzustreifen. So könnten zum Beispiel die Tiere mit dem kleineren Futterstreifgebiet andere Gruppen gezielter zu den gerade reif werdenden Früchten führen. Oder die Affen verschiedener Spezies könnten sich, wenn sie in unterschiedlichen Höhen fressen, gegenseitig besser vor Boden- oder Luftfeinden in unterschiedlichen Höhen warnen.

Will man wilde Tiere beobachten, muss man sie zunächst einmal an die Anwesenheit des Menschen gewöhnen. Dazu gibt es verschiedene Methoden. Entweder man trägt tarnfarbene Kleidung und folgt der Gruppe so unauffällig wie möglich, um die Tiere so wenig wie möglich zu verunsichern, oder man zieht besonders auffällige Kleidung an und nähert sich geräuschvoll, damit die Tiere den Forscher nicht für einen sich anschleichenden Feind halten. Natürlich ist jede Kombination zwischen diesen beiden Methoden möglich.

Insbesondere Menschenaffen brauchen eine recht lange Zeit, bis sie sich an die Gegenwart von Menschen gewöhnen. Außerdem reagiert jedes Einzeltier unterschiedlich. Beobachtet man Tiergruppen, bei denen einzelne Gruppenmitglieder die Bewacherrolle einnehmen, so entscheidet deren Verhalten, ob die ganze Gruppe sich schnell an eine neue Situation gewöhnt und ruhig bleibt oder nicht. Bei den Gorillas sind die «Wächter» die gruppenführenden Männchen. Ihre Reaktion beeinflusst das Verhalten der gesamten Gruppe.

Eine baumlebende Affenart hält sich stets so hoch und so weit weg wie möglich von einem fremden Menschen in den Bäumen auf. Das bedeutet, dass sich die Tiere zunächst ständig hoch in den Baumkronen bewegen und man nichts als huschende schwarze Schatten zwischen den Wipfeln zu sehen bekommt. Der Forscher steht also vom Morgengrauen, wenn er die Tiere bei ihren Schlafbäumen aufsucht, bis zum Sonnenuntergang, wenn er die Tiere zu den Schlafbäumen begleitet, den Blick stets durch das hoffentlich scharfe und lichtempfindliche Fernglas auf die Studienobjekte gerichtet, mit dem Kopf im Nacken unter den Bäumen und versucht, irgendetwas zu erkennen. Im besten Fall fing ich morgens vor sieben Uhr an zu arbeiten und kam gegen sechs Uhr abends zurück, mit einer Pause gegen Mittag, wenn die Affen ihr Schläfchen hielten. Dabei musste man im Kongobecken Sümpfe und Bäche durchqueren, sich durch Lianengestrüppe schneiden und umgefallene Baumriesen überklettern. Wir taten das zehn Stunden am Tag und sechs Tage die Woche bei 25 bis 30 Grad und 95 Prozent Luftfeuchtigkeit ebenso wie bei kräftigen Regengüssen, die die Gummistiefel in wenigen Minuten bis zum Schaft füllten. Am Anfang führt diese Arbeit zu Nackenschmerzen, ein Krankheitsbild, das sogar seinen eigenen Namen hat: der «Primatologennacken». Ab und zu ließen uns die lieben Affen auch mal eine große Schote oder Fruchtschale auf den Kopf fallen, was uns nicht nur ungeheuer erschreckte, sondern auch sehr wehtat. Mit Argusaugen mussten wir zudem aufpassen, nichts von all den kleinen Dingen zu verlieren, die man für die Arbeit unbedingt braucht. So trug ich eine Stoppuhr, die Karte, den Kugelschreiber und ein kleines Notizbüchlein mit mir herum. Alles, was man in diesem Urwald verliert, ist für immer unauffindbar. Wenn man nicht von vornherein Ersatz mitgebracht hatte, konnte man den Verlust kaum verschmerzen.

Jeder Tag fing damit an, dass wir Feuer machen mussten. Das Holz war immer feucht, denn bei der hohen Luftfeuchtigkeit wurde es selbst dann nicht trocken, wenn wir es unter dem Dach lagerten. Man musste zum Anzünden erst einen Schuss Petroleum zufügen. Später strichen wir Baumharz auf, denn Petroleum war knapp. Dann wurde Wasser in den speziellen dünnen Weißblechtöpfen aufgesetzt, die in Zentralafrika überall verwendet werden. Kochen ist mir überhaupt ein Gräuel, und auf dem Holzfeuer konnte ich schon gar nichts Essbares bereiten. Ständig ging das Feuer aus, oder das Essen brannte an. Das Wasser verwendeten wir nicht nur zur Teebereitung, sondern auch, um das Milchpulver für den kalten Reis anzurühren. Tee, Milch und das gesamte Frühstück schmeckten daher leicht geräuchert.

Das Essen entpuppte sich insgesamt als eine ziemliche Katastrophe. Wir hatten ja nur sehr begrenzte Vorräte mitgebracht. Der Reis, den wir in Fünfundzwanzig-Kilogramm-Säcken gekauft hatten, beherbergte Reiskäfer. In dem halben Jahr vermehrten sie sich und fraßen den Reis auf. Zum Schluss hatten wir dann mehr Käfer als Reis, das Verhältnis hatte sich umgekehrt. Unsere einzige Proteinquelle war Dosenfleisch, also Corned Beef, das ich in Deutschland niemals anrühren würde. Hier war die wöchentliche

Corned-Beef-Dose ein wahres Festessen. Daher kam es einem Sakrileg gleich, als ich eines Tages beim Vorbeigehen an der Müllgrube feststellte, das die beiden Biologen die wöchentliche Ration ohne mich gegessen hatten. Eckhardt und Bärbel hatten zusätzlich Proteinkonzentrat in Tablettenform mitgenommen, das sie aber nicht mit mir teilten. Im Wesentlichen hatten wir Reis, Nudeln, Maniok und Trokkenmilch als Grundnahrungsmittel. Obst und Gemüse bekamen wir nur, wenn die Dorfbevölkerung, die acht Stunden entfernt lebte, bereit war, die schweren Früchte den ganzen Weg zu uns in den Wald zu tragen. Zu Anfang kam die Versorgung mit Frischware noch recht regelmäßig, aber nach einiger Zeit waren die Geldbeutel der Dorfbewohner genug gefüllt, und das Interesse an uns merkwürdigen Campbewohnern ließ merklich nach. Fett hatten wir gar nicht. Das rote Öl aus den Schalen der Palmfrucht, das die Einheimischen benutzten, hat einen sehr starken Eigengeschmack, der alles andere übertönt und etwas unangenehm ist. Also vermieden wir es lieber. Maniok war eine unserer wenigen Kohlehydratquellen, aber es enthält Blausäure und muss deshalb lange gewässert werden. Anschließend werden die Wurzeln getrocknet, zerstampft und dann zu Mehl verrieben. Daraus wird dann unter Beimischung von Wasser das Hauptnahrungsmittel des Kongo, «Fufu», gemacht. Fufu sieht aus wie sehr dicker Tapetenkleister, schmeckt auch genauso und liegt sehr schwer im Magen. Leider riecht es nach Buttersäure, also wie Erbrochenes oder Schweißfüße, daher kostete es mich immer einige Überwindung, es herunterzuschlucken. Nebenbei hatte ich gleich bei meiner Ankunft festgestellt, dass die Knollen in dem flachen Teich an unserem Arbeitercamp gewässert wurden, in dem sich die Dorfbewohner nicht nur sich und ihre Wäsche wuschen, sondern auch ihre Hühner und Enten tränkten. Dieser hygienisch etwas zweifelhafte Aspekt ließ mich diese Mahlzeit mit noch größerer Skepsis betrachten.

Durch die Hitze und das Stehen war unsere Arbeit sehr anstrengend, wir ernährten uns aber im Wesentlichen von Bananen und Reis. So hatte ich nach einigen Monaten das Gefühl, nie satt zu werden. Gegen Ende unseres Aufenthaltes hatte ich einen aufgeblähten Trommelbauch wie eine Kuh und begann bei der Arbeit im Wald von fettem Schweinefleisch und Camembert zu halluzinieren. Nie hatte ich die Erzählungen meiner Eltern nachvollziehen können, die als Kinder während des Weltkrieges viel unter Hunger gelitten hatten – jetzt konnte ich es.

Nach meinem einsamen Frühstück – die anderen brachen stets vor mir auf – schulterte ich mein Gepäck und ging mit großer Spannung zu der Stelle zurück, an der ich meine Affengruppe am Vorabend zurückgelassen hatte. Sogar die einfachsten Dinge, wie das bloße Wiederfinden der richtigen Gruppe, das Zählen der Gruppengröße oder die Unterscheidung zwischen männlichen, weiblichen, ausgewachsenen oder jugendlichen Affen, sind bei den Höhen- und Lichtverhältnissen sehr schwierig und dauern Monate. Einzelne Individuen voneinander unterscheiden zu können lag erst einmal in weiter Ferne.

Wenn es nicht geregnet hatte, war es wunderschön im Wald. Jedes Mal trafen wir auf weitere Affengruppen und andere Säugetiere oder sahen interessante Pflanzen und geheimnisvolle Waldstücke. Wir hörten, sahen, fühlten und rochen immer Neues. Wenn es geregnet hatte, wurden wir von oben bis unten klitschnass, denn es dauerte seine Zeit, bis die Blätter, durch die wir hindurchstreiften, nach dem Guss wieder trocken wurden. Zwar hatten wir auch Regenkleidung und Gummistiefel mit, aber wegen der Hitze und Luftfeuchtigkeit wurde man darunter genauso schnell nass wie im Regen. Es konnte unangenehm sein, den ganzen Tag so feucht durch das Gelände zu laufen, besonders an den entzündeten Hautstellen an Knöcheln und Füßen, wo wir immer wieder von Insekten gequält wurden. Wenn es nieselte, bewegten sich auch unsere «Beobachtungsobjekte» nicht, und wenn es in Strömen regnete und gewitterte, kam innerhalb von zehn Minuten so viel Wasser vom Himmel, dass unser Camp vollständig unter Wasser stand. Wolkenbrüche waren richtige Naturereignisse, wie ich sie zuvor nur im Hochgebirge erlebt hatte. In wenigen Minuten wurde es dann stockfinster, die riesigen Bäume bogen sich im Sturm, und überall krachten Äste aus großer Höhe auf den Boden. Aus Sicherheitsgründen mussten wir dann schnell im Camp Schutz suchen, obwohl hier die Zeltstangen und armdicken Äste, die unsere Behausung stützten, keinen echten Schutz boten. Noch Stunden nach einem Guss fielen Bäume um, die sich mit Wasser voll gesogen hatten und schließlich unter der Last auseinander brachen.

Abends, kurz bevor die Dunkelheit hereinbrach, kamen wir nach unserem langen Arbeitstag erschöpft und völlig durchgeschwitzt zurück, füllten die Petroleumlampen, wechselten unsere Batterien im Solarladegerät und bereiteten das Abendessen vor. Nach dem Essen wuschen wir uns. Um diese Zeit waren die Mücken oft am aktivsten, also zogen wir uns mit einer Petroleumlampe in unsere insektenfreien Zelte zurück, um zu schreiben oder zu lesen.

Bereits bei unserem ersten Treffen hatte ich den Biologen mitgeteilt, dass ich nicht gut kochen kann. Es war ein echter Albtraum für mich, jeden Tag mit den ewigen Tomatenmarkbüchschen, Salz, Wasser und Milchpulver auf dem offenen Holzfeuer immer wieder ein Gericht zu kochen. Wir wechselten uns natürlich ab mit dem Kochen, aber irgendwann gingen die beiden dazu über, für sich selbst etwas zu bereiten, wenn ich an der Reihe war, und mein eigenes Essen nur mir zu servieren, bis ich schließlich in stillschweigender Vereinbarung nur noch als Gemüseputzer eingesetzt wurde.

Bärbel forderte mich gleich in der zweiten Woche im Befehlston auf, die Maniokwurzeln nicht längs, sondern quer zu schälen. Ich wehrte mich und bestand darauf, diese Dinge selber zu entscheiden. Abends empfing sie Eckhardt mit verheulten Augen und wechselte in den nächsten sechs Wochen außer «Guten Morgen» kein Wort mehr mit mir. Überhaupt hatte ich mich gründlich getäuscht in der Annahme, dass sich die Situation zwischen uns, da wir ja nun aufeinander angewiesen waren, bessern würde. Sie verschärfte sich eher. Die Stimmung im Camp war bald so ungemütlich, dass ich meine Mittagspause lieber im wunderschönen, sonnendurchfluteten Wald bei meinen Tieren verbrachte, als mich in diese frostige Atmosphäre zu begeben. Am Wochenende waren wir erschöpft und mit dem Reinigen unserer Kleidung und Zelte oder dem Nacharbeiten unserer wissenschaftlichen Daten beschäftigt, sodass wir dann nicht viel miteinander zu tun hatten. Sonntagmorgens diskutierte ich meist einige Zeit mit Eckhardt über meine Forschung und allgemeine primatologische Fragen und widmete mich dann den Aufräumarbeiten und meinen Briefen an den Rest der Welt.

Einmal die Woche bauten wir unsere von zwei Solarpaneelen gespeisten Batterien mit dem Funkgerät zusammen. So konnten wir uns über schwer wiegende politische Veränderungen oder dramatische Vorkommnisse bei unseren daheim gebliebenen Verwandten informieren.

Für uns selber stellte das Funkgerät keinen echten Schutz dar, denn was nützte es uns, wenn wir am Dienstag berichten konnten, dass wir am vorhergehenden Mittwoch eine Blinddarmentzündung gehabt hatten? Gleich zu Beginn erkundigten sich die Missionare ausdrücklich nach meinem Befinden. Eckhardt antwortete dann einfach und ohne mich zu fragen, es ginge mir gut. Die Missionare bestanden aber darauf, mit mir selbst zu sprechen. Da die beiden aber hinter mir stehen blieben, konnte ich nicht offen sprechen. Ich musste also darauf vertrauen, dass die Missionare aus meiner Stimmlage und meiner reservierten Art zu sprechen die richtigen Schlüsse zogen. Helfen konnten sie mir ohnehin nicht. An Herrn Winter schrieb ich einen vorsichtig formulierten Brief, aber auch da befand ich mich in einer Zwickmühle, denn er war ja mit meinen Begleitern befreundet. Auch meinen Verwandten und Freunden schrieb ich nur geschönte Briefe, sonst wären sie vermutlich vor Sorge verrückt geworden. Der Einzige, der völlig ungefilterte Briefe bekam, war mein Freund.

Das «Paradies»

So folgte ich Tag für Tag meiner gemischten Affengruppe, sah sie blühende und Frucht tragende Bäume aufsuchen, mit ihren kleinen Händen Früchte für sich zubereiten, zu mehreren große Früchte untereinander teilen oder Wasser aus den Baumkuhlen schöpfen, beobachtete, wie sie die Äste entrindeten und zerbissen, um an die Ameisen und Termiten im Inneren zu kommen. Offensichtlich waren Termiten für sie eine Delikatesse, für die sie einiges in Kauf nahmen: Sie schüttelten immer wieder angewidert die Hände, um die Insekten abzuschütteln, wenn sie von ihnen gebissen wurden. Ich sah, wie die Affen einander intensiv groomten (die soziale Fellpflege, die zur Bindungsausbildung zwischen den Tieren führt), ich sah sie kopulieren, und ich sah auch, wie erwachsene oder auch Jungtiere aktiv die Kopulation zwischen anderen Tieren störten. Immer wieder wartete ich in der Mittagssiesta der Tiere gespannt darauf, ob die ruhenden oder schlafenden Affen vom Baum fallen würden. Einmal sah ich tatsächlich ein Tier hintenüber kippen, es fing sich jedoch mit seinen Hinterbeinen, bevor es stürzte. Die Skelettfunde vieler baumlebender Affen weisen verheilte Brüche auf. Diese Unfälle entstehen hauptsächlich, wenn sie Äste im Sprung verfehlen oder diese beim Hinaufspringen abbrechen. Oft überleben die Tiere diese Stürze, und die Gliedmaßen heilen unter Erhaltung der Funktion wieder.

Eines Tages, als ich wieder einmal im Wald stand, ertönte plötzlich ein schriller Warnruf, und dann, ich wusste nicht, wie mir geschah, fielen wie reifes Fallobst, die Affen um mich herum aus den Bäumen. Ein ausgewachsener Adler stürzte sich mit seinen Greifen auf eine der erwachsenen Mangaben am Boden. Dann kam ein zweiter Adler hinzu, um das Tier am Boden zu töten. Als ich herbeigelaufen kam, um zu sehen, was sich da tat, ließ das Adlerpaar von ihm ab und verschwand in den Lüften. Es heißt, das man in Westafrika nicht nur Mantelaffenknochen, sondern auch menschliche Babyknochen in den Nestern des großen Kronenadlers gefunden hat. Besonders wenn sie Jungtiere im Nest zu versorgen haben, jagen die Adlerpaare gemeinsam. Die einheimischen Waldbewohner haben gelernt, den Warnruf der Mangaben nachzuahmen, und benutzen diesen Trick, um die Tiere auf den Boden zu locken und sie dann zu jagen. Bei meinem Gespräch mit der Kommission, die mir mein Stipendium bewilligte, hatte ich diese Adlerangriffe als möglichen Grund dafür genannt, dass die Mangaben mit einer anderen Affenart zusammenleben. Aber man hatte mir erklärt, dass ich so etwas mit Sicherheit niemals zu sehen bekäme. Nun hatte sich ein solcher Angriff direkt vor meinen Augen abgespielt!

Das tägliche Brot eines Primatologen ist hart. All die wunderbaren und spektakulären Beobachtungen, die später Fachzeitschriften und Bücher füllen, sind das Ergebnis jahrelanger intensiver Bemühungen hoch motivierter Leute. Manchmal fand ich meine Affengruppe auf Anhieb, aber gerade zu Beginn irrte ich oft tagelang durch den Wald oder hinter anderen Gruppen her und fand «meine» Tiere einfach nicht wieder. Das war dann ziemlich deprimierend, denn ich wusste ja, dass ich nur ein halbes Jahr hatte, um die nötigen Daten zu bekommen, und ich musste die Tiere in dieser kurzen Zeit auch noch an mich gewöhnen. Und dabei erging es mir noch wesentlich besser als den beiden Biologen, deren bereits von den Amerikanern an Menschen gewöhnten Bonobos sich oft wochenlang nicht blicken ließen.

Eines Tages hatte ich ein beeindruckendes Erlebnis. Ich fand in einem Lianengestrüpp eine ausgewachsene Waldantilope, die nicht vor mir floh. Ich näherte mich ihr sehr langsam bis auf etwa zwei Meter und setzte mich dann auf den Waldboden. Sie sah mich zwar an, fuhr dann jedoch fort, sich am hinteren Körperbereich zu lecken. Es sah so aus, als ob die Haut, die zwischen den Haaren hindurchschimmerte, gerötet war. Ich fragte mich, ob sie Geburtsschwierigkeiten hatte oder gar von einer zentralnervösen Erkrankung wie Tollwut befallen war, denn diese kann zu zwanghafter Lecksucht führen. Aber die Antilope hatte ganz wunderschöne, klare dunkelbraune Augen und war auch sonst in guter Verfassung. Eine ganze Weile saß ich mitten im Wald mit dem Tier da und beobachtete es aus nächster Nähe. Es war ein magisches Erlebnis. Als ich auf dem Nachhauseweg einen meiner Mitarbeiter fragte, ob es Anzeichen für die Ausbreitung von Tollwut in unserer Region gäbe, wollte er ganz genau wissen, wo ich die Antilope gesehen hätte. Ich nannte ihm eine falsche Richtung, denn er sah zweifellos schon einen schönen Braten im Kochtopf. Am nächsten Tag ging ich wieder zur selben Stelle. Ich konnte keine Blutspuren finden, die auf eine Geburt hingewiesen hätten. Die Antilope war aber leider auch nicht mehr da.

Ein andermal streifte ich mit einigen unserer Angestellten quer durch den Wald. Sie zeigten mir ein kleines sandfarbenes Flughörnchen, das hoch oben an einem Baumstamm hockte. Ich war sehr beeindruckt davon, wie scharf die Augen der einheimischen Bevölkerung sind. Ihr ganzes Leben auf die Fähigkeit zu sehen angewiesen, können sie alle Bewegungen gleichzeitig wahrnehmen, gleichgültig, ob sie auf dem Waldboden oder in großer Höhe stattfinden.

Als ich mich weit im Osten unseres Wegenetzes befand, hörte ich merkwürdige, sehr tiefe melodiöse Töne, die verschiedene Affen im Wechsel ausstießen. Ich pirschte zu einer Lichtung und erkannte von dort aus, dass hier einige schwarzweiße Mantelaffen, Guerezas, auf diese faszinierende Art miteinander kommunizierten. Guerezas sind eine recht große Affenart, die sich von Blättern ernährt und einen schneeweißen Rücken, weiße Schultern, Armbehänge und eine weiße Schwanzquaste hat. Manchmal bewegten sich auch einige dieser Tiere in meiner Affengruppe mit. Wenn Guerezas von einem Ast zum nächsten springen, wehen die weißen Armbehänge hoch und es sieht aus, als hätten sie Flügel. Sie bekommen wunderschöne schneeweiße Jungtiere, die sich erst später umfärben. Eines Tages konnte ich bei Regen eine Mutter beobachten, die ein winziges weißes Neugeborenes im Arm hielt.

Mitunter sah ich auch die Bonobos, einmal ein Muttertier

mit Kind und später erwachsene Tiere, die bei Regen hoch oben in den Baumkronen schliefen. Diese Menschenaffenart weist die größte Verwandtschaft mit dem Menschen auf, man nennt sie auch Zwergschimpansen. Dabei sind sie nicht kleiner, sondern nur graziler gebaut als der so genannte «gemeine Schimpanse». Sie können sehr gut auf zwei Beinen laufen. Ich hörte ihre Rufe oft, wenn ich durch den Wald streifte. Bonobos leben in einer matriarchalisch strukturierten Gruppe, das heißt, die Weibchen sind die ranghöchsten Tiere. Sie haben eine sehr komplizierte Sozialstruktur, in der sich größere Gruppen in einzelne Splittergruppen aufteilen und dann wieder zusammenkommen können. Dabei besitzen sie ein komplexes Lautäußerungsrepertoire und kennen eine Vielzahl von Maßnahmen zur Verhinderung und Befriedung von Konflikten.

Es war also ein kleines Paradies, in dem ich lebte, was die Tier- und Pflanzenwelt betraf – aber ich hatte die falsche Gesellschaft, und so wurde mir die Zeit verdammt lang; es waren die längsten sieben Monate meines Lebens. Ich vermisste meinen Freund und auch viele andere Menschen, die mir lieb waren. Manchmal pfiff ich gedankenverloren die Arie der Gräfin aus «Figaros Hochzeit» von Mozart: «... hab Erbarmen in meiner Not, gib mir meinen Gatten wieder oder sende mir den Tod.» Ich hangelte mich nur noch mühsam von Tag zu Tag. Weil es auf dem Urwaldboden ständig dämmrig war und man nur gerade bis zum nächsten Baum sehen konnte, hatte ich immer das Gefühl, beengt und bedrückt zu sein. So muss sich Häuptling Majestix fühlen, der in der ständigen Angst lebt, der Himmel könne ihm auf den Kopf fallen! Zwar hatte ich mir immer vorgenommen, mich in einer emotionalen Krise unter einen großen Urwaldriesen zu setzen und zu meditieren, aber inzwischen begann das

Gefühl, sozial vollkommen isoliert zu sein, existenzielle Ausmaße anzunehmen.

Mitmenschen

Nach zwei Monaten schickten wir unseren Campwächter zum ersten Mal zur Mission, denn wir hatten gehört, dass Post für uns eingetroffen sei. Er musste zwei Tage hinlaufen, einen Tag ausruhen und zwei Tage zurücklaufen. Eckhardt hielt das zwar für einen völlig unnötigen Aufwand, weil er, wie er sagte, sowieso niemanden außer seiner Mutter hatte, der ihm schrieb. Doch wir beiden Frauen setzten uns durch. Jeden Tag kehrte ich voller Spannung ins Camp zurück, um nachzusehen, ob der Bote schon zurück wäre. Nachrichten von zu Hause waren zu einer überlebensnotwendigen Quelle der Freude geworden. Drei Tage später war er wieder da, aber er hatte keine Post für mich dabei. Die beiden anderen hatten einen besonderen Weg der Postweiterleitung über eine Mission in Deutschland benutzt, den sie mir aber nicht mitgeteilt hatten, und für mich war daher keine Post mitgekommen. Es war zum Verzweifeln.

Zu Ostern schrieb mir Bruder Blasius einen Brief. Nie hätte ich gedacht, das mich einmal der Brief eines sechzigjährigen Missionars so aufbauen könnte! Er machte sich nach wie vor berechtigte Sorgen um mich, und ich begann seine Einschätzung der Lage zu teilen. Dann bekam ich einen sehr herzlichen Brief von Gerhard. Von da an hielt ich die kleine Malachiteule beim Einschlafen immer in der Hand, denn sie war für mich ein Symbol für menschliche Freundlichkeit und Wärme geworden.

Die Arbeit in Dauerisolation führt bei Feldforschern in

Schwellenländern eindeutig zu Persönlichkeitsveränderungen. Sie arbeiten in der Isolation vor sich hin, umgeben von Menschen, die sie aufgrund ihres materiellen Wohlstandes und ihrer Bildung für mächtig halten, und fühlen sich bald als Halbgötter des Waldes. Da sie ja die überwiegende Zeit ihres Lebens allein in der Wildnis forschen und dort auf nur wenige Menschen treffen, die ihnen gewachsen sind, ihnen widersprechen oder zeigen, dass auch der Rest der Welt etwas kann, werden sie schnell eigenbrötlerisch und schwierig. Die meisten Forscher sind ständig damit beschäftigt, «ihre» Affen und Forschungsgebiete vor anderen zu «schützen», egal, wie ergiebig die eigene Forschung ist. Die gesamte wissenschaftliche Konkurrenz und ihre angebliche Unfähigkeit sind ein ständiges Gesprächsthema, das dem unbeteiligten Zuhörer leicht die Tränen in die Augen treibt.

Eckhardt und Bärbel hatten noch in Europa geplant, im Wald ein Dorffest zu veranstalten. Wir sollten die Ziege und die Luftballons stellen, die Einheimischen sollten kochen. Aber man setzte uns an einen separaten Tisch und gab uns dort zu essen. Die Dorfbevölkerung aß nicht in unserer Gegenwart. Die ganze Veranstaltung war sehr steif und förmlich und in meinen Augen wirklich kein Erfolg. Im Anschluss wurden dann die Luftballons an die Kinder verteilt, und sie versuchten eifrig, sie aufzupusten. Leider waren die meisten in dem Alter, in dem mehr Spucke als Luft im Ballon landet. Also reichten sie uns die Ballons. Nicht nur, dass ich mich sehr überwinden musste, ihnen dabei zu helfen: Die Strafe folgte auf dem Fuß, denn ich bekam am nächsten Tag den wohl schlimmsten Durchfall meines Lebens und konnte im Wald gerade noch rechtzeitig meinen Begleiter loswerden.

Da ich ja nun im Gegensatz zu Eckhardt und Bärbel stets alleine ging, hatten sie mich beschworen, ein Walkie-Talkie mitzunehmen, auf das ich, falls ich mal verloren ginge, zurückgreifen sollte. Eines Tages, als ich südlich aus dem Wegenetz rausgelaufen war, geriet ich bei der Rückkehr in die Dämmerung. Die Tage zuvor waren regnerisch gewesen, und die Wildschweine hatten den Boden an mehreren Stellen nach Nahrung durchpflügt. Ich lief und lief, eigentlich hatte ich nach etwa einer halben Stunde den ersten Querweg unseres Netzes erwartet, aber ich fand ihn nicht. An einer Stelle hatte ich kurz gezweifelt, ob es sich um unseren Pfad oder nur um eine Pinselohrschweinspur handelte. Da sich aber nach rechts und links kein Weg fortzusetzen schien, entschied ich mich fürs Weitergehen. Es wurde immer dunkler, und ich musste mir selbst eingestehen, dass ich irgendwo etwas übersehen und die Abzweigung verfehlt hatte. Ich hatte mich verlaufen, im zweitgrößten Urwald der Welt! Umkehren hatte für mich keinen Zweck mehr, es wurde zu schnell dunkel, und ich wusste, dass ich den Weg heute nicht mehr finden würde. Ich befand mich an einer sumpfigen Stelle in der Nähe eines der vielen Bächlein, deshalb suchte ich mir einen trockenen, leicht erhöht stehenden Brettwurzelbaum, dessen Stamm notdürftigen Schutz bieten konnte.

Irgendwann hatten wir uns einmal im Scherz verabredet, dass wir, sollten wir uns verlaufen, an einem dieser Bäume anhalten und mit einem großen Stock darauf schlagen würden. Brettwurzelbäume sind sehr hoch und bilden einen guten Resonanzboden, sodass der Ton kilometerweit weitergetragen werden würde. So hatten wir es uns zumindest vorgestellt. Ich stellte mein Walkie-Talkie auf Empfang und begann mit einem Stock auf die Wurzeln zu trommeln. Es gab tatsächlich ein dröhnendes Geräusch, aber ich glaube, dass es nicht sehr weit trug, denn der Wald war sehr dicht. Ich trommelte, wartete dann zehn Minuten, ob ich Stimmen oder Rufe hörte, und trommelte dann wieder. Weil ich keine Antwort bekam, setzte ich mich an den Baumstamm gelehnt auf den Waldboden nieder und bereitete mich innerlich auf eine Übernachtung vor. Unsere Methode hatte versagt.

In meinem Überlebensgurt hatte ich eine Decke dabei, die mir notdürftig Wärme und auch Regenschutz bieten würde. Ich hatte einen Angelhaken und Schnur, Wasser stellte im wasserreichsten Gebiet der Welt ohnehin kein Problem dar. Bei der Rückkehr bei Tageslicht rechnete ich mir gute Chancen aus, doch noch auf Spuren von uns zu treffen. Ich fühlte mich eigentlich ganz gut gerüstet. Das Einzige, was mir wirklich Sorgen machte, waren die Pythons, die sich besonders in Wassernähe aufhalten und für die ich eine relativ leichte Beute darstellen würde.

Etwa eine Stunde später hörte ich die ersten Kontaktrufe in meinem Walkie-Talkie. Die anderen waren ins Camp zurückgekehrt und hatten den schreckensbleichen Koch angetroffen, der verkündete, Madame sei nicht zurückgekehrt. Ich kam normalerweise immer vor den anderen zurück, weil meine Affen sich nicht so weit vom Camp bewegten. Ich zückte mein Feuerzeug, mit dessen Hilfe ich meinen Kompass lesen und in etwa bestimmen konnte, aus welcher Himmelsrichtung ich die Rufe hörte. Offenbar hatten die beiden Biologen unser gesamtes Personal mobilisiert und mit Petroleumlampen auf unser Wegenetz geschickt. Das musste sie beträchtliche Überredungskunst gekostet haben, denn die Einheimischen hatten mir einmal erzählt, dass es bei Nacht Geister im Wald gäbe, die zwar die Weißen verschonten, sie selbst aber angreifen würden. Nach etwa einer Dreiviertelstunde hatte ich den ersten Mitarbeiter zu mir gelotst.

Noch bis er wenige Meter entfernt war, konnte ich seine Laterne nicht sehen, denn es war inzwischen stockdunkel geworden. Er zog mich an der Hand hinter sich her, und nach etwa einer halben Stunde erreichten wir meine Kollegen. Es war das einzige Mal, dass sie so etwas wie Herzlichkeit mir gegenüber zeigten. Sie umarmten mich und kochten mir sogar ein besonders gutes Essen.

Waldfreunde

Meine Gesprächspartner waren im Wesentlichen die einheimischen Mitarbeiter, sofern sie Französisch und Lingala verstanden. Nach einer Weile stellte ich fest, dass es mir gut tat, wenn ich wenigstens einmal am Tag ein paar Sätze mit einem menschlichen Wesen wechselte. Sie erzählten mir viel von sich, und nach einem halben Jahr wusste ich schon fast alles über ihre Verwandtschafts- und Familienverhältnisse. Sie nannten die beiden Biologen «Monsieur Ecke'-aaardt» und «Madame Blabla», weil sie besonders Bärbels Namen nicht richtig aussprechen konnten. Unser gebildetster Mitarbeiter, Jean-Pierre, wuchs mir sehr ans Herz. Er hing sehr an seiner Familie und erzählte viel von ihr. Eines Tages begleitete er mich bei meiner Arbeit. Als ich irgendwo eine Liane durchschnitt, um mir den Weg zu bahnen, fiel ein Baum hinter mir um. Er war offenbar nur noch von dieser Liane gehalten worden. Jean-Pierre, der hinter mir ging, entging nur mit großem Glück und einem beherzten Satz zur Seite einem furchtbaren Unfall. Sein erster Satz danach war: «Was wäre nur aus meinen Kindern ohne mich geworden!» Ich selber war zutiefst erschrocken, denn ohne fremde Hilfe hätte ich ihn sicher nicht einmal unter dem Baum herausziehen können. Das Leben im Wald barg eine ganze Menge unvorhersehbarer Gefahren!

Anfangs pilgerten sonntags, wenn wir uns ausruhten, Schaulustige aus dem Dorf zu unserem Camp, teils, weil sie einmal eine blonde Frau zu Gesicht bekommen, teils, weil sie etwas verkaufen wollten. Meine Schwester, die Ärztin ist, hatte mir liebevoll viele Medikamente inklusive Nahtmaterial und chirurgischer Instrumente ausgewählt und mitgegeben, denn im Kongo ist es üblich, dass der Arbeitgeber nicht nur für seine Angestellten, sondern auch für deren Familien die notwendige medizinische Versorgung bereitstellt. Oft, wenn wir müde aus dem Wald kamen, mussten wir die Mitarbeiter oder ihre Familienangehörigen mit ihren medizinischen Problemen versorgen. Verbrennungen waren bei kleinen Kindern besonders häufig. Wenn sie gerade laufen lernten, fielen sie mitunter ins Feuer oder verbrannten sich an den offenen Töpfen. Im Kongo habe ich die schlimmsten Narben gesehen, auch bei Erwachsenen. Offene Verletzungen führen im Urwald durch die vielen Keime zu starken Infektionen, die dann in extremer Narbenbildung enden. Bei einem Teil der Völker im Kongo werden durch Schnittwunden Stammeszeichen ins Gesicht gesetzt oder die Zähne spitz abgeschliffen. Der Botschaftschauffeur zum Beispiel hatte ein feines Muster senkrechter Narben auf den Wangen, die ich zunächst für Falten gehalten hatte, und der Dorfchef unserer kleinen Siedlung im Wald hatte eine große Zahnlücke zwischen den Frontzähnen, die ihm zusammen mit der Baseballmütze und den Turnschuhen, die die amerikanischen Forscher ihm geschenkt hatten, ein etwas kindlich-naives Aussehen verlieh, obgleich er schon fortgeschrittenen Alters war.

Ich hatte strikte Weisung, keine Kinder mit Antibiotika zu behandeln. Die Kindersterblichkeit war hier sehr hoch, und wir hatten Sorge, dass man uns im Todesfalle die Schuld gegeben hätte. Die Frau von Jean-Pierre arbeitete eine Weile als Köchin und Waschfrau für uns und brachte ihr jüngstes Kind mit zur Arbeit. Während der Regenzeit entwickelte es eine fürchterliche Bronchitis. Bärbel versuchte, den Husten mit homöopathischen Tropfen zu kurieren. Ich hörte den Brustkorb des Kindes ab, und mir war sofort klar, das es schwer krank war und dringend professionelle Versorgung brauchte. Ich riet der Familie, das Kind so schnell wie möglich ins Missionskrankenhaus zu bringen. Aber das war finanziell und zeitlich ein großes Problem für die Familie, schließlich mussten eine Piroge und Paddler aufgetrieben werden. Je nach Strömung konnte das Unternehmen zwischen einer und drei Wochen dauern. Als ich die Mutter das letzte Mal sah, hielt sie ihr Kind in den Armen und weinte bitterlich. Oft hatte ich mich gefragt, ob wohl die Frauen dort jedes ihrer vielen Kinder genauso lieben wie in Europa eine Mutter ihre ein, zwei, doch die Verzweiflung und die Tränen, die ich bei vielen Frauen beim Tod ihrer Kinder sah, sprachen eine deutliche Sprache. Das Kind starb schließlich auf dem Weg ins Krankenhaus; sie hatten zu lange gewartet.

Unser Campwächter Mira war ein lebenslustiger junger Mann, dessen junge Frau gleichzeitig mit seiner Geliebten ein Kind bekam. Er war finanziell ganz gut gestellt, denn er arbeitete viel für uns und bekam dafür neben Geld auch Kleidungsstücke und Stoff für seine Frauen. Mira war immer fröhlich und begrüßte uns vergnügt, wenn wir abends zerschlagen unsere Lichtung erreichten. Seine Arbeit gefiel ihm: Im Wesentlichen fegte er tote Blätter und Äste vom Camp, wusch das Geschirr und einen Teil der Wäsche. Mit seiner Gegenwart schützte er unsere Kleidungsstücke und Ausrüstung vor Diebstahl. Er hatte geschickte Hände und baute entzückende Mausefallen, die wie kleine Fischreusen aussahen, ausschließlich mit Materialien aus dem Urwald. Leider zerstörte er die Fallen immer wieder, weil er mit einem Knüppel auf die Falle schlug, um die gefangenen Mäuse zu töten.

Eines Tages trat er auf dem Weg zum Abwaschen mit der vollen Geschirrwanne auf dem Kopf in ein Ameisenheer. Als er losrannte, um ihnen zu entkommen, zerbrach unsere einzige Kaffeekanne mit automatischem Filtersystem. Wir hatten eben alle so unsere Last mit den verdammten Ameisen.

Mira musste auch unsere Wäsche bügeln, weil Tumbafliegen Eier in die Wäsche legen können und nur Hitze sie tötet. Er tat das mit einem gusseisernen Bügeleisen, das er mit glühenden Kohlen füllte. Es hatte einen verspielten Verschluss in Form eines kleinen Hahnes. Es war ein schönes Gefühl, sich wenigstens für fünf Minuten nicht schmutzig und klebrig zu fühlen, sondern mit Bügelfalte in den Wald zu gehen, bis man im nächsten Sumpf versackte oder an einem Lianengestrüpp hängen blieb. Als Mira mir eines Tages fröhlich gestikulierend entgegenkam, sah ich, dass sein Hemd brannte! Offenbar war Kohle aus dem Eisen auf sein Hemd gefallen. Ich hatte Mühe, seinen Redeschwall zu unterbrechen und ihn darauf hinzuweisen. Das Hemd hatte hinterher ein großes Loch im Stoff, aber Mira war mit heiler Haut davongekommen.

An einem Wochenende verließen mich die Biologen, um in unserem Delfter Häuschen Nachschub zu holen. Sie wollten nicht, dass ich alleine blieb, also ließen sie mir gegen meinen Willen Mira als Aufpasser da. Er musste deshalb die Nächte mit mir im Camp verbringen, anstatt wie üblich bei seiner Familie zu schlafen. Bei meiner Rückkehr am Abend sah ich, dass Mira am Eingang zum Camp an etwas herumbastelte. Später, als ich im Dunkeln wie immer zum Waschplatz gehen wollte, rief er mir hinterher, ich solle auf ihn warten, er wolle mir die Tür aufmachen. Welche Tür, dachte ich verwirrt. Doch dann sah ich, dass er tatsächlich auf dem Pfad zum Camp eine Tür in einem Türrahmen errichtet hatte, die sorgfältig mit einer Lianenschleife zugeknotet war. Verblüfft fragte ich, warum er das getan hätte. Er erwiderte mit todernster Miene, die Tür sei zum Schutz gegen die Geister. Die Geister im Kongo unterscheiden offenbar nicht nur zwischen Schwarz und Weiß, sondern halten sich auch streng an Wege und Eingänge, denn die sorgfältig verschlossene Tür stand einsam in der Landschaft, kein Zaun weit und breit! Abends sah ich Mira noch lange wach auf seinem Astbett in einem Unterstand liegen. Die Flammen flackerten und warfen Reflexe auf seinen nackten dunkelbraunen Oberkörper. Er machte einen recht unglücklichen Eindruck. Vielleicht war er sich doch nicht so sicher, ob die kleine Tür im dunklen Wald einen ausreichenden Schutz für ihn darstellte.

Als ich später nach Europa zurückfuhr, bat er mich, ihn als Koch mitzunehmen. Ich war erschrocken, dass er ohne das geringste Zögern bereit war, Frau, Geliebte und alle seine Kinder zurückzulassen. Ich erklärte ihm mühsam, dass das unmöglich ginge, da in Europa die wenigsten Menschen Küchenpersonal beschäftigten. Das stieß allgemein auf ungläubiges Staunen.

Das Herz der Finsternis

Nach fünf Monaten bekam ich die erste Post von meinen Lieben aus Europa. Jeden Brief las ich bestimmt fünfmal. Meine Mangaben waren inzwischen zahmer geworden. Das merkte ich besonders daran, dass ich nun, nachdem ich mich einmal verlaufen hatte, immer einen Wächter mit Petroleumlampe mitnahm. Da meine Affengruppe mit dem fremden Mann jedoch nicht so vertraut war wie mit mir, verhielt sie sich wieder sehr unruhig. Daran erkannte ich, wie gut sie sich bereits an mich gewöhnt hatte. Einige Affen waren sogar schon zu mir auf den Boden gekommen. Die großen Männchen kletterten zuerst auf den Boden, um zu trinken und unter den Blättern nach Insekten zu suchen. Das machte mich unbeschreiblich glücklich.

Einmal versuchte ich, mich an einer Liane über einen Bach zu schwingen, als ich ihnen folgen wollte. Aber das klappt nur bei Tarzan, und der ist vermutlich nie aus Hollywood herausgekommen. Die Liane hing nur locker zwischen den Baumriesen, und ich fiel wie ein Stein in den Bach und holte mir nasse Füße.

Am Ende unseres Aufenthaltes wurde auch noch unser Essen knapp. Also schickten wir einen unserer Mitarbeiter ins Delfter Häuschen, um den letzten Sack Reis zu holen. Es regnete mittlerweile häufiger und die Flüsse standen höher als bei unserer Ankunft. Nach einer Woche kehrte er zurück und präsentierte seine Ausbeute: Unser letzter Sack Reis war verfault und durchlöchert, der Inhalt zu einem Drittel nass, und in ihm krabbelten nicht nur Käfer, sondern fast das gesamte untere Drittel bestand nur noch aus Fliegenmaden. Dazu hatte er noch eine Kiepe zerquetschter Avocados, eine vergorene Ananas sowie vier Eier mitgebracht, von denen drei kaputt waren. Offenbar hatte es in das Häuschen hineingeregnet, und der Reissack hatte wochenlang im Wasser gestanden. Es half nichts, wir hatten nichts anderes mehr. Das untere Drittel mit den Fliegenmaden warf ich fort, den Rest füllte ich in unsere Waschschüssel und beschäftigte mich stundenlang damit, den Reis mit den Armen umzurühren. Die Käfer und Maden kamen dann hervor und konnten von der Oberfläche abgelesen werden.

Während meines gesamten Aufenthaltes im Camp kamen nur zwei Leute von außerhalb zu Besuch, der eine unwillkommen, der andere hochwillkommen. Schon ein halbes Jahr vor der Einreise hatte ich einen Antrag auf Forschungsgenehmigung gestellt. Aber da die Mühlen überall und insbesondere im Kongo zu Putschzeiten langsam mahlen, war meine Genehmigung bei der Einreise noch nicht fertig gestellt. Bärbel hatte deshalb eine Geschichte erfunden: Ich sei ihre kleine Schwester und wäre nur mitgekommen, um den Wald und die Tiere zu genießen. Diese Geschichte sollte die Regionalbeamten daran hindern, uns irgendwelche erfundenen Gelder abzuknöpfen, aber sie schien einige Zweifel bei den Regionalbehörden hinterlassen zu haben. Sie schickten uns also tatsächlich einen Regionalbeamten in das Camp, der erst zwei Tage auf den Wegen und dann acht Stunden zu Fuß durch den Urwald zu unserer entlegenen Lichtung wanderte, um unsere Geschichte zu überprüfen. Leicht machten sich die Behörden die Arbeit wirklich nicht. Der Beamte traf mich eifrig Naturbeobachtungen anfertigend im Camp an, also musste er unverrichteter Dinge den ganzen Weg wieder zurücklaufen. Die Forschungsgenehmigung erhielt ich dann rückwirkend bei meiner Ausreise.

Der andere Besucher, ein Amerikaner, von dem wir nicht wussten, weshalb er sich im Kongo aufhielt, versetzte uns mit der Ankündigung seines Besuchs in helle Aufregung. Das bedeutete Zeitungen und Nachrichten aus dem Rest der großen weiten Welt, und zudem konnte er unsere Post mitnehmen. Wir überlegten lange, was wir ihm zu essen servieren sollten. Wir hatten eigentlich nichts mehr! Es gab nur Reis mit Tomatensoße, oder war es Tomatensoße mit Reis? Als Krönung tischten wir statt Wasser Zitronensaft auf. Als der Herr kam, versuchte ich, uns und das Camp mit seinen Augen zu sehen: Wasser, in dem Zitronenschnitze schwammen, trockener Reis mit Tomatenmark, das Ganze von Fliegenschwärmen umkreist. Selten hat mir ein fremdes Gesicht so wohl getan. Zweifelsohne hatte der Besucher Erfahrung mit den Gelüsten, die man entwickelt, wenn man isoliert in der Einöde sitzt. Er brachte uns so köstliche Dinge wie ein Glas Marmelade und ausländische Zeitschriften mit!

Der Zahn der Zeit nagte auch am mitgebrachten Equipment. Als Erstes fiel meine Petroleumlampe um. Der Inhalt reagierte mit dem Material des Zeltbodens so, dass er brüchig wurde. Dann lösten die Raupen, die ihre Schmetterlingspuppen an mein Überzelt klebten, das Nylon auf. Pilze wuchsen nicht nur in meinem Kamerasucher und -objektiv, sondern auch auf meinen Fotofilmen und fraßen dort die Bilder weg. Meine Urwaldkleidung bekam Risse und Löcher und war mit Latexflecken vom Lianensaft übersät. Meine Schlafmatte war voller Fettflecke, die von den verzweifelten Versuchen zeugten, meine kaputten Füße und zerstochenen Knöchel mit Antibiotikacremes und Fußsalben wenigstens nicht schlimmer werden zu lassen. Als die Regenzeit begann, wurde alles, was bis dato noch nicht schmutzig, kaputt oder im Urwald verloren gegangen war, feucht und blieb auch so. Ich selber wurde auch nicht ansehnlicher: Die Knöchel heilten nie, im Gürtelbereich hatte ich viele Zeckenbisse, die Haare wurden länger und die Fingernägel schwärzer.

Die gesamten letzten Wochen meines Aufenthaltes verbrachte ich mit Bauchschmerzen. In meinem Herzen war es mittlerweile sehr finster geworden. Ich konnte nur noch wenig schlafen, stand nachts oft auf und setzte mich im Mondschein an unsere wunderschöne, mückenumsurrte Badestelle. Manchmal nahm ich meinen Schlafsack in den Arm, einfach nur, um das Gefühl von Nähe und Wärme zu spüren.

Eines Morgens kam Bärbel zu meinem Zelt, weil ich verzweifelt weinte. Ich war langsam am Ende meiner körperlichen und seelischen Kräfte. Eckhardt und Bärbel erklärten mir, dass ich drei Wochen im Voraus wissen müsste, wenn ich es nicht mehr aushalten könne. So lange braucht man ungefähr, um aus dem Urwald herauszukommen. Eine schwierige Kalkulation.

Wir beschlossen, dass ich mich erst einmal ein paar Tage beim Lesen unserer letzten Bücher entspannen sollte. So machte ich das erste Mal in dem halben Jahr ein Wochenende Urlaub in unserem Delfter Häuschen. Nach fünf Monaten konnte ich zum ersten Mal weiter als drei Meter sehen, hatte keine dunkle geschlossene Walddecke über dem Kopf und sah zum ersten Mal wieder meinen Körper im Spiegel. Ich hatte das sonderbare Gefühl, dass dieser Körper eine völlig fremde Hülle geworden war. Ich fühlte, wie mir allmählich meine Identität entglitt.

Flussfahrt mit Maden

Da mein Visum auslief, besprach ich mit Eckhardt das Für und Wider der verschiedenen Rückreiserouten. Er schlug vor, dass ich auf dem Fluss zur nächsten Mission zurückkehren sollte, denn die hatte eine Flugpiste. Vier Jungen aus dem Dorf sollten mich in einem Einbaum eine Woche lang flussabwärts paddeln. Der Dorfchef sollte uns begleiten und für meine Sicherheit garantieren. Wie immer wurde in langwierigen Sitzungen der Preis verhandelt. Man einigte sich schließlich auf zwei Säcke Maniokwurzeln als Nahrung für die Paddler, Geld und unseren einzigen Weltempfänger für den Dorfchef. Es gab eine kleine zusätzliche Schwierigkeit für mich: Das Geld in unserem Koffer ging zur Neige, und ich hatte nur noch genügend kongolesisches Geld, um meine Leute vor Ort zu bezahlen. Für den Rückflug zur Hauptstadt reichte die Landeswährung jedoch nicht mehr. Ich sollte vor Ort weitersehen.

Als Geschenk für meinen Freund und weil ich so gerne einen Teil des Urwalds mitnehmen wollte, ließ ich eine der dicken, leuchtend grünen Bambusstangen schlagen, die am Maringa überall wachsen und die mir so gut gefielen. Das fanden die Waldbewohner sehr lustig und auch ein bisschen verrückt. Wehmütig sagte ich meiner Affengruppe auf Wiedersehen, mit der ich so viel Zeit verbracht hatte. Sie war jetzt so an mich gewöhnt, dass man gut detaillierte Beobachtungen hätte machen können.

Die Biologen verabschiedeten mich mit der Bitte, an der ersten Mission nach etwa drei Tagesreisen anzuhalten und ihnen von dort aus eine Nachricht über Funk zu senden, dass ich gut angekommen sei. Einer meiner Paddler holte mich ab. Ich war nicht traurig, als ich ging – ich war, wie sich herausstellte, reif für den Fluss.

Eine halbe Stunde später waren wir an einem kleinen Nebenfluss in der Nähe des Arbeiterdorfes angelangt. Von dort sollte es losgehen. Neben meinem Gepäck und der Kleidung der Begleiter, den Manioksäcken und dem aus Mehlsäcken und Stöcken bestehenden Moskitonetz des Dorfchefs mussten noch einige geräucherte Antilopen mit. An der Anlegestelle herrschte eine wahre Volksfeststimmung. Drei der fünf jungen Männer waren noch nie in der nächstgrößeren Stadt gewesen und deshalb ungeheuer aufgeregt. Die Großfamilien kamen vollzählig zum Abschied, und Hunderte von kleinen Kindern wuselten um uns herum. Man packte ein und wieder aus und wieder ein, bis das volle Boot bedenklich kippelte.

Und dann ging es endlich hinaus auf den Fluss! Ich und der Dorfchef durften sitzen, die Paddler standen aufrecht in der Piroge. Es war ein unbeschreibliches Gefühl, zum ersten Mal seit Monaten wieder Licht und Weite zu sehen. Der sprichwörtliche Stein, der mir vom Herzen fiel, schien ein wahres Gebirge gewesen zu sein. Ich fühlte mich sofort leicht, frei und glücklich.

Von der ersten Minute an genoss ich diese Flussfahrt. Gerne wollte ich auch selber paddeln, denn als Kind und auch als Studentin war ich viel Kajak gefahren und wollte den anderen nicht so untätig bei der Arbeit zusehen. Das fanden meine Paddler aber ganz und gar nicht standesgemäß. Also ergab ich mich in mein Schicksal und lauschte den rhythmischen Gesängen, die ihre Arbeit begleiteten.

Es war traumhaft schön und friedlich, durch die stille Flusslandschaft zu paddeln und dabei Tiere beobachten zu können. Es gab große Yukka-artige Palmen, an denen Riesenfledermäuse hingen, und jede Menge Vögel: Vögel, die fischten, flogen oder auf dem Wasser schwammen. Ab und zu sahen wir Hütten, die auf Stelzen auf Sandbänken standen. Und siehe da: Auf dem Fluss, inmitten der herrlichen Natur, sehnte ich mich schon wieder zurück in den Wald. Ich hatte das unbestimmte Gefühl, dass ich noch einmal in den Regenwald zurückkehren würde. Ab und zu traf unsere Piroge auf versunkene Raddampfer, die die Einheimischen «Haus, das über Wasser geht» nannten.

Zwischendurch legten wir in kleinen Seitenarmen des Flusses am Ufer an. Hier lebten Freunde und entferntere Familienmitglieder meiner Mannschaft. Immer gab es ein großes Hallo. In einer Gegend, die so dünn besiedelt ist wie der Urwald, stellt jeder friedliche Besucher einen wahren Schatz dar. Je nach Geschlecht der Gastgeber wurde entweder ausführlich geflirtet oder über Politik und das Leben palavert. Ich bin sicher, dass ich an Orten war, an denen man noch keinen Europäer oder gar blonden Menschen gesehen hatte. Oft musste ich auf dem typischen dreieckigen afrikanischen Stuhl sitzen, während die anderen auf dem Boden lagerten. Dort wurde ich dann mehr oder weniger diskret angestarrt. Sie fassten mich an, besonders meine Haare, oder hielten mir Babys vors Gesicht, die prompt vor Angst schrien, vermutlich, weil sie mich für einen Geist hielten. Dann bog sich die ganze Gemeinschaft vor Lachen, denn die Überlieferung der Kongovölker sagt, dass sich die Haut einer Person beim Übergang in das Totenreich kalkweiß färbt. Ich sah also aus wie ein «Vumbi», ein Ahnengeist.

Nach einigen Tagen fand ich es doch sehr anstrengend, immer das Zirkuspferd zu spielen. Ich hatte keinerlei Privatsphäre. Wenn ich mich waschen wollte, hatte ich ständig eine Schar kichernder Kinder und interessierter Männer um mich herum. Also stieg ich im Badeanzug in den schlammigen Fluss. Wegen der Krokodile und weil ich eine nicht unerhebliche Menge Geld dabeihatte, traute ich mich nie sehr weit vom Ufer weg. Hinterher war ich meist schwärzer als zuvor, weil sich der ganze Torf unter meinem Badeanzug sammelte, aber wenigstens fühlte ich mich erfrischt.

Ich sah mich jedoch für alle Unannehmlichkeiten vollkommen entschädigt, weil ich die einmalige Gelegenheit hatte, mich ganz und gar unter Einheimischen zu bewegen. Ich hatte Gelegenheit, zu beobachten, wie Menschen leben, die niemals in Kontakt mit der westlichen Welt und ihren Baseballmützen, Uhren, Turnschuhen, Geld, Kleidung und allerhand Merkwürdigkeiten gekommen sind. Ich erlebte sie in ihrer ganzen Armut und ihrem ganzen Reichtum. Eines Tages entdeckte ich ein bizarres Tier, den «Elefantenshrew», eine Art Riesenspitzmaus auf endlos langen, bleistiftdünnen Beinen, die so aussah, als ob es einer Phantasie von Salvador Dalí entsprungen sei. Ich konnte beobachten, wie Kinder geröstete Maden aßen und Alltagsgegenstände und Medizin mit nichts als den Materialien aus der Natur herstellten. Ihre Hühnerställe waren ebenso reusenförmig wie ihre Mausefallen, nur um ein Vielfaches größer und mit einer Leiter versehen. Als ich mit den palavernden Männern stundenlang am Feuer saß, konnte ich zusehen, wie ein Junge einen Korb flocht. Die Frauen kamen zur Begrüßung, zum Essenservieren und zum Abschied, ansonsten hielten sie sich mit ihrer stolzen, aber dennoch sehr gastfreundlichen und fröhlichen Art stets etwas abseits von mir und den Männern auf. Abends beschäftigten sie sich stundenlang damit, die Haare ihrer Freundinnen nach Parasiten abzusuchen oder sehr komplizierte Frisuren zu flechten. Manchmal hielten wir auch bei Fischern auf dem Fluss an, um uns ein Abendessen zu kaufen. Nach all den Wochen bei Reis und Tomatenmark genoss ich die einfachen Fischmahlzeiten. Einmal, als wir sehr nahe am Ufer paddelten, um anzulanden, ließ sich eine große grüne Schlange von einem Baum auf uns hinunterfallen. Zum Glück verfehlte sie den Einbaum um Haaresbreite und fiel ins Wasser. Die Männer reagierten beim Anblick von Schlangen immer panisch. Zweifellos hatten sie schlechte Erfahrungen mit ihnen gemacht.

Nach drei Tagen wurde es immer einsamer. Wir versenkten den ersten Sack mit Maniokwurzeln an einer langen Liane unauffällig an einer menschenleeren Stelle am Uferrand im Wasser. Der Sack sollte den Paddlern auf dem Rückweg, der flussaufwärts drei Wochen dauern würde, als Nahrung dienen. Die Wahrscheinlichkeit, dass die Einheimischen den Sack bei ihrer Rückkehr im Fluss mit seinen endlos langen gleichförmigen Ufern wiederfinden würden, schien mir genauso groß wie die der Schildbürger, ihre Kirchenglocke dort wiederzufinden, wo sie eine Kerbe ins Boot geritzt hatte. Dennoch eine raffinierte Methode, und ich bin sicher, dass sie den Sack auf dem Rückweg unversehrt vorfanden. Etwas später landeten wir irgendwo mitten im Wald am Ufer an, wo sich eine erregte Diskussion zwischen den Paddlern und dem Dorfchef entspann. Nach einiger Zeit bat ich um Übersetzung des Diskurses, der sich in die Länge zu ziehen drohte. Es stellte sich heraus, das es um mich ging! Man hatte die Mission passiert, ohne mir oder den Missionaren etwas davon zu sagen, und wollte mich jetzt im Urwald aussetzen und allein zurückkehren, wenn ich nicht bereit sei, eine wesentlich höhere Summe zu zahlen und außerdem abends die doppelte Portion Fische für das Abendessen zu stellen. Der Rädelsführer war, wie nicht anders zu erwarten, der Dorfchef selbst. Einige Paddler stimmten offenbar dagegen, sei es aus Solidarität mit mir oder aus Angst um ihre späteren Jobs. Gespannt richteten sich zehn Augenpaare auf mich. Aber sie kannten mich nicht gut genug. Ich liebte den Dschungel, als letzte Rückversicherung trug ich wie immer meinen Survivalgurt am Körper, ich hatte ein Lauftraining und Kompassstudium von einem halben Jahr hinter mir und meine lieben Kollegen überlebt. Ich wollte nur noch nach Hause und meinem Freund in die Arme fallen. Ich bat nicht, sondern sagte mit aller Kaltschnäuzigkeit, zu der ich fähig war, dass ich auf gar keinen Fall das Boot verlassen und schon gar nicht die ohnehin schon teure Fahrt noch höher entlohnen würde. Dann zog ich meinen letzten und zweifellos stärksten Trumpf aus dem Ärmel: Das Radio und eine Erklärung, wie es zu bedienen sei, gäbe es erst, wenn ich wohlbehalten in der Mission abgeliefert wäre. Man schraubte nun versuchsweise die Forderungen etwas herunter, aber zu guter Letzt paddelten wir im besten Einvernehmen weiter flussabwärts, um das Abendessen mit doppelter Fischration besonders zu genießen.

Meinen dreißigsten Geburtstag verbrachte ich in dieser Flusslandschaft. Der Tag begann damit, dass meine Paddler einen entzückenden Tauchervogel entdeckten. Er hatte sich mit seinem langen spitzen Schnabel beim Versuch, Fische aus einem Netz zu angeln, darin verfangen. Wohlwollend und immer noch mit der gehörigen Portion Naivität des europäischen Naturschützers sah ich, wie meine Begleiter das Tier befreiten, um es, so dachte ich zumindest, vor dem sicheren Hungertod zu bewahren. Dann musste ich jedoch zu meinem Entsetzen zusehen, wie sie ihm einen Flügel brachen und ihn zu uns ins Boot warfen.

Schon am zweiten Tag unserer Reise musste ich feststellen, dass sich eine Unzahl weißer Fliegenmaden von den geräucherten Antilopen auf mein Gepäck zubewegte. Jetzt verstand ich, warum meine Paddler unbedingt lebendes Frischfleisch transportierten wollten: Darin bildeten sich immerhin keine Maden! Ich brachte es jedoch nicht fertig, das Tier weiter mit Schmerzen in der Sonne rösten zu sehen, und schnitt ihm nach kurzem Zögern mit meinem Taschenmesser auf dem Bootsrand den Hals durch, nicht ohne mich daran zu erinnern, dass ich eigentlich den hippokratischen Eid geschworen hatte, Leben zu erhalten und zu bewahren. Obwohl ich meine Tat zu erklären versuchte, wurde sie mit unwilligem Murren aufgenommen. Den Abend verbrachte ich mit meiner Mannschaft allein auf einer kleinen Landzunge. Wir saßen am Ufer, den Urwald im Rücken, den malerischen Fluss vor uns und einen Vollmond über uns. Der beste Schnulzenregisseur hätte sich das nicht eindrucksvoller ausdenken können. Ich war verzaubert und dachte mit einem Blick auf die Mondscheibe ganz ernsthaft: «Da sitzen jetzt deine Lieben, und du bist hier.» Mir schien ihre Welt so unendlich weit entfernt und abgekoppelt von meiner, dass mir dieser Gedanke kein bisschen verrückt vorkam.

Rückflug

Vor der Ankunft in der Missionsstadt graute mir, denn das schwer bewaffnete Militär hielt sich überall dort auf, wo es Menschenansammlungen gab und Weiße. Besonders Frauen waren eine leichte Beute für diese korrupten und wenig zimperlichen Gesellen. Gleichzeitig war ich froh, der «Zootiersituation» und dem Angestarrtwerden endlich entfliehen zu können, und freute mich nach fünf Tagen auf etwas Privatsphäre.

Kaum landeten wir an, bildete sich ein wahrer Volksauflauf, und schon schlenderten zwei Militärs gemächlich heran. Ich hatte meinen Männern Anweisung gegeben, dass sie mir mein Gepäck hinterherbringen sollten, schnappte mir die wichtigsten Papiere und ging meinerseits so schnell und unauffällig wie möglich in die entgegengesetzte Richtung, zur Mission. Das fordernde «Bonjour» der Soldaten quittierte ich mit einem freundlichen, aber gespielt verständnislosen Kopfnicken und eilte davon. Erst zwei Tage vorher war mir mit Schrecken eingefallen, dass es sich hier wiederum um eine katholische Männermission handelte, deren Bewohner von meinem Besuch nichts wussten, da ich mich ja nicht hatte ankündigen können. Ich war nicht einmal sicher, ob sie mich aufnehmen würden. Also war ich sehr gespannt, als ich das gepflegte, weitläufige Gelände mit mehreren Gebäuden betrat. Dann trat ein Weißer, der mich erstaunt musterte, in den Wandelgängen auf mich zu. Nervös stotternd brachte ich auf Französisch meine Bitte vor, mich doch bitte zu beherbergen, bis das nächste Flugzeug zur Hauptstadt fliegen würde. Er antwortete mir daraufhin in lupenreinem Österreichisch: «Ja, wenn S' das auf Deutsch g'sagt hätten, hätt' ich Sie besser verstanden.»

Der Aufenthalt war dann völlig unproblematisch. Ich bekam ein Zimmer mit etwas so unglaublich Luxuriösem wie einer Dusche und die Anweisung, zu einer bestimmten Zeit zum Biertrinken vor dem Essen einzutreffen. Ich konnte so viel Gutes auf einmal kaum fassen. Nach dem Duschen sank ich sofort in einen langen traumlosen Schlaf. Als es an der Tür klopfte, fühlte ich mich schon fast wieder menschlich. Ich wurde allen fünf Mitbrüdern vorgestellt und labte mich in fröhlicher Runde an meinem ersten kühlen Bier nach einem halben Jahr. Nach dem Abendessen saßen die Missionare interessiert um mich herum und ließen sich meine Erlebnisse des letzten halben Jahres in Kürze zusammenfassen. Sie kannten die Amerikaner aus den Vorjahren, nicht jedoch meine Begleiter. Alle Brüder waren sehr nett und fröhlich und hatten außer einer kleinen Bibliothek auch ein Videogerät, an dem wir meine Rückkehr in die «Zivilisation» mit einem Westernfilm feierten. Als es dunkel wurde, kamen meine Paddler und der Dorfchef, um ihre Bezahlung abzuholen. Ich hatte schon Geld und Radio zurechtgelegt und suchte nur noch meine Taschenlampe, um alles zu übergeben, als einer der Missionare vorbeikam, auf den Lichtschalter wies und lakonisch sagte: «Wir haben auch elektrisches Licht.» Ja, auch das musste ich wieder lernen auf dem Rückweg in die Zivilisation.

Am nächsten Tag nach meiner ersten himmlischen Nacht in einem Bett mit Beinen und wirren Träumen von Männern mit Colts auf Pferden in der Wüste machte ich mich auf den Weg ins «örtliche Flugbüro». Eine freundliche Schweizerin machte mein Glück perfekt. Zwar war das Flugzeug gerade unterwegs, aber es sollte in Kürze zurückkommen und würde bereits in fünf Tagen in die Hauptstadt starten. Auch meine Dollars stellten kein unüberwindliches Problem dar. Während der nächsten Tage schlief ich fast ausschließlich und las Bücher aus der kleinen Bibliothek der Missionare. Die Brüder wunderten sich ein wenig über meine extreme Zurückgezogenheit, ich hatte jedoch keine Lust, irgendwie in das Blickfeld des ewig geldhungrigen und deshalb Probleme suchenden Militärs zu geraten.

Dann kam der zweitschönste Teil dieser Rückreise, der Flug mit der kleinen Propellermaschine, geflogen von einem attraktiven Piloten, der mir während des langwierigen Auftankprozesses auf dem Flügel der Maschine sitzend seine braunen Muskeln präsentierte. Ich fühlte mich wie Goethes Faust: «Und mit diesem Trank im Leibe siehst Helenen du in jedem Weibe», selbstverständlich auf das andere Geschlecht bezogen, die monatelange Abstinenz tat das Ihrige. Im Rückblick denke ich, so wunderbar, wie ich den Flug in Erinnerung habe, kann er gar nicht gewesen sein. Ich war der einzige Fahrgast und saß nicht nur auf dem Kopilotensitz, sondern durfte sogar das Steuer bedienen. Wir unterhielten uns prächtig, denn er konnte viele meiner Erlebnisse verstehen, hatte er doch die beiden Amerikaner vom Vorjahr bei dem letzten Militärputsch mit seiner Maschine gerade noch evakuieren können. Allmählich begann mein Körper wieder eine Einheit mit meinem Geist zu werden, ich begriff mich wieder als vollständiges menschliches Wesen. Den Gedanken an die Hauptstadt mit ihrer immer noch schwierigen politischen Situation schob ich erst einmal ganz weit weg, um in vollen Zügen meine neue Leichtigkeit und den Flug genießen zu können. In Kinshasa löste der Pilot mein erstes Problem, indem er mich vom Flughafenpersonal in das nächste Gästehaus fahren ließ, sodass ich die ausbeuterischen Taxifahrer umging. Ich befand mich wieder in von Mauern gesäumten Häusern.

Großstadtdschungel

Am nächsten Morgen ging ich zu Fuß direkt zu Gerhards Praxis, um mich zurückzumelden. Überall standen Militärs mit Maschinengewehren, und außer mir war kein Europäer zu Fuß unterwegs. Um die deutsche Botschaft zu erreichen, musste ich an dem größten Regierungsgebäude des Landes vorbeigehen, vor dem immer schwer bewaffnete Soldaten in einem Schilderhäuschen standen. In Gerhards Praxis kam mir eine Angestellte entgegen, die mir ein Silbertablett entgegenhielt, um meine Visitenkarte entgegenzunehmen. Fast hätte ich ein Blatt aus dem Urwald draufgelegt. Vorgestern Fliegenmaden, gestern Westernvideos, heute Silbertabletts, ich kehrte mit Überschallgeschwindigkeit in die «alte Welt» zurück und wusste gar nicht, ob mir das so lieb war.

Gerhard war angenehm überrascht, mich zwar sehr dünn und erschöpft, aber wohlbehalten wiederzusehen. Von da an ging ich täglich in die Botschaft, um meine Freunde zu treffen.

Auf dem Rückweg von dort wurde ich am dritten Tag von einem Herrn in Militärkleidung angehalten. Er verlangte meinen Pass, blätterte lange darin herum und sagte, es gäbe da ein nicht näher definiertes Problem mit meinem Visum. Ich dachte nur: «O nein!», denn alles, was ich wollte, war so schnell wie möglich zurück nach Europa zu fliegen. Er sagte mir, er würde mich in dem Auto seines Chefs, das am Verkehrskreisel parkte, zur deutschen Botschaft begleiten, um die Dinge klären zu lassen. Ich war mit dem Vorschlag einverstandanden, da ich das Personal in der Botschaft kannte und wusste, dass ich dort auf jeden Fall Unterstützung erhalten würde. Der vermeintliche Polizist eskortierte mich zu seinem Auto, auf dessen Vordersitzen ein Fahrer und ein Herr im lila Jogginganzug saßen, hieß mich hinten einsteigen, gab meinen Pass nach vorne, wechselte einige Worte mit seinem «Chef» und setzte sich neben mich. Als sich die Türen schlossen, wurde mir schlagartig klar, dass ich in einer Falle saß! Ich erinnerte mich, dass mir die Biologen einmal erzählt hatten, dass sie in einem Sammeltaxi komplett ausgeraubt worden seien. Wie hatte ich als weiße Frau zu drei wildfremden Männern ins Auto steigen können! Niemand würde erfahren, was mit mir passiert war. Der Mann neben mir klopfte auf meine Hosentasche, in der ich ein wenig Geld hatte, und fragte, was darin sei. Ich antwortete nicht, denn mein Gehirn arbeitete auf Hochtouren. Dies waren keine echten Polizisten und keine Soldaten, es gab kein Problem in meinem Pass, und das Schlimmste war, sie bogen nicht in die Straße zur Botschaft ab. Ich fragte sie barsch, wieso sie einfach geradeaus weiterfuhren, sie murmelten etwas Unverständliches. Mein einziger Gedanke war, dass ich unbedingt meine Reisedokumente wiederbekommen musste. Dieser Gedanke hatte sich so in meinem Kopf festgesetzt, dass ich überhaupt nicht daran dachte, Papiere Papiere sein zu lassen und lieber meine Haut zu retten. Also beugte mich nach vorne, riss dem überraschten Vordermann meinen Pass aus der Hand, stieß mit der gleichen Bewegung die Autotür auf und sprang aus dem fahrenden Wagen. Ich fiel auf die Knie, rappelte mich auf und rannte so schnell ich konnte davon. Einmal drehte ich mich noch um und sah den Wagen am Straßenrand halten. Ich war so erschrocken, dass ich mir nicht einmal die Autonummer merken konnte. Eine Viertelstunde später stand ich mit zitternden Knien und rasendem Puls wieder bei Gerhard in der Praxis. In den nächsten Tagen malten mir die Botschaftsangehörigen das schreckliche Schicksal aus, dem ich so knapp entgangen war, und erzählten die wilden Anekdoten, die ihnen selbst passiert waren.

Gerhard quartierte mich daraufhin in das Haus um, das er zu dem Zeitpunkt vorübergehend mit einem Mitarbeiter bewohnte. Dort führte ich mit den beiden ein Leben wie im Film. Ich wurde mit Schokolade verwöhnt, saß auf den weißen Polstern der Kolonialmöbel, schaute auf den breiten Kongofluss, der vor dem Fenster vorbeifloss, und hörte klassische Musik. Langsam entspannte sich meine Seele. Abends kamen Gäste in edler Kleidung zu Besuch, es gab erlesene Gerichte, von denen ich nicht einmal die Namen kannte, und es amüsierte mich, wie ich da in meinen verschmierten Urwaldklamotten zwischen ihnen saß.

Das Einzige, was mir bekannt vorkam, war die Ameisenstraße, die sich selbst hier ihren Weg zwischen Kristall und weißem Porzellan hindurch zum Weißbrot bahnte. Hier traf ich endlich auch auf den für den Funkverkehr zuständigen Herrn. Ich bat ihn, meine Ankunft über Funk an die Missionare zurückzumelden, was er mir versprach.

Abschied und Rückflug verliefen unspektakulär. Beim Umsteigen in der Schweiz eilte ich zum Telefon und rief meinen Freund an, der ja keine Ahnung hatte, wann genau ich zurückkommen würde. Ich war überglücklich, seine Stimme zu hören. Das Erste, was er ausrief, war: «Was, heute kommst du schon!?» Ich war enttäuscht, denn ich hatte eine andere Reaktion erwartet.

Als ich am Flughafen ankam, stand er schon da, mit Blumen in der Hand und völlig unverändert. Der Augenblick, auf den ich mich monatelang gefreut hatte, der mich in übelster Verzweiflung am Leben erhalten hatte, war tatsächlich eingetreten. Ich stürzte mich in seine Arme und – fühlte gar nichts. Ich kannte ihn gar nicht mehr, ich war ihm auch nicht mehr nahe, denn ich war selbst ein völlig anderer Mensch geworden als der, den er vor einem halben Jahr zum Flugzeug gebracht hatte.

Später erfuhr ich, dass der Funker aus Kinshasa die Biologen nie verständigt hatte. Über vier Wochen, bis zur Rückkehr der Paddler, wussten sie nichts über meinen Verbleib. Nach ihrer Rückkehr bat ich sie um die Fotos, die sie von mir gemacht hatten. Ich erhielt einen lakonischen Brief, in dem sie schrieben, dass ich ja im Kongo das Warten gelernt hätte. Bis heute habe ich kein einziges Foto erhalten.

Deutschland, kalte Mutter

Der Kulturschock, den ich nun nach meiner Rückkehr erlebte, war kaum zu ertragen. Natürlich war es wunderbar, meine Freunde und die Familie, die sich inzwischen um einen Neffen vermehrt hatte, wiederzusehen. Aber ich konnte nicht erklären, was ich gefühlt hatte, wer und was ich war und wo ich jetzt stand. Fotos und Worte konnten das nicht wiedergeben. Ich konnte nicht verstehen, was die Leute hier bewegte, weshalb sie sich nach dem neuesten Auto und dem neuesten Haarshampoo verzehrten und sich über für mich völlig unwichtige und nebensächliche Politskandale oder kaputte Waschmaschinen aufregten.

Im Rückblick scheint es mir, als hätte ich wochenlang nur an die Wand in meiner Wohnung gestarrt, unfähig, mich zu rühren und irgendeinen klaren Gedanken zu fassen. Nach einigen Monaten konsultierte ich einen Hautarzt wegen der immer noch juckenden Zeckenbisse. Er leitete eine Blutuntersuchung ein. Kurze Zeit später bekam ich alle zwei Tage Fieber. Zunächst rief ich den Notarzt, da die Fieberschübe kaum auszuhalten waren. Er hörte mein Herz ab, befand dann, dass ich keine Malaria, sondern nur Grippe hätte, und schickte meinen Freund mit barschen Worten zur Apotheke, um Aspirintabletten zu kaufen. Zehn Tage später ging es mir immer noch nicht besser. Ein niedergelassener Tropenmediziner konnte auch nichts diagnostizieren, erbat sich aber während eines Fieberanfalls einen Besuch in seiner Praxis. Er zeigte kein Verständnis dafür, dass ich mich mit 40 Grad Fieber nicht in der Lage sah, durch die Stadt zu laufen. Dann meldete sich der Hautarzt zu Wort. Mein Blutbild sähe so schrecklich aus, dass ich mich umgehend an ein Krankenhaus wenden solle. So spazierte ich also an meinem fieberfreien Tag schon ziemlich schwach in die Universitätsklinik. Dort wurde ich auf die so genannte Seuchenstation verfrachtet. Mein Freund versorgte mich liebevoll mit Lesestoff und Nachthemden, was ihm hoch anzurechnen war, da wir inzwischen beschlossen hatten, uns zu trennen.

Das also war der Grund für meinen Schwächeanfall im Regenwald gewesen! Über vier Monate hatte ich schon Malaria, und sicher hatte meine zunehmende Schwäche nicht dazu beigetragen, den Gemütszustand nach meiner Rückkehr zu verbessern.

Zwischenspiel

Was sollte ich nun tun? Auf keinen Fall wollte ich so werden wie viele meiner Mitforscher, also beschloss ich, mich nie wieder in Totalisolation zu begeben. Schließlich wollte ich zwar weiter mit Affen arbeiten, aber nicht gleichzeitig meine gesamte Lebensfreude einbüßen. Während ich langsam gesund wurde, überlegte ich immer wieder hin und her. Dann spielte mir der Zufall die Zeitschrift einer deutschen Organisation in die Hände, die sich mit dem Schutz von Gorillas im Kongo befasste. Darin fand ich eine Anzeige der Deutschen Gesellschaft für technische Zusammenarbeit (GTZ), in der sie einen Praktikanten für ein Projekt im Ostkongo suchten. Ich schrieb sofort, dass ich als approbierte Tierärztin kostenlos für die Entwicklungshilfeorganisation arbeiten würde, wenn man mir genug Zeit und Möglichkeit ließe, Daten für meine Promotion zu sammeln. Tatsächlich wurde ich trotz zahlreicher Zuschriften angenommen, vor allem, weil es im Land immer noch unruhig war und für das selbständige Arbeiten unter derart schwierigen Bedingungen Landeskenntnisse benötigt wurden. Ich verabredete mich also mit dem Projektleiter, der gerade auf Durchreise in Deutschland war. Wir wollten uns vor der Post am Bahnhof in Bonn treffen. Ich wartete zum verabredeten Zeitpunkt mehrere Züge ab, aber keiner der Herren, die ausstiegen, sprach mich an. Nach einiger Zeit kamen mir ernsthafte Zweifel, ob ich am richtigen Ort war, denn es gab eine zweite Post in Bonn, die nur etwa fünfhundert Meter entfernt lag. Also rannte ich eine halbe Stunde lang immer zwischen den beiden Zweigstellen hin und her und sprach alle möglichen wildfremden Herren an, ob sie vielleicht auf mich warteten. Viele zeigten Interesse und amüsierten sich, aber keiner war der Richtige. Als ich gerade wieder einmal nach Atem ringend bei der Bahnhofspost einbog, kam Bernd, mein zukünftiger Chef, fröhlich um die Ecke geschlendert. Er hatte einen späteren Zug genommen und lud mich jetzt zu einer heißen Schokolade ins Bahnhofsrestaurant ein, die ich allerdings hinterher ebenso wie auch seine bezahlen musste, weil er plötzlich zum Zug musste und kein Kleingeld bei sich trug. Bernd lebte mit Frau und seinen beiden Kindern in der ostkongolesichen Provinz Südkivu direkt am Ort des Geschehens. Jetzt war er auf Heimaturlaub. Aus Sicherheitsgründen hatte er relativ viel Zeit in den angrenzenden Ländern verbringen müssen. Wir verstanden uns auf Anhieb: Er war fröhlich, unkompliziert, bescheiden und hatte ein Händchen für seine Mitarbeiter und die Lösung ihrer Konflikte. Er sollte einer der nettesten Vorgesetzten werden, die ich je hatte. Bei inländischen wie ausländischen Kooperationspartnern war er gleichermaßen beliebt und hatte es über viele Jahre hinweg geschafft, ein Projekt weiterzuführen, das in seinem Mutterhaus immer wieder auf der Abschussliste stand. Dass die Flachlandgorillas im Kahuzi-Biega-Nationalpark so lange geschützt waren, ist auch sein Verdienst. Aus Sicherheitsgründen sollte ich noch ein Vierteljahr warten, bis die Deutsche Gesellschaft für technische Zusammenarbeit grünes Licht für meine Anwesenheit im Kivu gab. Deshalb jobbte ich solange in einem Schreibwarenladen und kurierte meine Krankheiten gründlich aus.

Der zweite Anlauf

Wieder flog ich ins Nachbarland, nach Kongo (Brazzaville). Dort wurde ich von einem meiner Botschaftsfreunde abgeholt und gekonnt durch den Zoll gelotst. Bei ihm verbrachte ich die Wochen des Wartens auf meine Ausreisegenehmigung in die Provinz Kivu im Osten des Landes. Er machte mich auch mit auch Diana bekannt, die wie viele Amerikaner mit dem Peace Corps in die Region gekommen war. Weil sie Tiere liebte, blieb sie in Kinshasa. Sie war gelernte Tierpflegerin und hatte schon als Kind das Haus ihrer Eltern mit

Giftschlangen bevölkert oder war kilometerweit mit dem Fahrrad geradelt, um die Pferde des Nachbarn zu besuchen. Offiziell betreute sie die Versuchstiere eines biomedizinischen Instituts, inoffiziell kümmerte sie sich um eine große Zahl verwaister Bonobokinder, die man bei ihr abgegeben hatte. Sie hatte ein engmaschiges Netz von Informanten aufgebaut, um möglichst alle Bonobowaisen, die in der Hauptstadt zum Kauf angeboten wurden, untersuchen und markieren zu können. So wollte sie etwas über die Verbreitung und den Schmuggel dieser damals noch wenig bekannten vierten Menschenaffenart herausfinden. Danach gab sie die Tiere an die Händler zurück, um den Fang der Tiere nicht zu unterstützen. Neben Bonobos beherbergte sie eine Vielzahl von Vögeln, Reptilien und Affen, die alle irgendwann bei ihr abgegeben worden waren. Selbst in schwierigsten Zeiten schlug sie sich und ihre Schützlinge mit einem winzigen Budget durch. Dazu hatte sie gute Kontakte zu den Hotels der Stadt geknüpft, von denen sie überlagerte Lebensmittel bekam, die sie dann an ihre Schützlinge verfütterte. Die Käfige ihrer Bonobos waren so entsetzlich wie überall auf der Welt, die Nahrung fragwürdig und die medizinische Betreuung weit entfernt von jeder Professionalität, aber immerhin genossen die Tiere eine intensive persönliche Betreuung durch sie und ihre sehr engagierten kongolesischen Mitarbeiter, und sie hatten Spielgefährten, die ihnen ihr trauriges Schicksal erleichterten. Während der Revolten schrieb Diana mit Schafsblut «Aids» und «Ebola» an die Mauern des Labors und hielt so die Marodeure effektiv davon ab, das Laborgelände zu plündern. Sie selbst kleidete sich immer in einfache Sackkleider aus heimischen Stoffen und trug chinesische Plastiklatschen. So konnte sie sich auch auf den Märkten in ärmeren Gegenden bewegen, ohne begehrliche Blicke auf sich zu ziehen. Sie wohnte asketisch und ohne jeden Luxus in zwei einfachen Zimmern auf dem Gelände, in denen sich im Wesentlichen ein paar alte Sofas, eine Pritsche und ein Kleiderschrank befanden. Es gab hier keine Gegenstände, die zur Wohnlichkeit beitrugen oder nur zur Zierde da waren, und doch glaube ich, dass sie mehr von ihrem Leben hatte als die meisten Ausländer, die sich in der Stadt aufhielten. Diana war eine sehr mutige und oft sehr einsame Frau. Ich begleitete sie einmal in den Zoo von Kinshasa, wo sie versuchte, die Situation der Tiere zu verbessern. Die Tierhaltung hier war der Gipfel der Trostlosigkeit und Verkommenheit. Sie erzählte mir, dass der kongolesische Staatschef einen Stall mit mindestens fünfzig Pferden besessen hatte. Als sie in Unruhezeiten nicht mehr regelmäßig gefüttert wurden, wurden sie so schwach, dass sie nur noch an die Wände gelehnt stehen konnten. In einem Land, wo selbst Menschenleben kaum geachtet werden, ist ein Tier oft weniger wert als eine Sache, und daher bin ich bis heute dagegen, in Bürgerkriegsregionen Zoos oder Tierwaisenstationen zu errichten.

Bei diesem Aufenthalt hatte ich auch die Gelegenheit, eines der während der Bürgerkriegsrevolten gestürmten Hotels zu sehen. Das Ausmaß der Zerstörung war ungeheuer: Nicht eine Türklinke, ein Lichtschalter, ein Toilettenbecken war unzerstört geblieben! Der mannshohe Hoteltresor war mit brachialer Gewalt aus der Wand gehebelt, die einzelnen Fächer aufgebrochen und dann angezündet worden. Ich verstehe, dass Armut zum Stehlen führt, aber die Sinnlosigkeit, mit der hier gewütet und zerstört worden war, wollte mir nicht in den Kopf. Viele der Nonnen, die ich nie anders als bescheiden und freundlich erlebt hatte und die in den örtlichen Schulen und Krankenhäusern viel Gutes getan hatten, waren vergewaltigt und bestialisch getötet worden. Dasselbe war auch einigen Europäerinnen passiert. Ich weiß von einer Deutschen, deren Ehemann mit geladener Pistole an der Schläfe gezwungen worden war, ihrer Vergewaltigung zuzuschauen. Die Erlebnisse, von denen man hörte, waren zum Teil so unbeschreiblich grauenvoll, dass sie die Leben vieler Opfer zerstörten, selbst wenn sie überlebten. Andererseits blieb mir das Verhalten vieler im Land stationierter Europäer unverständlich. Einer der Botschafter war doch tatsächlich erstaunt, dass er während der Krise, nachdem der französische Botschafter bereits erschossen worden war, auf dem Weg vom Golfplatz in die Botschaft von kongolesischen Panzern an- und festgehalten wurde. Das bedeutete höchste Alarmstufe und Gefahr für seine Landsleute, die ihn finden und Verhandlungen führen mussten, damit er wieder auf freien Fuß gesetzt wurde. Konnte er denn nicht wenigstens während dieser unsicheren Zeiten das Spielen auf abgelegenen Golfplätzen meiden und sich im sicheren Bereich der Botschaft aufhalten?

An zwischenmenschlichem Verständnis und Verantwortungsbewusstsein für andere schien es gelegentlich etwas zu hapern, wenn es um die eigene Bequemlichkeit ging. Nicht nur, dass man bei einer der Krisen Gerhard, den Botschaftsarzt, einfach in seiner Wohnung vergessen hatte – man ließ ihn, der über Jahre in gefährlichsten Situationen immer für andere da gewesen war, aus vollkommen egoistischen Gründen nicht zügig genug zu seinem Vater reisen, als dieser im Sterben lag. Eine Ignoranz, die ich unüberbietbar fand.

Kivu sehen …

Nach einem Monat Aufenthalt in der Hauptstadt bekam ich endlich die Einladung, in das Kivu-Gebiet im Ostkongo aufzubrechen. Voller Vorfreude wollte ich am Morgen auf dem Flughafen nach Bukavu einchecken, als sich wieder eines der typisch kongolesischen unvorhersehbaren Probleme auftat: Ich hatte keine staatliche Erlaubnis, mich aus der Hauptstadt wegzubewegen. Da mich aber einer meiner Freunde mit Diplomatenpass auf den Flughafen begleitet hatte, kam uns die glorreiche Idee, uns als verheiratet auszugeben. Im Kongo trägt eine verheiratete Frau nicht den Namen ihres Ehemannes, und so ermöglichte mir dieser kleine Schwindel eine komplikationslose Weiterreise. Dennoch musste ich zwei Stunden bis zum Einsteigen warten. In der Wartehalle saß mir gegenüber ein Herr mittleren Alters in einem europäischen Straßenanzug. Auf dem Kopf trug er eine Art lederne Pilotenkappe, die oben mit einem Kreis senkrecht stehender kleiner roter Papageienfedern besetzt war. In der Hand hielt er einen Häuptlingsstab. Zu gerne hätte ich diese faszinierende Erscheinung fotografiert, diesen Wanderer zwischen zwei Generationen und Welten, der seine Aufgabe mit viel Würde trug, aber aus Taktgefühl ließ ich es bleiben. Er erinnerte mich ein wenig an meinen Großvater, der als Kind noch den Kaiser auf einem Schimmel hatte reiten sehen und im Atom- und Computerzeitalter starb.

Als wir endlich das Flugzeug betreten durften, war ich bereits ziemlich ungeduldig. Es war Mittag geworden und sehr heiß. Sobald sich die Flugzeugtüren schlossen und die Gangway weggerollt wurde, merkte ich, dass die Klimaanlage nicht funktionierte. Zwei weitere Stunden standen wir in brütender Hitze auf dem Rollfeld. Bereits nach fünf Minuten in dieser heißen Blechbüchse begann der Schweiß in Strömen an uns herunterzulaufen. Das konnte ja heiter werden! Nach dem Start kühlte der Innenraum zwar etwas ab, aber dafür setzten starke Turbulenzen ein. Zu meinem Entsetzen stellte ich fest, dass es keine Spucktüten an Bord gab. Ich rollte mir also aus dem einzigen Blatt Zeitungspapier, das vor mir in der Ablage steckte, eine provisorische Tüte. Mein Nachbar nahm die Belästigung durch meinen revoltierenden Magen mit stoischer Ruhe und ohne jeden Kommentar hin. So schnell wie möglich begab ich mich in die Flugzeugtoilette, wo es jedoch kein fließendes Wasser gab. Notdürftig schüttete mir ein Steward aus einem Kanister etwas Wasser über die Hände. In Goma stieg ich in ein kleines Flugzeug um und flog auf die andere Seite des Sees in den Kivu, meinen Bestimmungsort. Auf einem winzigen Flughafen wurde mein Gepäck ausgeladen, und der Chauffeur des Projektes kam, um mich abzuholen. Auf dem Weg vom Flughafen in die kleine Stadt liefen Kinder – wie ich es schon vom Vorjahr gewohnt war – neben dem Auto her, und ich rief schon mal vorsichtshalber «Mondele, Mondele!», was den Fahrer sehr amüsierte, denn hier sprach man Suaheli. Hier war ich die «Mozungu».

Zur Zeit meiner Ankunft in Bukavu war gerade die Programmmanagerin der GTZ aus Deutschland zu Besuch, alle Mitarbeiter waren daher vollzählig versammelt. Jetzt stürzten sie alle aus dem Haus, um mich zu begrüßen, und das, wo ich so sehr gehofft hatte, nach dem desaströsen Flug unter der Dusche erst einmal etwas Repräsentativität herstellen zu können! Ich denke, die Mischung aus Schweiß und Erbrochenem, nach der ich roch, muss überwältigend gewesen sein, aber höflicherweise sagte niemand etwas.

Vorübergehend brachte man mich in einem Zelt im Garten unter. Der kleine Garten des GTZ-Gästehauses war wunderschön, voller Palmwedel, exotischer Pflanzen und wilder

Vögel. Hier hatte man nicht nur eine traumhafte Aussicht über den gesamten Kivusee bis hinüber zu den Vulkanbergen in Ruanda, sondern man konnte auch immer, wenn einem danach war, ein erfrischendes Bad nehmen.

Das Haus wurde tagsüber für die Projektverwaltung genutzt. Hier lebte ich, als die Gäste erst einmal fort waren, zusammen mit einer Agraringenieurin. Wir hatten keine hohen Mauern, sondern nur sehr viel unbeschreiblich schöne Natur um uns herum. Zwei Nachtwächter sorgten für unsere Sicherheit. Mir wurde ein traumhaftes Zimmer mit Glastüren zum See zugewiesen, und ich bin sicher, dass ich niemals in meinem Leben wieder so schön wohnen werde. Unser Koch hatte früher für den belgischen Botschafter gearbeitet. Er war sehr begabt und konnte aus dem Nichts wunderbare Gerichte zaubern. Nachts fuhren die Fischer mit ihren Einbäumen über den See, die sie mit Bambusstangen zu einem Katamaran verbunden hatten. Ihre Fischernetze hatten sie an Stangen vorne vor den Einbäumen befestigt. An der Spitze der Takelage waren Petroleumlampen aufgehängt, deren Licht die Fische anlockte. Nachts, wenn ich mich zum Schlafen legte, hörte ich die zarten Gesänge der Fischerleute über den See wehen. Sie versetzten mich in einen vollkommen verzauberten, glücklichen Schwebezustand. So romantisch, wie die Gesänge klangen, waren sie jedoch nicht gemeint: Viele der Fischer hier konnten nicht schwimmen. Das Kentern der Einbäume hätte den Tod durch Ertrinken für die Insassen bedeutet, also sangen sie, um die bösen Wassergeister zu beschwichtigen.

Das italienische Sprichwort «Neapel sehen und sterben» müsste für mich durch «Kivu sehen und sterben» ersetzt werden. Kivu wird als die Schweiz Afrikas bezeichnet und ist von unbeschreiblicher Schönheit. Der Kivusee ist der höchstgelegene Binnensee Afrikas und auf der Kongoseite von geschwungenen Buchten umgeben. Auf der Ruandaseite sieht man die Kette der berühmten Virungavulkane. Er ist so groß, dass man vom Ufer nicht einmal den Horizont sehen kann, und das Wasser ist sehr klar. Zwei große und unzählige kleine Inseln liegen im See. Überall sprießen üppiges Grün und wunderschöne Blütenpflanzen. Die Region ist eine der fruchtbarsten im Kongo, sodass bei gerechter Landverteilung niemand Hunger leiden müsste. Für Europäer ist sie besonders angenehm, weil hier Mittelmeerklima herrscht und jedes nur vorstellbare exotische und nicht exotische Gemüse und Obst wächst. In meinem ganzen Leben habe ich niemals derart süße Ananas genossen. Dennoch sind die Abholzung und die dadurch bedingte Bodenerosion, die man hier in einer der am dichtesten besiedelten Gebiete der Welt sieht, überaus beängstigend. Meine Mitarbeiter erzählten mir, dass in den zwei Jahren, in denen sie in Bukavu wohnten, die gesamten Bäume am Ufer der ruandischen Seite abgeholzt worden waren.

Bukavu übt einen ganz besonderen Zauber auf die meisten Europäer und Afrikaner aus, die hier gelebt haben. Jahre später erzählte mir einer meiner Freunde, dass alle, die er im Rahmen seiner Entwicklungsarbeit traf, auf die gleiche Weise von diesem Ort schwärmten.

Erste Begegnungen

Der große Traum der meisten Primatologen ist es, die größten aller Menschenaffen, die Gorillas, einmal in freier Natur erleben zu dürfen. Die Projektleitung hatte beschlossen, dass ich trotz der etwas kritischen Situation allein in einer von der GTZ für die Touristen erbauten Hütte am Waldrand wohnen sollte. Roh behauene Holzmöbel wie Bettgestelle, ein großer Tisch, drei Stühle und ein kleines abschließbares Schränkchen sollten nach dem letzten Überfall noch in der Hütte zu finden sein. Aus dem Fundus des Projektes bekam ich ein vollständig zusammenfaltbares Tischchen und zwei Regiestühle sowie einen Gaskocher, eine Petroleumlampe und ein Mikroskop. So ausgerüstet fuhr ich etwa eine Woche nach meiner Ankunft mit der Projektsekretärin das erste Mal in das Gorillaschutzgebiet, um mir mein zukünftiges Zuhause und meine Schützlinge anzusehen. Die Fahrt dorthin dauerte etwa eine Dreiviertelstunde mit dem Auto. Sie führte vorbei an dem Ufer des riesigen Sees, wo Kinder den Fang des Tages anboten, und schlängelte sich dann bergauf durch die grünen Hügel. Die rostrote Erde kam überall dort zum Vorschein, wo abgeholzt worden und die Vegetation durch die starken Regenfälle weggewaschen war. Im Parkumfeld sah ich die ersten Teepflanzungen meines Lebens: wunderschöne immergrüne Pflanzen mit glänzenden, harten grünen Blättern, für deren Anlage die Belgier leider große Urwaldflächen gerodet hatten. Etwa einen Kilometer vor dem Parkeingang, «Tshivanga» genannt, der durch eine rotweiße Schranke gekennzeichnet war, lag ein kleines armes Dorf, in dem ein Großteil der Fährtensucher vom Stamm der Twa lebte.

Die Projektsekretärin Andrea, die mich sofort in ihr Herz geschlossen hatte, stellte mir gleich beim ersten Besuch auf der Parkeingangsstation den Chef des Militärs und meinen zukünftigen Forschungsassistenten James vor, der schon mit einigen Vorgängerinnen gearbeitet hatte. James sprach Englisch, Französisch, Suaheli und Mashi, die Sprache der Fährtensucher aus dem Stamm der Twa, mehr oder weniger fließend und war deshalb als Vermittler zwischen mir und ihnen unersetzlich. Er war ein sehr groß gewachsener, bescheidener junger Mann und sollte einer der fähigsten, treuesten und zuverlässigsten Mitarbeiter werden, die ich je hatte.

Ich besuchte meinen zukünftigen Wohnort und verliebte mich spontan in das stattliche Holzhäuschen, das mit einem Empfangsraum und zwei Schlafräumen ausgestattet war. Es lag direkt am Waldrand, in dessen Nähe das für das Parkpersonal erbaute Dorf lag. Das Häuschen besaß ein gegossenes Betonfundament, bestand aus schwarzen Holzlatten, grünen Fenstern und einem Blechdach und war eine wahre Villa im Vergleich zu dem, was ich vom Vorjahr gewohnt war. Bis zu meinem Einzug mussten noch die Schlösser repariert und Matratzen und Geschirr gekauft werden. Ein echter Luxus für mich war die Wasserleitung, die aus einer Quelle meine etwas abgelegene Dusche und eine Wasserstelle vor dem Haus speiste. Vor meiner Wohnstatt wuchsen wunderschöne weiße «Hys de Kahuzi», Taglilien, die typisch für diese Landschaft sind. Kleine rote Nelken zierten den Eingang zu meinem Plumpsklo.

In der darauf folgenden Woche mussten die organisatorischen Formalitäten in dem eine Stunde Fahrt von Bukavu entfernten Labor erledigt werden. Dort wollte ich meine Proben aufbereiten. Es war einmal das zweitgrößte Labor südlich der Sahara gewesen und bestand aus einer wunderschönen Anlage mit Säulengängen im arabisch-orientalischen Stil und Innenhöfen mit Springbrunnen, die von geschnitzten und farbig verzierten Holzstützen umgeben waren. Auch die technische Ausstattung hatte ehedem ein hohes Niveau gehabt. Zum Zeitpunkt meiner Ankunft war das Laborpersonal jedoch seit vielen Monaten nicht mehr bezahlt worden. Ein Großteil der Geräte war deshalb von ihnen verkauft worden. Was übrig geblieben war, war defekt –

ein beeindruckender Friedhof deutscher Labortechnik. In einem ähnlichen Zustand befanden sich die botanische und zoologische Sammlung, skurrile Zusammenstellungen ehemals wertvoller, aber falsch etikettierter und nun zerfressener und zerfallender Exponate. Das Labor leistete sich eine Unzahl sich gegenseitig und die Forscher behindernder Direktoren, Unterdirektoren und Abteilungen, deren Funktion und Aufgaben für den Außenstehenden undurchschaubar waren, die jedoch Forschung nur nach einem schwierigen Papierkrieg und der Zahlung «unbedingt notwendiger» Gebühren zuließen. Die GTZ hatte jedoch inzwischen ein effektives Netz von Beziehungen aufgebaut. In den verschiedenen Nachbarländern konnte ich die fehlenden Chemikalien für meine Untersuchungen besorgen, und das nötige Instrumentarium ließ ich mir von meiner Universität nachschicken. Die einzige Abteilung des Gebäudekomplexes, die noch frequentiert wurde, war das Kinderkrankenhaus. Ein Freund, der mich einmal dort besuchte, sah dort viele traurige Kinder, die sagten: «La vie ici est misérable» – Das Leben hier ist schlecht. Selbst vor den Kindern machte die Aussichtslosigkeit der Situation nicht Halt! Bald entdeckte ich etwas, das mich sehr entsetzte: In diesem Land, das eine der höchsten HIV-Infektionsraten der Welt hat, wusch der Labormann die Glasröhrchen für Blutproben aus dem Krankenhaus ab, ohne Handschuhe zu tragen! Natürlich ging beim Reinigen das eine oder andere Röhrchen zu Bruch, aber seine Arbeitgeber gaben ihm keine Handschuhe. Ich hatte vorsichtshalber Haushaltshandschuhe aus Deutschland mitgebracht und schenkte ihm ein Paar. Als ich das Land verließ, ließ ich ihm meinen Restvorrat zurück.

Später wurde mir klar, dass dieses Labor in früheren Zeiten auch ein schauderhaftes Gefängnis für Affen gewesen war. Jetzt gab es hier noch einige Meerkatzen in trostlosen

Käfigen. Einige meiner kongolesischen Freunde erzählten mir, dass sie hier in den siebziger Jahren ihren ersten Gorilla gesehen hatten, der traurig in einem Käfig dahinvegetierte. Die Forschungsliteratur aus den sechziger Jahren spricht ganz unbefangen von Gorillas, die in Netzen gefangen wurden. Drei Viertel von ihnen starben in den ersten Tagen, der Rest wurde als Versuchsgorillas missbraucht, die man auf Malaria und Filarien untersuchte. Es gibt eine breite Bewegung, die Menschenrechte für Menschenaffen fordert, und ihre Anhänger sind in den meisten Fällen Leute, die lange mit und über diese Tiere gearbeitet haben. Auch ich denke, dass die Käfighaltung die Menschenaffen bei unserem heutigen Erkenntnisstand einfach nicht mehr ethisch vertretbar ist, ebenso wenig wie die Käfighaltung von Menschen!

Dann fuhren wir los, um die Könige des Urwaldes zu treffen. Im Nationalpark verließen wir den asphaltierten Weg und marschierten im zügigen Tempo durch das hohe Gras und den Unterwuchs im Sekundärwald. Die Bäume wuchsen hier eher niedriger als in Europa. Daher finde ich den Bergregenwald nicht halb so schön wie den Tieflandregenwald, aber durch seine lichtere Struktur dringt mehr Sonne auf den Waldboden, was auch seinen Reiz hat. Als wir nur ein kurzes Wegstück zurückgelegt hatten, hörten wir in der Nähe schon Äste brechen, und ich war gespannt wie ein Flitzebogen. Einer der Führer gab mir durch einen Wink zu verstehen, dass ich mich leise ins Gras setzen sollte. Lange bevor ich ihn sah, konnte man das Reißen von Blättern und Lianen hören und ihn sogar riechen: Ein betäubender animalischer Geruch nach Moschus eilte ihm voraus, diesem größten aller Menschenaffen. Und dann sah ich ihn, Naninja, der später einer meiner Lieblinge werden sollte. Er gehörte zur schönsten und imposantesten Gorilla-Unterart, den Grauergorillas. Er war jung, ungeheuer groß, sehr breit, und seinen Rücken überzog ein wunderschöner silbergrauer Schleier wie Raureif. Sehr gemächlich kam er auf allen vieren daher und bahnte sich seinen Weg durch zwei mannshohe Grasbüschel. Man konnte die Muskeln unter seinem seidig glänzendem Fell spielen sehen. Er warf uns einen flüchtigen desinteressierten Blick zu und ließ sich gar nicht stören. Hier und da zupfte er ein Blatt und fraß es. Dann ging er langsam und völlig unbeeindruckt einen halben Meter von uns entfernt vorbei und verschwand schließlich wieder im Unterholz. Dies sollte der Beginn einer der prägendsten Zeiten in meinem Leben werden. Über Monate sollte ich ihn und seine stetig wachsende junge Familie immer wieder besuchen. Jeder einzelne Aufenthalt, den ich bei meinen vier Gorillafamilien verbrachte, hat sich unauslöschlich in mein Gedächtnis eingebrannt. Noch heute weiß ich, wenn ich nur die Fotos ansehe, wo wir uns befanden, wie das Wetter war und was ich an jenem Tag Besonderes gesehen hatte. Unzählige Male sollte ich in die wunderbaren, tief bernsteinfarbenen Augen der Gorillas sehen und stumme Zwiesprache mit ihnen halten. Immer wieder fragte ich mich: Was mag wohl im Kopf meines Gegenübers vorgehen, hinter den sprechenden, wachen, aufmerksamen Augen, deren Blick so tief in einen hineinzudringen scheint? Versucht er dasselbe zu ergründen wie ich? Oder sieht er nur einen komischen Verwandten, der sich merkwürdig verhält? Bin ich nur eine seltsame, aber ungefährliche Abwechslung im Gorillaalltag? Wir werden es nie erfahren, solange wir nicht zu einer besseren Kommunikation untereinander fähig sind.

Grüne Oase

Von nun an führte ich zwei getrennte Leben, ein für meine Verhältnisse glamouröses an den Wochenenden im Gästehaus der GTZ und wunderbare naturverbundene fünf Wochentage in den Bergen. Jeden Samstag ging ich auf dem Markt Gemüse kaufen. Im Kongo sitzen die Marktfrauen auf Säcken auf dem Boden, die Tomaten in säuberlich aufgeschichteten kleinen Pyramiden vor sich, bereit zu handeln, was das Zeug hält. Ich empfand den Marktgang immer ein wenig als Spießrutenlauf, denn sowie ein weißer, potenziell reicher Kunde auftaucht, umdrängen ihn die Händler, um ihm zu wahrhaft abenteuerlichen Preisen Gemüse aufzuschwatzen. Nie hatten wir Gelegenheit, uns alles in Ruhe anzuschauen. Milchprodukte und Fleisch konnte ich nicht in den Wald mitnehmen, weil ich dort keine Kühlmöglichkeit hatte. So war meine Kost über Monate hinweg recht einseitig. Meist bereitete ich mir Gemüsesuppe oder Nudeln auf meinem einflammigen Petroleumkocher. Viel wichtiger aber waren die zwei Kanister Trinkwasser, die ich, bevor Dusche und Waschplatz angeschlossen waren, auch zum Waschen und Saubermachen verwenden musste. Es war sehr lehrreich, zu erfahren, wie mühsam es ist, Kleider und Wohnung sauber zu halten, wenn jeder Liter Wasser erst herangeschleppt werden muss. Nach einigen Wochen gab mir jemand den Tipp, wo ich auf dem Weg in die Berge köstliches, von Missionaren geräuchertes Rinderfilet kaufen konnte. Ich aß es in kleinen Scheiben wie Dauerwurst, ein kleiner Tröster an harten Tagen. Ebenso wertvoll war mir das Glas Nutella, das ich zum Geburtstag geschenkt bekommen hatte und das ich nur löffelweise rationiert genoss, sodass es Monate hielt.

Ich liebe es, in den Tropen mit dem Sonnenlicht aufzustehen und in den Wald aufzubrechen, ganz und gar in die Stille einzutauchen, wenn Nebelschwaden aufsteigen, Tauwasser von den großen grünen Blättern perlt und die ersten Tierstimmen zu hören sind. Hinter meinem Häuschen gab es ein kleines Tal, von großen Palmen umsäumt, durch das ein kleines Bächlein floss. Gleich am Tag meines Einzugs hörte ich von dort Meerkatzen rufen, und es zog mich, die ich eigentlich aus Sicherheitsgründen nicht ohne Fährtensucher in den Wald sollte, unwiderstehlich in den Wald. Ich glitt in das Blätterdickicht und tauchte mit Leib und Seele wieder ein in mein Element. Sofort fuhr ich all meine sensiblen Antennen aus, und mein Puls passte sich dem Rhythmus der Natur an. Nichts genoss ich mehr, als diese Entdeckungstouren auf mich allein gestellt. Ich entdeckte riesige, bis zu zwölf Zentimeter lange Schmetterlingsraupen, Meerkatzen, große Büschelohreulen, und ab und zu traf ich auf meine Gorillafamilien.

Über ein halbes Jahr blieb das kleine Haus meine Zuflucht. In der doppelten Holzwand siedelte sich nach einiger Zeit ein Bienenschwarm an. Leider kamen sie nachts ins Haus, wenn ich das Licht anschaltete, sodass ich dann nur noch unter dem Moskitonetz sitzen konnte. Einige von ihnen starben in meiner Wohnung, oder ich trat oder setzte mich auf sie, wenn sie noch halb lebendig waren. So wurde ich ständig gestochen und reagierte schließlich allergisch auf Bienenstiche.

Eines Morgens hörte ich ein lautes Klatschen hinter meinem Haus. Ohne das Geräusch je vorher gehört zu haben, wusste ich sofort, dass es sich um einen Elefanten handeln musste, der seinen Kopf schüttelte und die Ohren gegen den Körper schlackern ließ. «Tembo», der «Doktor des Waldes», wird so genannt, weil er mit seinem Kot Pflanzensamen im

Wald verteilt, damit immer wieder neue Bäume und Sträucher nachwachsen. Die Twa fürchten ihn, verehren ihn aber auch als heilig. Es handelt sich um LAC, die «Loxodonta africa cyclotis», eine kleine Unterart der Elefanten, die man lange für die Jungtiere des Savannenelefanten gehalten hatte. Er war der erste wilde Elefant, den ich in meinem Leben sah! Begeistert schlich ich aus der Hütte, um ihn mir näher anzusehen. Und da stand er ruhig neben meiner Dusche und fraß Lianen. Es entstanden einige sehr verwackelte Bilder von dieser ersten Begegnung.

Einige Monate später begegnete ich Dian Fosseys «Wurmjungen», Ian Redmond, der sich als moderner Cowboy, Touristenführer und Fotograf durchschlug. Er brachte mir bei, wie man mit so genannten «Befriedungslauten» Elefanten friedlich stimmt. Ich versuchte es mit dem nächsten Tier, das vor meiner Hütte auftauchte, und – der Elefant legte sich vor meiner Hütte zum Schlafen nieder! War es nur Zufall, oder waren meine Befriedungslaute doch wirksam? Ich weiß es nicht. Ich versuchte, auf den Schultern meines Forschungsassistenten stehend einige Bilder vom Elefanten zu machen. Leider machte er Anstalten aufzuspringen, sobald wir in seine Nähe kamen. So zeigen alle Fotos nur eine große graue Blase, nämlich seinen Bauch von der Seite, umgeben von einem Haufen grüner Kräuter. So magisch waren meine Laute dann offenbar doch nicht.

Einmal waren wir mit dem gesamten Tross Fährtensucher und Touristen unterwegs, als wir versehentlich in eine Gruppe von Elefanten hineinliefen. Einer von ihnen machte diesen tiefen durchdringenden Drohlaut, der sich erschreckend anhört und den man als Vibration im ganzen Körper spürt. Fährtensucher und Touristen nahmen ihre Beine in die Hand und rannten, was das Zeug hielt. Outdoorhütchen und Kameras flogen durch die Gegend. Wir hörten noch schwer brechendes Unterholz hinter uns, bevor wieder alles ruhig wurde. Nach etwa zehn Minuten Stille schlichen wir zum Ausgangsort zurück, um die diversen verlorenen Gegenstände wieder einzusammeln, die dekorativ die Umgebung zierten.

Die meiste Zeit war ich allein bei den Gorillas, denn die politische Situation war nicht eben dazu angetan, Touristen anzulocken, aber in den Sommermonaten kam dann doch der eine oder andere Überlandtreck mit den unvermeidlichen Abenteurern, allesamt stahlhart und sportlich, insbesondere die Reiseleiter, die gerne mit ihren mehr oder weniger wahrhaften Bekanntschaften zur Gorilla-«VIP-Riege» prahlten. Die Damen trugen Leopardenmusterhemdchen und «Out of Africa»-Söckchen, die Herren ärmellose Muskelshirts, schwarze Overlandplastiksandalen, Shorts und den sportlichen Dreitagebart. Es ist erstaunlich, welchen Nutzen die Tourismusindustrie auch heute noch aus dem «Marlboromann» und den Romanen von Tanja Blixen zieht. Und so wurde manches Tränchen vergossen, wenn die teure Trekkingkleidung, die eher für das heimische Fitnesscenter gemacht ist, Risse kriegte oder die straffen Waden von schmerzhaften Nesselquaddeln überzogen wurden. Leider konnten die meisten dieser Leute nicht den Mund halten und schmälerten für mich dadurch das Naturerlebnis, ganz abgesehen davon, dass die Gorillas auf fremde Menschen meist irritiert reagieren.

Die Twa

Als ehrgeizige Europäerin setzte ich meine ersten Forschungstouren mit den Fährtensuchern und meinem Forschungsassistenten um sechs Uhr morgens an. Die Zeit war knapp, und ich wollte schließlich jede einzelne Stunde bei Tageslicht nutzen. Nun ja, die Einzige, die morgens um sechs verschlafen am verabredeten Ort stand, war ich. Wenn eine Stunde später die ersten Sonnenstrahlen über die Hügel krochen, flogen die Türen der Twahütten auf und die Schweine und Ziegen wurden an die frische Luft gelassen. Dann passierte lange Zeit nichts, bis die ersten Erwachsenen herauskamen und sich ausgiebig reckten und dehnten. Alsbald begann ein reges Treiben: Wasser holen, Pflanzen suchen und Feuer machen. Und eine weitere halbe Stunde später kamen die Fährtensucher endlich an den verabredeten Ort. Nach einigen Fehlversuchen starteten wir unsere Touren also erst um sieben Uhr morgens.

Auch in einem anderen Punkt war ich offensichtlich viel zu europäisch: Das Parkpersonal beschwerte sich, dass ich nicht oft genug mit ihnen Bier trank. Der Unterschied zwischen den Japanern und mir sei der, sagten sie, dass die Japaner hart arbeiteten und nach Dienstschluss ebenso hart tranken. Ich dagegen arbeitete hart und arbeitete auch nach Dienstschluss weiter. Da hatten sie Recht, aber vielleicht hatten die Japaner auch bessere Finanzierungsbedingungen.

Ich habe viel gelernt von den Twa und ließ mich gern von ihnen inspirieren. Ihr Oberhaupt, der berühmte Pili-Pili, war in besseren Zeiten einmal bei Mobutu in Kinshasa zu Gast gewesen. Sein Name bedeutet «Chilipfeffer» – vielleicht war er in seiner Jugend ja tatsächlich einmal «scharf» gewesen. Zum Zeitpunkt unserer Bekanntschaft war er allerdings schon weit über sechzig, trank gern Bananenbier und lief in einer Art Trenchcoat herum, der ihm ein verwegenes, aber auch etwas merkwürdiges Aussehen verlieh. Er zog mich immer damit auf, dass ich zu dünn sei. Als er mich wieder einmal um Geld bat, erwiderte ich, wenn ich meine Figur mit der seiner Frau vergliche, wüsste ich, wer von uns beiden mehr zu essen hätte. Im Kongo ist es ein Zeichen von Wohlstand und Attraktivität, wenn die Frau beim Zoukous-Tanz ordentlich etwas schwenken kann. Pili-Pili konterte, wenn ich ihn heiraten würde, würde ich auch so schön dick werden wie seine derzeitige Frau. Pili-Pili hatte sich im Laufe seines Lebens ein umfangreiches Wissen über die Gorillagruppen erworben. Gemeinsam mit den belgischen Gründern des Nationalparks hatte er die ersten Gorillas an Menschen gewöhnt. Da er weder lesen noch schreiben konnte, nutzten andere Leute dieses Wissen, schrieben es nieder und verkauften es als ihr eigenes, um sich selbst zu vermarkten. Auch das «Gorillabusiness» ist mitunter ein schmutziges Geschäft.

Ich lernte bei meiner Arbeit mit den Twa fast genauso viel über sie wie über die Gorillas. Ihre Kultur fasziniert mich, weil sie alles, was sie zum Leben brauchten, der Natur entnehmen. Ich sah sie Hummelnester mit einem Stock aus dem Boden graben – die im Wald lebenden Schimpansen taten übrigens dasselbe mit dem gleichen Instrument –, Heilpflanzen und Spinnenkokons als Naturmedizin sammeln und Bienennester in den Baumhöhlen mit schwelendem Moos ausräuchern. Die Leitern, die sie benötigten, um an die Nester zu gelangen, bestanden aus Ästen und Lianen, die sie überall fanden. Ihre Beute teilten sie immer unter uns allen auf. Ich konnte mich nie überwinden, die von Bienenpuppen wimmelnden Waben ganz zu essen. Der heraustriefende Honig war jedoch ganz ausgezeichnet. Im Stillen fragte ich mich allerdings, was eigentlich die Frauen und Kinder essen, wenn die gesamte Beute von den Männern immer gleich an Ort und Stelle verzehrt wird. Hoffentlich sammeln sie für sich selbst und ihre Kinder ebenfalls Beeren und Honig.

Eines Tages fand ich ein etwa handgroßes Chamäleon. Es war das erste Chamäleon, das ich in freier Natur sah. Mit seinem archaischen Körperbau und den Teleskopaugen fand ich es faszinierend, also bat ich meine Fährtensucher, es für mich auf einem Stock zu meiner Hütte zu transportieren, denn ich wollte es zu gerne fotografieren. Das Chamäleon bewegte sich nun langsam, wie es typisch für seine Art ist, in Richtung der Hand, die den Stock hielt. Wenn es schon fast die Hand berührte, kreischte der Twa auf und drehte den Stock schnell um. Die anderen kicherten und gackerten laut dabei. Ich konnte mir darauf zunächst keinen Reim machen. Zu Hause setzte ich das Tier in meine rote Abwaschschüssel und wartete gespannt auf seine Farbanpassung. Leider tat sich gar nichts. Es konnte sich lediglich von Grün zu Khakibraun umfärben, wenn man es in den Schatten trug. Etwas enttäuscht brachte ich es in seinen Wald zurück. Später erzählte mir jemand, das die Twa glauben, dass Männern, die ein Chamäleon berühren, die Hoden abfallen. Das erklärte natürlich alles.

Für meine Forschung mussten in bestimmten Waldabschnitten Transsekten in das dichte Unterholz geschlagen werden, um die Wanderungsbewegungen der Säugetiere nachvollziehen zu können. Ich lernte die Mashi-Worte für «rechts» und «links» und «geradeaus» und versuchte meinen Fährtensuchern den Gebrauch meines Kompasses zu erklären, aber dieser Versuch schlug hoffnungslos fehl. Die Idee des Kompasses war einfach zu abstrakt.

Eines Tages überquerte ich mit den Fährtensuchern eine Lichtung, und sie flüsterten mir in ehrfürchtigem Ton zu, an diesem Ort wohnten ihre Ahnen. Sie erklärten mir, dass sie von den Behörden gezwungen worden seien, den Wald zu verlassen. Sie durften nicht mehr dort leben, nicht mehr jagen, und nur ausgewählten Twa war es erlaubt, als Fährtensucher in den Wald zurückzukehren, und auch das erst nach einem dubiosen paramilitärischen Training. Von da an fristeten die Twa ein recht tristes Dasein am Rande des Nationalparks mit reichlich Bananenbier und Canabis, das in Stauden überall üppig neben den Hütten wuchs. Sie vegetierten, zum Betteln verurteilt, in einem heruntergekommenen Dörfchen dahin, wo sie den touristischen Overlandtracks zur Demonstration eines echten «Twadorfes» dienten.

Andere in der Parkumgebung lebende Ethnien bezeichneten die Twa als «Tiere» und behandelten sie oft auch so, unter anderem, weil sie ihre Kinder nicht zur Schule schicken wollten. In allen afrikanischen Ländern, in denen ich gelebt habe, gab es eine erschreckende gegenseitige Missachtung der koexistierenden Ethnien untereinander. Dabei verstand ich den Standpunkt dieses Waldvolkes: Was um Himmels willen sollte man in einem Raum lernen, in dem man bewegungslos sitzen musste, wo doch alles Lebenswichtige in der Natur erlernbar war? Das Herstellen von Fallen, das Finden von Rohstoffen für Werkzeuge, Hütten und Nahrungsmittel und die Kunst ihrer Bearbeitung – all dies war nur im Wald möglich.

Seit meiner Begegnung mit den Twa liegt mir ihr Schicksal sehr am Herzen, und die Frage, ob man unsere nächsten Verwandten, die Affen, schützen darf, wenn man Mitgliedern der eigenen Spezies dadurch die Lebensgrundlage entzieht, ist für mich äußerst schwierig zu beantworten. Sie sollte zu einem späteren Zeitpunkt noch viel drängender an mich herangetragen werden.

Internationale Entwicklungshilfeorganisationen haben versucht, einige Integrationsprojekte für die Twa ins Leben zu rufen, die in ihr Konzept der Entwicklungszusammenarbeit passten. So sollten die Twa etwa im Straßenbau helfen. Der leitende Straßenbauingenieur, der eine Weile mit mir das Waldhaus teilte, erzählte in echter Verzweiflung davon. Diese für sie fremde Arbeit, verbunden mit dem frühen Aufstehen, entsprach einfach in keiner Weise der Mentalität und den Bedürfnissen der Twa. Wenn Entwicklungsprojekte scheitern, tun sie es meist, weil sie an den Bedürfnissen der Menschen vorbeigeplant werden.

In den achtziger Jahren versuchte die deutsche Entwicklungshilfe, eine der fruchtbarsten Produktionszonen des Kongo, nämlich das Kivu-Gebiet, durch eine asphaltierte Straße mit dem Zentrum des Landes zu verbinden. So wollte man den Binnenhandel verbessern. Leider sollte die Straße ausgerechnet durch den sechstausend Quadratkilometer großen Kahuzi-Biega-Nationalpark führen. Das verschlechterte natürlich die ohnehin schon schlechten Schutzbedingungen der Tiere im Wald nur noch weiter. Eine Straße ermöglicht das problemlose Eindringen von Wilderern zu Fuß und per Auto in tiefere Waldgebiete. Obwohl an beiden Ausgängen des Parks bewaffnete Kontrollposten mit einer Schranke die unkontrollierte Einfahrt in den Park tagsüber regulieren und nachts unterbinden sollten, sah die Wirklichkeit recht ernüchternd aus. Regelmäßig wurden Fallen in der Nähe der Straße gefunden, und andere Forscher und ich, die in der Nähe der Barriere wohnten, hörten die ganze Nacht Lastwagen fahren. Geld macht im Kongo alles möglich.

Finanziell profitieren tut im Kongo immer nur das regierende Militär und eine kleine privilegierte Schicht. Letztere versucht, in ihrer absehbar kurzen Machtperiode für sich und die gesamte Sippe so viel Land, Geld und Posten auf die Seite zu schaffen, wie nur irgend geht. Ein Kongolese erzählte mir einmal, dass er zu der Feier des Sohnes eines der hohen Politiker eingeladen war. Die Feier fand ganz ungeniert und öffentlich deshalb statt, weil der Sohn die erste Million gescheffelt hatte. Sein Vater war zu dem Zeitpunkt erst ein Jahr an der Macht! Befreundete Nachbarstaaten, die Militärhilfe versprechen, verdienen fleißig mit. Dabei bleibt die gesamte Infrastruktur wie Straßen, Schulen, Krankenhäuser und auch der Naturschutz vollkommen auf der Strecke. Der Bevölkerung geht es seit Jahren immer schlechter. Nach dem Sturz Mobutus schöpfte die gebildete Oberschicht im Kongo kurz Hoffnung, und auch die einfache Bevölkerung war erleichtert. Nach Jahren der Hoffnungslosigkeit und Ausblutung hoffte man jetzt endlich auf einen Wechsel. Doch danach war die Enttäuschung über das Regime Kabilas umso größer.

Waisenkinder

Zu der Zeit, in der ich in dem Park arbeitete, wurde ein Lastwagen mit vierhundert Graupapageiennestlingen beschlagnahmt. Dreißig davon lebten noch, als sie geborgen wurden, aber nach einer weiteren Woche waren nur noch vier am Leben, denn die Jungtiere müssen schwer zu beschaffendes Weichfutter bekommen, das ihnen unter natürlichen Bedingungen die Elterntiere aus dem Kropf hervorwürgen. Europäer und wohlhabende Kongolesen halten sich gerne Graupapageien im Käfig, weil sie eine geradezu exklusive Bindung zu ihren Haltern entwickeln. Sie lernen sehr gut sprechen und folgen ihren Menschen zu Fuß überallhin, denn diese hoch sozialen Tiere mögen einfach nicht allein bleiben. Manchmal werden sie auch zu zweit im Käfig gehalten, doch da man das Geschlecht der meisten Papageienvögel von außen nicht erkennen kann und die Vögel sehr wählerisch sind, sind diese Partnerschaften oft nicht sehr gelungen. Das Resultat einer unangemessenen Haltung in Einsamkeit ist eine schwere Verhaltensstörung, das so genannte «Federrupfen», bei dem die Tiere sich sämtliche Federn ausreißen, bis sie ganz nackt sind.

Zwei weitere Opfer der Wilderei waren Rambo und Mungembe, eine Sumpfmeerkatze aus dem angrenzenden Ruanda und eine Schopfmangabe aus dem Tieflandregenwald. Beide lebten nach der Beschlagnahmung anfangs frei in den Bäumen an der Eingangsbarriere, wo sie das Parkpersonal und seine Kinder unterhielten und als Touristenattraktion dienten. Man gab ihnen sogar Bier zu trinken. Sie griffen die Flaschen dann eilig, retteten sich auf das Dach des Rezeptionsgebäudes und tranken sie aus. Manchmal gaben die Touristen ihnen auch Erdnüsse, die überall von Straßenkindern in Plastikschläuchen angeboten wurden.

Etwas mehr an Menschen gewöhnt, veranstalteten Rambo und Mungembe nach einiger Zeit Raubzüge in den benachbarten Hütten und schließlich auch in den Touristenautos. Sie rafften Essen aus den Bratpfannen und stahlen Portemonnaies, die sie dann in den Bäumen zerfledderten. Die Kinder hatten Angst vor ihnen, denn sie waren bissig. Der Sumpfmeerkatze Rambo hatten die Kinder mit Steinschleudern beide Augen so verletzt, dass sie nahezu blind war. Bot man ihr Futter an, musste sie es mühsam mit den Händchen auf dem Boden ertasten. Dadurch konnte sie nicht mehr gewitzt und schnell in die Häuser gelangen, ohne selbst gesehen zu werden. Schatten konnte sie aber wohl noch sehen, denn sie kletterte und sprang in den Bäumen herum. Mungembe, die kleine schwarze Schopfmangabe, hatte kein wesentlich besseres Schicksal. Sie war sehr auf Menschen fixiert, wobei sie Männer deutlich bevorzugte. Menschen, die sie mochte, sprang sie auf die Schulter und lauste sie ausgiebig, während sie laut vor sich hin schnatterte. Zweimal sah ich sie allerdings auch mit einer toten Ratte auf dem Dach sitzen und sie lausen. Danach war mir dieses Verhalten nicht mehr ganz so sympathisch. Ihre beste Zeit hatte sie, als sie eine stabile Freundschaft mit einem Biologiestudenten schloss, ihn bei seinen Forschungstouren von Baum zu Baum springend begleitete, in sein Zelt urinierte, ihn mit Flöhen infizierte und seine Zeltstangen zerbrach, indem sie darauf herumsprang. Später sah ich, dass sie mit einem kurzen Strick mitten in der brütenden Sonne an einen Baumstumpf angebunden war. Ich konnte zwar erreichen, dass man sie in den Schatten verlegte, aber was für ein Leben blieb ihr noch?

Schwarze Wunder

Viele Male traf ich meine vier Grauergorillagruppen. Jeden Tag ging ich in den Wald, um ihre Wanderbewegungen, ihre Nahrungsaufnahme und ihre sozialen Interaktionen zu studieren. Bis auf den Japaner Juichi Yamagiwa, der als einer der ersten internationalen Forscher begonnen hatte, die Ökologie dieser hoch interessanten Unterart zu erforschen, gab es bis dato nur einige Kurzstudien, die sich mit den Wanderbewegungen der Gorillas und den ökologischen Details der verschiedenen Schutzgebiete befassten. Seit vielen Jahren hält sich Yamagiwa jedoch bis auf Stippvisiten im

Kongo ausschließlich in Japan auf und lässt Fährtensucher vor Ort Nahrungspartikel und die Wanderungsbewegungen der Gorillas beobachten. Ich fühlte mich also sehr privilegiert, als Forscherin so viel Zeit mit den Grauergorillas, dieser seltenen, größten und für mich interessantesten Unterart, verbringen zu dürfen. Meine eigenen Beobachtungen haben ergeben, dass es beachtliche Unterschiede zu den anderen Gorillaarten gibt. Die Wahrscheinlichkeit, dass uns Details dieser Unterart verloren gehen, wächst mit jedem Jahr Anarchie und Bürgerkrieg im Kongo erschreckend.

Meine vier unterschiedlichen Gorillagruppen wurden von den Männchen Mushamuka, Maheshe, Naninja und Mubalala geführt. Ein Teil der Aufnahmen für den Hollywoodfilm «Gorillas im Nebel» drehte man mit dem Silberrücken Maheshe, denn die Grauergorillamännchen sind berechenbarer als die Berggorillamännchen. Dennoch hatte man Maheshe bei den Aufnahmen so sehr provoziert, dass er einen der Kameraleute biss.

Meine Gorillagruppen wurden seit Ende der siebziger Jahre von Touristen besucht. Ob eine Gorillagruppe Touristen in ihrer Nähe duldet, hängt sehr vom Verhalten des gruppenführenden Männchens ab. Ist das Männchen gelassen, gewöhnen sich auch die Weibchen und Jungtiere schnell an die Gegenwart von Menschen. Will ein Weibchen die Menschen meiden, bleibt es einfach außer Sichtweite. Gorillajungtiere verlassen mit etwa drei Jahren das Nest der Mütter und halten sich dann meist in der sicheren Nähe des Gorillamännchens auf. Maheshe, der eine große Gruppe von neunzehn Tieren führte, war ein wunderbarer Vater. Er teilte sein Nachtlager meist mit einem der Jungtiere und groomte es stundenlang. Mushamuka dagegen war und blieb nervös. An schlechten Tagen – und wir wussten nie, was ihm jeweils die Laune verdarb – attackierte er uns im Fünfminutenabstand, an anderen Tagen blieb er ganz ruhig. Im Gegensatz zu Maheshe ließ er seine Jungtiere nie zu nah an uns herankommen, sondern holte sie stets rechtzeitig zurück. Mein erklärter Liebling war Naninja, ein bildschöner junger Silberrücken, der die größte Familie von einundzwanzig Tieren anführte und die meisten Neugeborenen hatte. Er verhielt sich mit seiner Familie vollkommen gelassen, saß am Straßenrand und vor meinem Haus und baute seine Nachtnester sogar außerhalb des Waldes oder nur zweihundert Meter vom Dorfrand entfernt. Einer der Führer war so vertraut mit ihm, dass er beim Mittagsschlaf an ihn heranrobbte und seine Hand etwa zehn Zentimeter über sein Gesicht hielt – das Männchen rührte sich nicht. Ein anderes Mal hatte es tatsächlich so gehagelt, dass Eis liegen blieb. Bevor ich es verhindern konnte, hatte einer der Parkwächter Naninja, der auf dem Rücken ausgestreckt vor uns lag, mit Eis beworfen. Ich hielt entsetzt den Atem an. Er öffnete langsam seine durchdringenden bernsteinfarbenen Augen, sah uns einige Zeit lang scharf an und schlief dann weiter.

Die Jungtiere, die sich in der Nähe des Silberrückens aufhielten, waren immer sehr interessiert an Besuchern. Erstaunt und neugierig wie Halbstarke, kamen sie herbei, starrten uns aus ihren großen Kinderaugen neugierig an und machten allerlei Mätzchen, indem sie auf Lianen kletterten, sich von Zweig zu Zweig schwangen oder sich von Bambusstangen fallen ließen. Einige der Weibchen begegneten uns mit Vorsicht, Rückzug oder Ausweichen, der Großteil der erwachsenen Tiere würdigte uns jedoch keines Blickes – ein so unwichtiger Teil ihres täglichen Lebens waren wir Menschen geworden!

Während der Fruchtsaison im Sommer beobachtete ich eine Gruppe Gorillas, die in einem großen allein stehenden Myrianthusbaum in aller Ruhe Früchte verzehrten. Plötzlich ließen sich die erwachsenen Tiere eins nach dem anderen schnell vom Baum herab und zogen sich etwa fünf Meter weiter ins Dickicht zurück. Verwundert wollte ich die Ursache dafür erkunden, als auch schon Äste über meinem Kopf krachten und einer der Fährtensucher mich panisch am Arm in Deckung riss. Ich sah erst ihn an und dann wieder zum Baum, wo ich die Ursache für die Panik erblickte: Ein großer Elefant hatte sich völlig lautlos genähert und fraß nun die Myrianthusfrüchte. Offenbar wahren Gorillas lieber einen Sicherheitsabstand zu den Dickhäutern. In der Deckung ließen sie sich jedoch nicht weiter stören und legten sich dort sogar zur Mittagsruhe. Bei einem anderen Besuch sah ich, wie ein etwa vierjähriges Jungtier die Nase in den Vegetationsteppich bohrte, dann eine dicke Maus griff, in der Hand hielt, sie beschnüffelte, losließ und erneut fing. So ging das Spiel eine ganze Weile, bis die Gruppe weiterzog und das Jungtier sein Interesse verlor. Gorillas sind bis auf gelegentliche Ameisenmahlzeiten Vegetarier, deshalb war es so spektakulär, den Gorilla ein Säugetier fangen zu sehen. Es gibt bestimmte Parasiten, die auch Gorillas infizieren und deren Zwischenwirte Mäuse und Ratten sind. Bis dato wussten wir nicht, auf welche Weise sich die Gorillas mit ihnen anstecken. Diese Art von Spielen konnte ein möglicher Übertragungsweg und die Erklärung dafür sein.

Stück für Stück lernte ich mehr über die Charaktere, ihr Wanderungs- und Nahrungsaufnahmemuster und andere Verhaltensweisen «meiner» Gorillas. Mubalalas Gruppe lebte so weit von meiner Hütte entfernt, dass ich am Anfang allein von der langen Wanderung dorthin körperlich so erschöpft war, dass ich mich auf dem Rückweg nur noch schrittweise vorwärts bewegen konnte und mich vor Anstrengung fast erbrach. Nach einem Vierteljahr war ich aber bereits so fit, dass ich die Twa, die immer hie und da eine rauchten, schwatzten und außerdem kein gutes Schuhwerk hatten, locker hinter mir ließ. Von da an machte mir mein Job richtig Spaß.

Manchmal trafen wir auf nicht an Menschen gewöhnte Gorillagruppen, die sich aber meist eilig davonmachten. Einmal griff uns jedoch eines der wilden Männchen an, indem es laut brüllend und mit hochgestellten Haaren auf uns zurannte. Ein Furcht einflößendes Schauspiel! Vielleicht war ein Teil seiner Familiengruppe hinter uns und er wollte uns vertreiben. Die Fährtensucher trieben ihn jedoch durch lautes Rufen, Gestikulieren und Stöckewerfen zurück ins Gebüsch, und wir zogen uns eilig zurück.

Wirklich schwierig wurde es, als ein Weibchen in eine unserer Forschungsgruppen migrierte, also plötzlich auf uns Menschen traf. Es erschrak sehr und stieß laute Angstrufe aus. Das rief sofort den Silberrücken auf den Plan. Das Männchen brach ohne zu zögern mit seinen zweihundert Kilo, sämtliche Haare aufgerichtet, buchstäblich mit einem Affenzahn durch das Gebüsch und raste auf uns zu. Man muss sich dann so ruhig und unauffällig wie möglich verhalten, auch wenn man sich noch so sehr ins nächste Mauseloch wünscht. Der Gorilla hielt in seiner Drohhaltung etwa eineinhalb Meter vor uns an und überlegte sekundenlang, ob er uns eine runterhauen sollte oder ob er uns gut genug kannte, um uns für harmlos zu halten. Dann drehte er sich um und fraß weiter.

Die Autorin an ihrem Lieblingsarbeitsplatz im Dschungel – hier im zweitgrößten Regenwald der Welt, dem Kongobecken.

Gorillamännchen sind gute Familienväter, die sich um ihren Nachwuchs kümmern.

Während der Bürgerkriege haben viele Gorillas Gliedmaßen durch Wildererschlingen verloren. Diesem Berggorilla fehlt eine Hand.

Der kleine östliche Flachlandgorilla Kidole hatte in den ersten Tagen noch große Angst vor den «Weißgesichtern».

Beschlagnahmte Graupapageien und ein Gorillasäugling am Eingang des Kahuzi-Biega-Nationalparks. Im Hintergrund: das Gefängnis.

Kidole war nur mit Mühe dazu zu bringen, seine Ersatzmutter auch nur für Minuten zu verlassen.

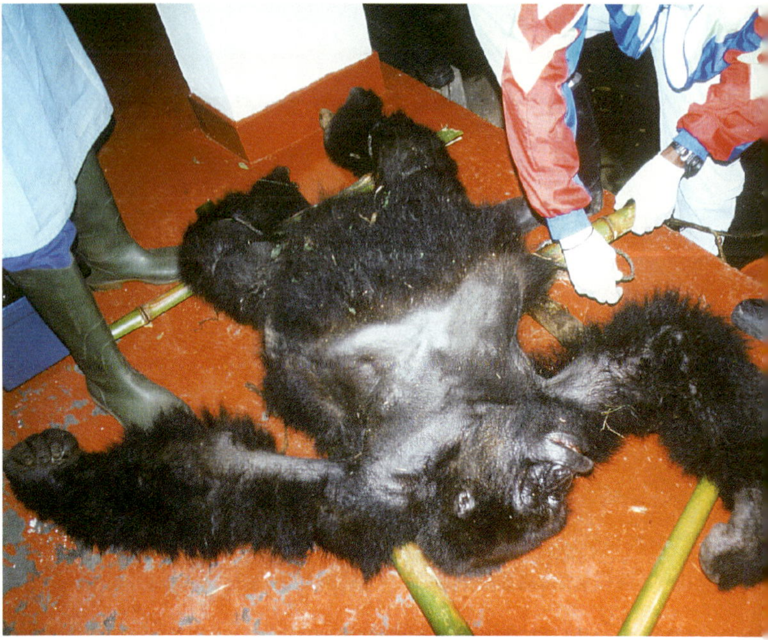

Das über 30 Jahre alte Gorillaweibchen war eines natürlichen Todes gestorben.

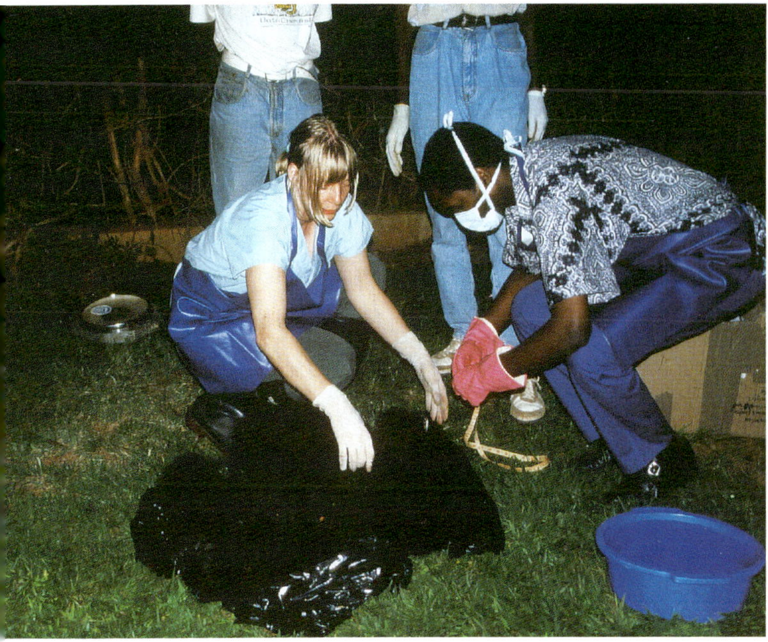

Sektionen waren oft Nachtarbeit.

Kurze Pause auf dem «Biega» im Gorillaschutzgebiet im Ostkongo.

Wie bei den meisten Primaten gilt auch bei den Gorillaweibchen Damenwahl. Bevor sie geschlechtsreif sind, verlassen sie oft zusammen mit anderen Weibchen ihre Geburtsgruppe und suchen sich eine neue Gruppe aus. Oft tun sie das mehrmals in ihrem Leben. Das Kriterium, nach dem sie sich einer neuen Familiengruppe anschließen, ist bis heute nicht bekannt. Man nimmt jedoch an, dass die Weibchen ältere Männchen bevorzugen – kein Wunder, denn die Männchen haben, wenn sie ein hohes Alter erreichen, bereits so viele Kämpfe überstanden, dass sie fit sein müssen. Die Art, wie die Weibchen das dominante Männchen zur Kopulation auffordern, treibt jeder emanzipierten Frau die Schamesröte ins Gesicht: Zunächst nähert sich das Weibchen dem Männchen und stößt leise Laute aus, während das Männchen in aller Ruhe weiterfrisst. Dann berührt sie ihn immer wieder und bringt sich in Position. Irgendwann stürzt sich der Koloss dann auf das vergleichsweise kleine Weibchen, das völlig unter Gewicht und Größe des Haremshalters verschwindet. Einmal verlor ein kopulierendes Paar sehr zum Amüsement von uns Zuschauern das Gleichgewicht, weil der Abhang so steil war, und rollte den Berg hinunter. Die beiden trennten sich dann, ohne ihr Geschäft zu beenden. Vermutlich waren sie genauso perplex wie wir.

Bei Gruppenzusammenstößen fügen sich die Männchen gegenseitig oft tiefe Wunden zu, meist an der Brust, im Gesicht und an den Armen. Diese Wunden heilen meist schnell, können sich jedoch manchmal so schwer entzünden, dass das Tier stirbt. Die Tatsache, dass man so selten rangniedere Männchen in Gruppen oder gar einzelne Männchen ohne Gefolgschaft sieht, lässt darauf schließen, dass der Großteil doch irgendwann an den Folgen dieser Kämpfe stirbt.

Eines Morgens hörte ich gegen sechs das Brechen von Ästen hinter meinem Haus, und als ich die Tür öffnete, sah ich, dass der Traum eines jeden Primatologen Wirklichkeit geworden war: Nicht ich hatte die Gorillas besucht, sondern die Gorillas mich! Von da an traf ich sie häufiger im Gelände um mein Haus und genoss das Gefühl, wie in alten Zeiten allein ohne Fährtensucher und Touristen bei den Tieren zu sitzen. Als schließlich die Bauarbeiter eintrafen, die die Wasserleitung legen sollten, zog sich die Gorillafamilie diskret und schnell zurück. Der Silberrücken stellte sich währenddessen auf den Pfad, sodass niemand seiner Gruppe folgen konnte.

Obwohl die östlichen Flachlandgorillas so schwer und plump erscheinen, können sie erstaunlich gut klettern. In der einen Sekunde sieht man sie noch am Boden laufen, in der nächsten richten sie sich auf, laufen einfach weiter, und schon sind sie auf dem Baum. Manchmal ziehen sie sich dabei mit den Zähnen an den Würgefeigen und Lianen hoch, die an den Bäumen hochranken. Insbesondere die Weibchen, die ja meist Säuglinge auf dem Arm tragen, sind so in der Lage zu klettern.

Menschenrechte

Neben dem Parkeingang an der Stelle, wo die bewaffneten Parkposten standen, befand sich das Gefängnis, ein kleiner, vollständig kahler Anbau. Gitterartige Stangen waren mit Lehm so verbunden, dass ein Raum entstand. Er hatte einen gestampften Lehmboden und war vielleicht vier mal drei Meter groß.

Hier wurden immer wieder Menschen eingesperrt, die im Park bei verbotenen Tätigkeiten wie Goldsuchen und Wildern aufgegriffen worden waren. Man sperrte sie dort so lange ein und misshandelte sie, bis ihre Angehörigen die verlangten Geldsummen aufbrachten, um sie freizukaufen. Je länger die Familien dafür brauchten oder je ärmer sie waren, desto länger mussten sie leiden.

Jeden Morgen wurden paramilitärische Exerzierübungen von den Parkangestellten abgehalten, und jeden Morgen begrüßte ich, bevor ich meine Arbeit antrat, stellvertretend für das Personal – aber mit ungutem Gefühl – den Oberkommandierenden. Eines Tages sah ich eine Gruppe Männer, von denen einer mit einem Gewehr bewaffnet war. Sie beschäftigten sich damit, die Parkumgebung zu säubern. Dabei führten sie seltsame Marschbewegungen auf der Stelle auf. Ich wunderte mich. Am nächsten Morgen, als ich zum Treffpunkt am Parkeingang kam, sah ich einen Menschenauflauf. Die Dorfbewohner bildeten einen dichten Kreis und bogen sich vor Lachen, pfiffen und johlten. Als ich mich durch die Menge drängte, erkannte ich die Männer vom Vortag. Ein bewaffneter Mann in Militärkleidung zwang sie, sich gegenseitig schwer ins Gesicht zu schlagen. Es war ein erbärmliches Schauspiel, und ich fühlte eine solche Wut in mir hochsteigen, dass mir die Knie zu zittern begannen. Vollkommen aufgebracht ging ich zum Oberkommandierenden und stellte ihn zur Rede, ob er dieses Verhalten für normal hielte. Er sah mich an, als ob ich nicht ganz bei Sinnen sei, und entgegnete ohne jede Scham: «Selbstverständlich!» Ich war so wütend, dass ich ihm am liebsten an die Gurgel gesprungen wäre. Glücklicherweise hielt ich mich gerade noch zurück; es hätte meine Situation als allein lebende junge Frau unter den Militärs sicher nicht verbessert. Ich wandte mich deshalb sofort per Funk an meinen Vorgesetzten, der meine Beschwerde weiterleitete. Diese Dinge fanden von da an zumindest nicht mehr in meiner Anwesenheit statt, aber ich hatte mir mit Sicherheit keine Freunde gemacht. Doch wo kein Kläger, da kein Richter ...

Das Wort «Nationalpark», heutzutage sogar «Weltkulturerbe», hört sich wesentlich großartiger an, als es in der Realität ist. Die achtzig Parkwächter bekommen oft nicht einmal ihr Gehalt, und der Park ist in seiner gesamten Ausdehnung mit so wenigen Leuten gar nicht zu bewachen. Es gibt keine Zäune, keine Fahrzeuge, kaum Benzin, und die simpelsten Dinge wie Regenjacken, Gummistiefel und Erste-Hilfe-Kästen fehlen. Spenden verschwinden häufig in den falschen Taschen.

Offiziell durfte ich aus Sicherheitsgründen nicht allein in den Wald. Dabei war der Wald zu dieser Zeit noch der sicherste Ort, an dem man sich im Kongo aufhalten konnte. Dennoch traf ich eines Tages mit meinem Führer James, der das Gewehr trug, auf Wilderer. Sowie die Männer uns sahen, wie wir ruhig auf einem Baumstamm saßen und schwiegen, ließen sie ihr Bündel fallen und rannten, was das Zeug hielt. James versuchte ihnen zu folgen, Platzpatronen auf sie abzuschießen und sie so zum Stehenbleiben zu bewegen, aber die Platzpatronen explodierten mal wieder nicht. Wir öffneten das Bündel, das sie zurückgelassen hatten, und fanden eine bereits ausgeweidete und geräucherte Ratte, eine noch unversehrte tote Zuckerrohrratte und einen noch lebenden Frankolin, eine wild lebende Hühnerart, dessen Bein gebrochen war. Ich bat James, ihm den Hals umzudrehen, um sein Leiden zu verkürzen. James verstand mich jedoch falsch und brach ihm stattdessen auch noch das andere Bein. Ein Stück Fell der Zuckerrohrratte nahm er mit zu sich nach Hause, um es zu verbrennen. Die Asche wollte er seiner schwangeren Frau, die offenbar unter Mineralstoff- oder Proteinmangel litt, als Heilmittel zu trinken geben.

Die Wilderer bauen ihre Fallen aus dünnem Metalldraht oder aus den geflochtenen Plastikfasern von Transportsäcken. Die Schlingen werden geöffnet auf Tierpfaden aufgestellt. Ihr Ende ist an einem langen, rund gebogenen Stock befestigt, der hochschnellt, sobald ein Tier in die Schlinge gerät und den Mechanismus auslöst. Jedes Tier, das zufällig auf dem Pfad entlangstreift, egal, ob es eine Meerkatze, eine Antilope oder sogar ein Gorilla ist, wird darin gefangen. Eines Tages rief man mich am Wochenende, weil eines von Mubalalas zweieinhalbjährigen Jungtieren in einer Falle erhängt aufgefunden worden war. Die erwachsenen Gorillas hatten verzweifelt versucht, es zu befreien, und so die Schlinge immer weiter zugezogen. Wenn der kleine Gorilla nicht sofort tot war, hatten sie ihn erwürgt. Gleichzeitig hatten sie aber auch versucht, den Stock durchzubeißen, denn er wies zahlreiche Bissspuren auf. Ich sezierte also meinen ersten Gorilla. Zu Beginn hatte ich noch reichlich Zuschauer, aber je weiter ich fortschritt, desto mehr Fliegen und desto weniger Neugierige umgaben mich. Ein trauriges Geschäft, aber für eine Tierärztin gleichzeitig auch hochinteressant: Gorillas haben ungewöhnlich lange Blinddarmfortsätze, in denen vermutlich ein Teil der kleinen Darmflagellaten wohnt, Einzeller, die der Zelluloseverdauung dienen. Ich nahm eine Vielzahl Proben, darunter auch von einigen Parasiten, die ich dann in Ruhe untersuchen wollte.

Kidole

Zwei Wochen später, als ich – wie so oft – erschöpft aus dem Wald zurückkam, fand ich am Parkeingang einen großen, selbst geflochtenen Korb, der dort in der brütenden Sonne lag. Als ich hineinsah, schaute mir ein kleines, faltiges Gesicht mit großen, ängstlichen Augen entgegen. Die Parkwächter hatten ein Gorillakind konfisziert und diejenigen, die versucht hatten, es aus dem Park herauszuschmuggeln, eingesperrt. Um das Tier herum lagen einige sauer riechende Bananen und Blätter. Es musste bereits am Verdursten sein.

Ein Menschenaffensäugling braucht rund um die Uhr intensive Betreuung. Es war mir klar, dass er sofort sterben würde, wenn ich ihn den Parkmitarbeitern überließ. Ich sagte deshalb, das Tier brauche medizinische Versorgung, und nahm es mit in die Hütte. Später stellte sich heraus, dass die erwachsenen Gorillas aus der Gruppe des Säuglings im Tiefland getötet worden waren, damit man den Kleinen stehlen konnte. Der Auftraggeber soll ein wohlhabender Ruander aus dem Nachbarland gewesen sein.

Zunächst trug ich das Gorillakind, das wie Moses in einem Binsenkörbchen zu mir gekommen war, in meine ruhige Hütte. Dann füllte ich eine Untertasse mit Wasser, stellte sie vorsichtig vor das Körbchen und schnitt die Lianen auf, die als Deckel gedient hatten. Es kam sofort heraus, beugte sich über das Schälchen und trank gierig. Dann ging es ein paar Schritte zu meinem Schreibtisch und hangelte sich dort an den Streben entlang. Weil es versuchte, mich mit seinen durchaus schon beachtlichen Eckzähnen zu beißen, setzte ich es auf meinen Schoß und umarmte es. Von dem Moment an wollte es sich nicht mehr von mir trennen. Nachdem es etwas Gemüse gegessen hatte, lief es zur Tür und stieß dabei leise Ruflaute aus. Ich öffnete und folgte ihm vorsichtig. Das Baby ging in den Wald und rief und rief nach seinen Gruppenmitgliedern. Dabei sah es sich immer nach mir um, ob ich ihm auch folgte. Es war ein herzzerreißend trauriger Anblick. Bald kam es wieder zu mir zurück und klammerte sich verzweifelt an mich. Jetzt kamen mir meine Kontakte zum Zoo zugute: Innerhalb von vierundzwanzig Stunden hatte ich das Rezept und die Zutaten für Gorillasäuglingsnahrung. Ich gab dem Gorillakind einen Regiestuhl neben meinem Bett als Nest, damit sein Urin nach unten abfließen konnte, genau wie im Nest. So konnten wir außerdem Körperkontakt halten. Das klappte aber nur zwei Nächte lang, dann kroch es zu mir in mein Bett, sobald ich eingeschlafen war. Leider war es nicht stubenrein. Nach weiteren zwei Tagen versuchte es dann, auch in meinen Schlafsack zu kriechen, was ich aber verhindern konnte. Viel Schlaf bekam ich in dieser Zeit nicht.

Erst hatte ich die Idee, das Tier sofort in Mubalalas Gorillagruppe einzugliedern, in der zwei Wochen vorher ein Jungtier umgekommen war. Die Mutter hatte vielleicht noch Milch und würde es sicher annehmen. Dieser Plan scheiterte leider an der Sturheit des Parkdirektors, der weniger über Fachwissen – er bezeichnete sich immer wieder als Spezialist für weiße Rhinozeros –, aber umso mehr über die richtigen Verwandten in Kinshasa verfügte. Auf keinen Fall wollte ich, dass das Tier im Zoo landete. Also blieb es zunächst bei mir, bis die Entscheidung von der zuständigen Stelle getroffen war. Da ich das Gorillababy aber nicht bei meiner Arbeit in fremde Gruppen mitnehmen durfte, stellte mir der Park einen Aufpasser für tagsüber. Das Kleine hatte solche Angst, dass ich verschwinden könnte, dass es mir überallhin folgte, aufs Klo ebenso wie unter die Dusche. Letzteres war ziemlich schmerzhaft, denn es krallte sich an meiner Haut fest. Im Gegensatz zu einer Gorillamutter habe ich ja kein Fell. Nachdem es das erste Mal Wasser auf den Kopf bekommen hatte, entschied es sich aber doch dafür, im offenen Duscheingang auf mich zu warten.

Mein Gorillakind, ein Mädchen, wie ich feststellte, hatte an seinem kleinen schwarzen Körper nur eine einzige weiße Hautstelle an der Fingerspitze der linken Hand. Ich gab ihr deshalb den Suahelinamen «Kidole», was so viel wie Finger bedeutet.

Morgens, bevor ich in den Wald ging, gab ich dem Parkmitarbeiter Instruktionen, wie und wann Kidole zu füttern sei, wo er sich mit ihr im Wald aufhalten solle und dass das Kind keinen Kontakt zu anderen Menschen und auf gar keinen Fall zu Kindern haben sollte. Als ich am ersten Abend zurückkam, stand der Babysitter auf der Lichtung, das völlig verängstigte Gorillakind in dem einen und ein voll aufgedrehtes Transistorradio im anderen Arm. Vom dritten Tag an kam Kidole schreiend zu mir gerannt, sobald sie mich den Waldweg zur Hütte heraufkommen sah. Sie zog simple Wärme lauter Musik eindeutig vor.

Von Kidole lernte ich viel über Gorillasäuglinge, sie war ja mindestens zwölf Stunden am Tag mit mir zusammen. Gorillakinder haben gegenüber Menschenkindern in meinen Augen zwei Vorteile: Sie brüllen selten und halten sich immer selbst fest. Kidole hatte, obgleich sie noch sehr jung war – wir schätzten sie auf eineinhalb Jahre –, schon ein stattliches Gewicht. Wann immer ich sie auf den Boden zwang, weil ich meine beiden Arme zum Abwaschen oder für andere Tätigkeiten brauchte, hängte sie sich an mein Hosenbein. Da ich damals durch die anstrengende Feldforschung stark abgenommen hatte, rutschten meine Hosen dadurch bedenklich. Schon bald bewunderte ich die Gorillamütter, die ihren Nachwuchs ständig mit sich rumtragen und dabei auch noch auf Bäume klettern. Manchmal, wenn ich Kidole nicht schnell genug wieder hochnehmen konnte, brüllte sie wütend und schlug mit den Händen auf den Boden, genau wie ein Kind in der Trotzphase. Von Anfang an versuchte ich, sie außer mit dem Milchersatz auch mit Naturnahrung, also mit Bambussprossen und bestimmten Blattpflanzen zu füttern. Ich wollte sie ja so schnell wie möglich wieder auswildern. Aber sie probierte alles, was sie mich essen sah und was in meiner Küche herumstand. Zwar versuchte ich, meinen Teller immer auf Armeslänge von mir entfernt auf den Tisch zu stellen, damit sie mit ihren Händen, mit denen sie ja auch durch den Matsch lief, nicht in mein Essen greifen konnte. Aber ihre Arme waren wesentlich länger als meine. So probierte sie von der rohen Zwiebel bis hin zur Zitrone alles, was sie zu fassen bekam, und entschied dann, ob sie es mochte. Eine Lieblingsnahrung von wilden Gorillas sind Bananenstauden, die zum Teil wild, zum Teil aber auch kultiviert wachsen. Sie sind sehr bitter im Geschmack. Kidole lernte bei mir Süßbananen kennen und lieben. Mit Bananen konnte ich sie sogar dazu bewegen, kurz von mir herunterzuklettern. Zweifelsohne lernen Gorillakinder durch den engen Kontakt zur Mutter, welche Pflanzenarten und -teile sie als Nahrung auswählen können und welche nicht. Sogar wenn sie mich auf das Plumpsklo begleitete, ließ sie ebenfalls Wasser, offenbar angeregt von dem Geräusch fallender Flüssigkeit. Sie kletterte und spielte wenig, obwohl ich sie jeden Tag für mehrere Stunden in den Wald brachte, sie war vermutlich doch sehr traumatisiert. Bei mir zu Hause begann sie sich jedoch nach kurzer Zeit zu entspannen und inspizierte, wenn wir alleine waren, die Wohnung. Zu gerne stopfte sie sich die wunderschönen weißen Callas in den Mund, die nahe meiner Hütte in einem Sumpfgebiet wild wuchsen und die ich als Schmuck auf meinem Schreibtisch stehen hatte. Einmal hielt ich ihr meinen kleinen Taschenspiegel vors Gesicht. Sie war sehr interessiert und suchte unter der Tischplatte nach dem anderen kleinen Gorilla.

Aber leider wurde Kidole bald zum politischen Spielball. Der Parkdirektor konnte es nicht mit seinem Selbstverständnis vereinbaren, dass ich das Tier so gut versorgte. Er, der große Rhinozerosspezialist (!), wollte sie unbedingt unter seine Fittiche nehmen und auch die Auswilderung selber vornehmen. Das bedeutete, dass Kidole mangels anderer Unterkünfte erst in ein Schrottauto und dann ins Gefängnis gesperrt wurde. Dort lebte sie ohne jede Kontaktperson. Statt meine über Wochen bewährte Fütterungsmethode zu übernehmen, fütterte man ihr Babymilch aus der Flasche. Eines Tages traf ich sie mit ihren Wärtern auf dem Marktplatz. Man gab ihr Zuckerrohr zu fressen statt Blättern, Obst und Gemüse. Als ich den Parkdirektor auf die Situation ansprach, schrie er mich zwanzig Minuten lang in aller Öffentlichkeit an. Er hatte hier fast unbeschränkte Macht, konnte Leute einsperren oder entlassen, und er nutzte seine Position weidlich aus. Natürlich änderte man nichts an der Haltung von Kidole. Aber ich fand zwei Tage später eine tote Schlange vor meiner Hüttentür. Besorgte Freunde, die sich mit den Bräuchen im Kongo auskannten, warnten mich, dass das ein sehr bedrohliches Zeichen sei. Ich musste mich von nun an sehr in Acht nehmen.

Nach langem Gezerre und Getue und nachdem Kidole Kontakt mit viel zu vielen Menschen gehabt hatte, benachrichtigte man die Presse. Der große Konservator des Parks, der sich nur selten im Wald aufhielt, brachte sie persönlich unter großem Presseaufgebot in den Wald. Man setzte sie in einem Pappkarton in Maheshes Gruppe, statt sie gleich zu dem verwaisten Muttertier in Mubalalas Gruppe zu geben. Die weiblichen Tiere zeigten durchaus Interesse an ihr und nahmen sie sogar in die Arme. Kidole selbst lag jedoch auf dem Bauch und rührte sich nicht. Es war zu spät: Sie hatte sich schon zu sehr an Menschen gewöhnt und wollte nicht bei den fremden Tieren bleiben. Zwölf Stunden später wurden die Parkwächter informiert, dass ein merkwürdiger kleiner Gorilla die Menschen auf der Straße verfolgte. Also fing man Kidole ein und sperrte sie wieder ins Gefängnis. Jeden Morgen, wenn ich am Parkeingang vorbeimusste, schrie sie erbärmlich und schlug mit den Fäusten auf den Boden, wenn sie mich sah. Es war entsetzlich für uns beide, also begann ich, sie zu meiden. Schon bald hörte sie auf zu fressen und zu trinken und verlor rapide an Gewicht.

Da ich selber kurz vor der Ausreise war, versuchte ich, sie vorher noch in andere Hände zu geben. In Brazzaville gibt es ein Schutzgebiet für westliche Flachlandgorillas und in Burundi das «Jane-Goodall-Schimpansenreservat», wo auch ein kleines Gorillamädchen mit Namen Amauroa, das bedeutet Frieden, lebte. Sie war etwa zwei Jahre älter als Kidole und wäre eine ideale Gefährtin für sie gewesen. Ich fuhr also nach Burundi, um die Örtlichkeiten zu inspizieren – und war entsetzt! Die Tiere wurden in kleinen zusammengezimmerten Käfigen gehalten, die Hühnerställen ähnelten und kaum Spielmöglichkeiten boten. Auf dem Gelände stand ein toter Baum, auf dem im Rotationsprinzip immer einige der jüngeren Schimpansen herumklettern durften. Amauroa war weniger lebhaft und zurückgezogener, als ich es von Kidole gewöhnt war. Sie spielte nicht mit den Schimpansen. Die junge Tierärztin, die dort für die Tiere verantwortlich war, tat ihr Bestes mit dem wenigen Geld, das ihr zur Verfügung stand, und suchte nach einem einzuzäunenden Gelände, wo man die Tiere halb frei halten konnte. Bis dahin fristeten diese hochintelligenten Tiere jedoch ein schreckliches Dasein. Kidole sollte hier nicht leben!

Meine Vorgesetzten bemühten sich danach um Verhandlungen mit dem Reservat in Brazzaville. Das Problem blieb, dass der Staat Kongo für die Übergabe des Gorillas Geld haben wollte, Brazzaville aber ebenfalls Geld für die Übernahme verlangte. So zog sich die Sache hin. Aber auch ein gesunder kleiner Gorilla hat nicht unendlich viel Kraft. Das junge Geschöpf hatte mittlerweile einen furchtbaren Durchfall entwickelt und saß nur noch apathisch herum. Endlich gab mir die Parkleitung Kidole zurück. Da saß ich nun, das schlaffe ausgetrocknete Bündelchen Elend auf dem Schoß, blickte über meine Waldlichtung und überlegte, ob ich ihr ein möglicherweise qualvolles Schicksal ersparen und sie sterben lassen sollte. Aber das konnte ich einfach nicht übers Herz bringen. So ein Gorillajunges hat viel von einem Menschenkind, und Kidole war mir inzwischen einfach zu sehr ans Herz gewachsen.

Ich erinnerte mich, dass meine Mutter, die von Beruf Krankenschwester war, mich früher nach Krankheiten immer mit Suppe aufgepäppelt hatte, das Einzige, was ich als Genesende herunterbekam. Ich kochte also mit meinem verbliebenen Gemüse eine nahrhafte Suppe und flößte sie Kidole die ganze Nacht hindurch in kurzen Abständen ein. Gleichzeitig gab ich ihr eine Dosis des neuesten Kinderantibiotikums, das meine Schwester mir vor meiner Abreise noch in die Hand gedrückt hatte. Innerhalb von drei Tagen konnte Kidole wieder selbst essen, hatte keinen Durchfall mehr und begann lebhafter zu werden. Oft hörten wir beide Naninjas Familie in der Nähe meines Hauses rufen. Aber es war zu spät: Kidole mochte die großen schwarzen Gesellen nicht mehr. Sie hatte beschlossen, dass die nackten Blassen ihr besser gefielen.

Und es bestand die Gefahr, dass sie inzwischen die Keime der Menschen in sich trug und damit die Wildpopulation infizieren konnte. Das wollten wir ja auf keinen Fall.

Inzwischen hatte sich der deutsche Botschafter nebst Gattin aus Kinshasa angemeldet, um die Gorillas zu besichtigen. Ich habe nicht besonders viel übrig für diese Besuche, sie bedeuten immer eine Störung für die Tiere. Wie immer, wenn «wichtige» Besucher kamen, waren alle lokalen Autoritäten mit Rang und Namen ebenfalls zugegen. Große Paraden wurden inszeniert und Reden geschwungen. Die Gattin des Botschafters hatte zum Ausflug in den Wald einen atemberaubenden lilafarbenen Jogginganzug gewählt. Ohne mich zu informieren, hatte man Kidole ins Empfangszentrum geholt. Als ich dort mit dem Botschafter saß, setzte man sie mir auf den Schoß. Erst patschte sie mit ihren kleinen schwarzen Händen auf der Stuhllehne herum. Als ihr die Veranstaltung zu langweilig wurde, grapschte sie sich kurzerhand den Fotoapparat des Botschafters und donnerte ihn mit voller Wucht auf die Stuhllehne. Nachdem man sie vorher so niedlich gefunden hatte, verlor sie nun doch gewaltig an Sympathie. Ich konnte mir das Lachen nur mühsam verkneifen – Gorillas sind nun mal keine Schoßtiere, denen man Benehmen beibringen kann.

Verhalten und Krankheit

Während meiner Zeit im Kongo fertigte ich die ersten Querschnittsuntersuchungen über übertragbare Erreger zwischen Menschen und Wildgorillas und die ersten veterinärmedizinischen Untersuchungen an östlichen Flachlandgorillas überhaupt an. Meine Untersuchungen ergaben, dass die Gorillagruppen, die am Parkrand lebten, zu 67 Prozent mit Parasiten infiziert waren. Eine besonders große Gefahr für alle nichtmenschlichen Primaten stellen dabei die potenziell krankheitserregenden Amöben dar, die man bei Gorillas, die nicht mit Menschen in Kontakt kommen, vermutlich nicht vorfindet. Meine Studien zeigten aber auch, dass 57 Prozent der untersuchten Gorillaproben noch das ihnen eigene Speziesspektrum zeigten. Zum Zeitpunkt der Untersuchung lebten die Gorillas also noch mit ihren Parasiten im Gleichgewicht.

Bis vor dreißig Jahren hatte man in der Deutung der Verhaltensmuster von Tieren den Faktor «Krankheitserreger» völlig außer Acht gelassen. Dabei spielen Krankheiten für das Überleben einer Art und damit für die Weitergabe der Gene an die nächste Generation eine überaus entscheidende, wenn nicht überhaupt die wichtigste Rolle. Menschenaffen können nicht nur über die Anpassung ihres Immunsystems, sondern als hoch entwickelte Säugetiere zweifellos auch durch eine Anpassung ihrer Verhaltensweisen und deren Tradierung auf äußere Einflüsse reagieren und so zu ihrer Fitness beitragen. Die Studien der wenigen Autoren, die sich mit Freilandforschung und Veterinärmedizin auskennen, geben dabei in meinen Augen aufregende Hinweise auf solche Zusammenhänge. So meiden einige nichtmenschliche Primaten ihre Schlafbäume, Schlaffelsen und, wie ich selbst feststellen konnte, auch die Stellen, wo sie ihre Schlafnester bauen, genau in dem Zeitraum, in dem ihre Parasiten infektiös sind. Da Parasiten in Form von Eiern und Zysten bis auf wenige Ausnahmen auch länger überdauern können als die meisten Bakterien und Viren, stellt dieses Verhalten einen guten Schutz gegen andere Infektionen dar.

Bei einigen Eichhörnchenarten werden die männlichen

Tiere über einen langen Zeitraum unter nicht zu unterschätzenden sozialen Stress gesetzt, bevor sie in eine neue Gruppe aufgenommen werden. Alle eventuell in dem Tier schlummernden Krankheiten kommen in dieser Zeit zum Ausbruch, und kranke Tiere können sich gegenüber der Konkurrenz nicht behaupten. Sie haben dadurch keine Gelegenheit, sich immunschwachen Neugeborenen oder tragenden Weibchen zu nähern. In der Tat dürfen bei den meisten Primaten zunächst überhaupt nur nahe weibliche Verwandte Neugeborene berühren, die mit großer Wahrscheinlichkeit das gleiche Keimspektrum wie das Muttertier besitzen. Das Prachtkleid vieler Vögel ist nur dann voll und glänzend ausgebildet, wenn das Tier keine Keime in sich trägt. Der Zustand von Gefieder, Haut, Fell und Hornanhängen wie Geweih und Hufe sind alle ein guter Gradmesser für die Gesundheit eines Tieres. Humanbiologen argumentieren sogar, dass das glänzende lange Haar und die makellose Haut einer Frau deshalb für Männer so attraktiv sind, weil sie ein Zeichen für Parasitenfreiheit sind. Schauen Sie mal in den «Playboy»: Wie viele der abgebildeten «Hasen» dort haben Haarspliss oder Pickel?

Viele Verhaltensweisen von Gorillas kann man gut mit dem Keimdruck der Umgebung erklären. Möglicherweise hängt auch ihr Wanderungsverhaltungen in den verschiedenen Jahreszeiten damit zusammen. Bisher hat man dies immer mit dem Vorhandensein von Nahrung erklärt. Tatsächlich leben die meisten Gorillas aber in einer Umgebung, in der sie ohnehin einen Überfluss an hochwertiger Nahrung finden. Während der warmen Jahreszeit, in der sich bestimmte Keime und Parasiten schneller entwickeln können, bewegen sie sich aber über sehr viel größere Strecken als in der kalten. Gorillagruppen meiden dort, wo genügend Platz vorhanden ist, die Territorien anderer Gruppen, nur selten überlappt das Territorium der einen Gruppe das einer anderen, und dann meist, wenn zu einer Jahreszeit eine bestimmte begehrte Futterpflanze reif ist. Aber selbst wenn sie sich im selben Gebiet aufhalten, bauen sie ihre Nester nie an denselben Plätzen, obwohl hier doch ideale Bedingungen dafür vorliegen. Weibchen halten sich mit ihren Neugeborenen meist in größter Nähe zum Silberrücken auf, auch abgesetzte Jungtiere folgen dem Silberrücken, der wegen des intensiven Körperkontakts mit den Weibchen ähnliche Keime in sich trägt. Durch ihren Geruch ziehen Regenwald bewohnende Affen zwar Parasiten übertragende Mücken an, andererseits verringert sich die Wahrscheinlichkeit, gestochen zu werden, wenn man sich in der Gruppe bewegt. Es gibt sogar mathematische Modelle, die ausrechnen, wie groß die Gruppe sein muss, in der das einzelne Individuum mit der geringsten Wahrscheinlichkeit von einer Mücke gestochen wird. Nach diesen Modellen leben die Affen in idealen Gruppengrößen. Man weiß seit langem, dass Schimpansen bestimmte antibiotikahaltige Pflanzen zu sich nehmen, um sich gegen Krankheiten zu schützen. Ich konnte feststellen, dass Gorillas Blätter fressen, die auch von den Einheimischen gegen Parasiten eingenommen werden. Inzwischen hat man entdeckt, dass sich bestimmte südamerikanische Affenarten mit dem Saft einer Frucht einreiben, die Insekten abwehrt. Die meisten natürlichen Erkrankungen der frei lebenden Menschenaffen sind kaum erforscht. Das liegt zum einen daran, dass die Menschenaffen, die Menschen nahe an sich heranlassen, schon so lange mit ihnen in Kontakt gewesen sind, dass ihr Keimspektrum eben nicht mehr das ursprüngliche ist. Zum anderen gibt es eine starke Lobby der «Menschenaffenschützer», die verhindert, dass nichterkrankte wild lebende Tiere untersucht werden. Dabei sind epidemiologische Daten sehr wichtig, um wild lebende Affenpopulationen zu schützen. Letztendlich kann auch die Ausrottung der Rinderpest nur deshalb gelingen, weil man groß angelegte Blutuntersuchungen an wild lebenden Huftieren vorgenommen hat.

Fakten sind ein wichtiges Instrument im Kampf ums Überleben dieser Menschenaffen. Über 240 übertragbare Erkrankungen zwischen Affen und Menschen sind mittlerweile bekannt. Menschenaffenpopulationen können erhebliche Verluste durch Erkrankungen wie hämorrhagische Fieber erleiden, die weltweit unter Menschen grassieren. Einige Stammformen der Viren, die im Menschen zu HI-Viren mutierten, kamen ursprünglich von Schimpansen. Viele andere beim Menschen zum Teil nicht heilbare Erkrankungen sind auf Viren zurückzuführen, die Primaten in sich tragen. Die gründliche Erforschung dieser Faktoren würde letztendlich auch zum Schutz bedrohter Völker beitragen. Die Regierungen der entsprechenden Länder stünden einem Verbot des Jagens und Essens von Menschenaffen sicher offener gegenüber, wenn sie wüssten, welche Folgen es für die eigene Bevölkerung haben kann. Hier könnte Aufklärung spektakuläre Erfolge für den Primatenschutz herbeiführen. Die romantische Idee von den «wertvollen Tieren» hat in den wenigsten Ländern zu dauerhaftem Schutz geführt.

Auch ich wurde während meiner Forschungen im Kongo einmal sehr krank. Ich bekam schweren Brechdurchfall und Koliken und musste nach dem Wochenende in meinem Haus am See bleiben. Irgendjemand hatte mich mit Mineralsalzen aus deutschen Militärbeständen ausgestattet, die so ekelhaft schmeckten, dass ich mich davon erst recht übergeben musste. Nachdem ich drei Tage mehr im Bad als im Bett verbracht hatte, war ich schließlich so geschwächt, dass ich mich nur noch an der Wand abgestützt fortbewegen konnte.

Meine Mitarbeiter beschlossen, mich über Pfingsten ins Krankenhaus zu einem belgischen Arzt zu bringen, der etwa eine Stunde entfernt praktizierte.

Das Krankenhaus und der belgische Arzt hatten einen recht guten Ruf, denn einer meiner Mitarbeiter hatte während seines Aufenthaltes eine Blinddarmentzündung bekommen und musste vor Ort operiert werden – der Albtraum jedes Fernreisenden in Ländern mit hoher Aids-Rate. Seine Freundin hatte ihn begleitet und während der Operation jede einzelne Nadel auf Sterilität überprüft. Er war komplikationslos gesund geworden. Mich verfrachtete man im Krankenhaus sofort in ein Bett, damit ich nicht sitzend stundenlang warten musste. Irgendwann kam ein Arzt, stellte mir drei Fragen und verschrieb mir Medikamente, die ich einnehmen sollte, bis die Diagnostik fertig sei. Zum Glück wirkten die Mittel sofort, und schon innerhalb einer Woche war ich wieder auf dem Damm, wenn auch noch schwach.

Wochenenden

Die Wochenenden verbrachte ich immer in meinem wunderbaren Haus am See. Die Sekretärin lud mich oft zu sich nach Hause ein und stellte mich ihren Freunden vor. Wir gingen allesamt in die Disco und hatten dort riesigen Spaß. Für mich ist die kongolesische Musik die beste Tanzmusik der Welt. Für uns Frauen gab es an Tanzpartnern kein Mangel; meine weißen männlichen Kollegen hatten es da schwerer, denn die Disco war wie viele Hotels und Bars gleichzeitig auch eine «Abschleppe» und daher voller Prostituierter. Und die machten den Männern durchaus nicht nur verbale

Angebote, sondern gingen meist direkt zum körperlichen Angriff über. Die Kollegen empfanden das als sehr unangenehm. In der angrenzenden Stehbar, die in eine Küche überging, konnte man kleine Imbisse zu sich nehmen. Als ich dort eines Nachts stand, um auf meinen Imbiss zu warten, sah ich einen Schatten in der Größe einer Katze vorbeihuschen, offenbar eine Ratte. Nachdem ich mich erst einmal an das Halbdunkel gewöhnt hatte, stellte ich fest, dass ich mitten auf der reinsten Rattenautobahn stand. Sie waren überall, rannten in und aus der Küche. Ein Nagerspezialist hätte seine helle Freude daran gehabt.

Unser Koch im Gästehaus war ein Phänomen. Er war früher beim belgischen Botschafter angestellt gewesen. Man drückte ihm ein wenig Geld in die Hand und sagte, dass man in der nächsten Woche gerne zwölf Gäste zum Abendessen einladen würde. Er zauberte dann völlig selbständig ein wunderbares Menü, deckte den Tisch mit einer weißen Decke und schmückte ihn mit duftenden Bougainvilleen. Wir mussten nur noch einladen und schnell über die Grenze fahren, um Wein zu kaufen. Diesen Luxus habe ich sehr genossen!

Während eines dieser schönen Wochenenden machte mich unsere Sekretärin mit dem Tierarzt des Ortes bekannt. Ich besuchte ihn in seiner kleinen florierenden Apotheke an der Hauptstraße des Dorfes. Er war ein groß gewachsener, schlanker junger Mann von bescheidenem Auftreten und trug die damals moderne meterdicke «Matte» auf dem Kopf. Er lebte von den Einkünften seiner Apotheke und des lokalen Reitclubs, in dem er sich um die Pferde kümmerte. Da ich ja begeisterte Reiterin war, bot er mir an, mich an einem der folgenden Wochenenden in den Club mitzunehmen. Aber die Pferde und die Reitanlagen waren in einem elenden

Zustand. Als ich versuchte, eines der klapperdürren Gestelle zu reiten, hatte ich das Gefühl, das arme Tier könnte jeden Augenblick unter mir zusammenbrechen. Also ließ ich es lieber. Hinterher nahmen wir noch einen gemeinsamen Drink in der Clubbar zu uns. Gérard wurde dabei recht eindeutig, daher verabschiedete mich eilig und lehnte das Angebot, mich die 500 Meter Fußweg in seinem Auto nach Hause bringen zu lassen, lieber ab.

Gérard und ich schieden dennoch als Freunde, und wie sich später herausstellte, sollte unsere Begegnung mein zukünftiges Schicksal entscheidend mitbestimmen.

Eines Wochenendes gastierte die im Kongo sehr bekannte Musikgruppe «Wenge Musica» in Bukavu. Schon Wochen vorher erzählten die jüngeren Mitglieder des Parkpersonals aufgeregt von diesem Ereignis, das Tagesgespräch unter den einheimischen Jugendlichen war. Alle fieberten dem Konzert entgegen. Eine der GTZ-Mitarbeiterinnen hatte Karten für uns besorgt. Schon frühmorgens wurde der Zugang zu dem Hotel, in dessen Hinterhof das Konzert stattfinden sollte, vom Militär abgeriegelt. Es herrschte großes Gedränge, und uns war nicht ganz wohl bei der Sache. Auf den etwa vier Meter hohen Mauern um den Hof standen Männer in schwarzen Judoanzügen, die riesige Schlagstöcke trugen. Schon eine Stunde vor Beginn herrschte große Spannung und Unruhe vor dem Eingang, denn die Stadt hatte die Eintrittspreise für das Konzert so hoch angesetzt, dass es für die Mehrzahl der Jugendlichen absolut unerschwinglich war. Was musste das für eine Enttäuschung für die Jugendlichen sein, die sich doch so lange auf das große Ereignis gefreut hatten! Ich fühlte mich gar nicht wohl in meiner Rolle als solvente Zahlerin. Auf den Stühlen saßen bereits die wohlhabenden Städter, deren Damen wie immer einen beeindruckenden Anblick boten. Passend zu ihren bunten, mit Biesen verzierten zeltartigen Kleidern trugen sie den steifen und zu atemberaubenden Kreationen gefalteten Kopfschmuck, der nur mit dem Bügeleisen kreiert wird. Die Musikgruppe bestand aus etwa sechs Jugendlichen, die die obligaten übergroßen Anzüge trugen. Der Hosenboden hing ihnen etwa auf Kniehöhe, und in ihre Sakkos hätte man getrost auch noch den großen Bruder einwickeln können. Nicht fehlen durfte natürlich eine Sonnenbrille, die coole Kongolesen bei jeder Witterung tragen. Die beliebtesten Modelle erinnern immer etwas an Stevie Wonder. In Bukavu hatte man oft den Eindruck, die gesamte konspirative Verwandtschaft des «Paten» befinde sich auf einem Sonntagsausflug.

Die Sänger begleiteten ihre Musik mit verschieden synchron einstudierten Schrittfiguren, sodass das Ganze für europäische Augen etwas merkwürdig wirkte, aber sehr unterhaltsam war. Viele Afrikaner empfinden unsere europäischen Sänger übrigens als stocksteif. Bier floss auch hier wie bei jeder kongolesischen Festivität in Strömen. Bald heizte sich die Stimmung weiter auf. Die Ausgesperrten versuchten, auf die Mauern zu klettern, wurden aber gewaltsam zurückgeprügelt. Es ertönten wütende Sprechchöre von draußen, dann flogen die ersten Steine über die Mauer ins Publikum. Einer traf die kongolesische Freundin des belgischen Arztes ins Auge. Wir zogen uns eilig zurück, bevor das Ganze in eine fürchterliche Prügelei ausartete.

Fliegende Händler und fliegende Gorillas

Ich war für kurze Zeit in das Haus von Freunden gezogen, um es während ihrer Abwesenheit zu hüten. Es lag an einem sehr steilen Abhang zum See, und der Hauswächter saß über Mittag oft am kühlen Wasser statt oben beim Haus. An dem Wochenende, als ich Kidole zur Übergabe mit in die Stadt nehmen sollte, hörte ich plötzlich ein kratzendes Geräusch an der Haustür. Ich dachte, es sei jemand gekommen, um mich zu besuchen, also riss ich die Tür auf. Ein etwa sechzehnjähriger Junge sprang von der Tür zurück, in der Hand hielt er ein scharfes Stecheisen. Nachdem wir uns beide von dem Schrecken erholt hatten, rief er in aufforderndem Ton: «L'argent!» Er wollte Geld. Es gab hier viele Haustürhändler, und ich nahm an, dass meine Freunde ihm vielleicht Geld schuldig geblieben waren. Also fragte ich ahnungslos: «L'argent, l'argent, quelle argent?» – «Welches Geld?» Jetzt wurde mein Gegenüber richtig wütend, er hob einen faustgroßen Stein auf und warf ihn nach meinem Kopf. Zum Glück traf er zwanzig Zentimeter neben mir den Türrahmen. Kidole, die auf meinem Rücken saß, war in Gefahr, also zog ich mich zurück, zumal der Junge, das Stecheisen in der Faust, einen Satz auf mich zu machte. Mit zitternden Händen verriegelte ich die Tür, eilte zum Sprechfunkgerät und rief um Hilfe. Leider meldete sich keiner von meinen Freunden. Da ich den Jungen wieder an der Haustür rumoren hörte, geriet ich in Panik und schrie, so laut ich konnte: «Voleur, voleur!» – «Dieb, Dieb!» aus dem hinteren Fenster hinaus. Der Tagwächter hörte das, eilte herbei und der Dieb floh.

Als ich mich wieder beruhigt hatte, fand ich die Situation furchtbar komisch. Da versuchte dieser Junge, in ein scheinbar verwaistes Haus einzusteigen, und dann öffnete ihm eine blonde Frau schwungvoll die Tür, die wie eine Hexe ein schwarzes merkwürdiges Ungeheuer auf dem Rücken trug. Der arme Kerl musste sich zu Tode erschrocken haben. Diese Geschichte ist sicher zu einer der vielen mystischen Erzählungen des Kongos geworden.

Mittlerweile hatten meine Vorgesetzten beschlossen, Kidole übergangsweise zu meiner Bonobofreundin nach Kinshasa zu geben. So würde sie nach meiner Abreise nach Hause wenigstens individuell betreut und hätte Spielkameraden, was für junge Menschenaffen von vitaler Bedeutung ist. Ich konnte Kidole also nicht in ihrem Wald lassen und musste sie mit nach Bukavu nehmen, wo sie abgeholt werden sollte.

In Bukavu besuchte ich den neuen deutschen Konsul, um verschiedene Dokumente zu besorgen. Er war ganz angetan von Kidole und mir und erzählte, wie possierlich er es fand, dass einer seiner Kollegen in Nairobi einen jungen Schimpansen hatte. Der lebte im Garten und trank auf Partys den Alkohol aus den stehen gelassenen Gläsern seiner Gäste. Am liebsten wollte er Kidole behalten und ebenfalls im Garten halten. Ich war erschrocken und fand diesen Vorschlag überaus unpassend – was für ein schlimmes Schicksal für ein wildes Tier! Aber ich blieb höflich, bis ich mit meinen Papieren und Kidole unter dem Arm wieder abziehen konnte.

Am Tag nach meiner Ausreise sollten andere Freunde in das Haus ziehen, das ich hütete, und ich sollte den Hausschlüssel im Bürohaus deponieren. Ich hasse Abschiede, und der Gepäcktransfer im Kongo ist meist schwierig und riskant. Also bemühte ich mich am Vorabend, alle nicht unbedingt benötigten Kleidungsstücke auszusortieren und wirklich nur das Allernötigste mitzunehmen. Nachdem ich mich dann von allen verabschiedet hatte, gab ich mein ganzes übrig gebliebenes Geld dem Koch und hatte nun keinen Pfennig mehr. Ich ließ das Gepäck gleich in die Hauptstadt durchchecken. Ein Stück Handgepäck wollte ich vorsichtshalber bei mir behalten. Als ich jedoch in Goma von dem kleinen Flugzeug aus Bukavu in die große Maschine umsteigen sollte, musste ich das gesamte riesige Rollfeld überqueren, und offenbar konnte ich nicht verbergen, dass mir mein Handgepäck doch kräftig Schlagseite verlieh. Am Ende der Gangway wollten deshalb ein paar Gestalten der Flugbehörden noch mehr Geld aus mir herausquetschen. Ich tat so, als ob ich nichts verstünde, eilte die Treppe zum Flugzeug hinauf und verteilte in Windeseile mein Gepäck in die verschiedenen Fächer über mir, für den Fall, dass man mir folgen würde. Dann ließ ich mich erschöpft in den Sessel fallen und freute mich auf einen ruhigen Rückflug. Diesmal gab es keine Turbulenzen, und ich wollte gerade entspannt meine Gedanken fließen lassen, als ich plötzlich in meiner Tasche etwas Hartes fühlte. Himmel, ich hatte vergessen, den Schlüssel für die Wohnung abzugeben! Den gesamten Flug lang verbrachte ich damit, darüber nachzudenken, wie ich den Schlüssel sicher zurückbefördern könnte. Meine armen Nachfolger im Haus unserer Freunde mussten mehrere Tage anderswo übernachten, und weil ich ja auch nicht telefonieren konnte, leistete ich innerlich meinen Freunden Abbitte, dass ich ihnen so viel Ärger bereitet hatte.

Helden

Die GTZ hatte ebenso wie die Botschaft ihre Mitarbeiter am See mit einem Fluchtboot ausgestattet, denn die Situation im Kongo blieb brenzlig. Unser Gummischlauchboot fasste etwa vier Leute und besaß einen winzigen Elektromotor.

Manchmal schipperten wir damit sonntags vergnüglich am Ufer entlang. Alle sechs bis acht Wochen, wenn das Militär seinen Sold bekommen sollte und ihn wieder nicht bekam, weil die Regierung bankrott war, wurde die Lage für die gesamte Bukavuer Einwohnerschaft gefährlich. Gruppen bewaffneter und betrunkener Militärs stürmten dann in die Stadt, errichteten Straßensperren, ballerten in der Gegend herum und hielten sich an den Einwohnern schadlos. Vor allem vergriffen sie sich an der armen Bevölkerung, gelegentlich gab es jedoch auch Übergriffe auf Weiße. Meist waren die Soldaten nach kurzer Zeit volltrunken und unberechenbar, und da sie Maschinengewehre trugen, waren sie absolut gefährlich. An einem Wochenende war der amtierende deutsche Konsul im Urlaub, nicht jedoch seine Frau. Sie hatte einmal gesagt, sie wolle nicht auf den Marktplatz gehen, weil sie sich das ganze Elend dort nicht ansehen könne. An diesem Wochenende, als wieder einmal erschreckende Nachrichten über die aus der Kaserne ausströmenden wütenden Truppen über unsere Funkgeräte liefen, traf der zukünftige Nachfolger von Bernd ein, ein enthusiastischer junger Mann mit wenig Auslandserfahrung, aber vielen Ideen. Alle Angestellten der GTZ hatten sich im Wohnzimmer versammelt und lauschten den immer dramatischer werdenden Neuigkeiten, die über den Äther drangen. Es hieß, es würden Straßensperren im Stadtzentrum errichtet und Schüsse seien zu hören. Die Spannung stieg ins Unerträgliche, und unser eben erst angereister Gast wurde zusehends bleicher. Irgendwann schrie Frau Konsul dann nur noch hysterisch ins Funkgerät, wir sollten sofort fliehen, die Militärs würden die Halbinsel stürmen, auf der wir Weißen zum großen Teil untergebracht waren. Allgemeine Verwirrung brach aus, denn die Dame war eigentlich nicht befugt, dergleichen Anweisungen zu erteilen. Dennoch beschlossen wir, uns vorsichtshalber abzusetzen. Vorsorglich hatten wir alle schon unsere Pässe aus dem Safe geholt. Mittlerweile mühte sich unser Boss, der etwas oberhalb am Seeufer wohnte, mit seinem Bandscheibenschaden das Boot nebst Motor alleine ins Wasser zu hieven. Da das aber beträchtliche Zeit in Anspruch nahm, beschloss seine Stellvertreterin, die bei uns im Gästehaus wohnte, wir sollten das Auto nehmen und die fünf Minuten bis zur Grenze nach Ruanda fahren. Das Boot wäre ohnehin nicht groß genug gewesen, um uns alle aufzunehmen. Da stand sie nun, die lange Schlange aufgeregt debattierender Muzungus in ihren schicken Autos, während das kongolesische und ruandische Militär uns ausnahmsweise zügig und ohne Fisimatenten kontrollierte und in die Sicherheit entließ.

In dieser Nacht übernachteten wir in einem öden Hotel am Ruzizi, dem Fluss, der Ruanda vom Kongo trennt. Nur wenige Jahre später sollte er vor Leichen aus dem Genozid an den Tutsi überquellen und stiller Zeuge unbeschreiblichen Grauens werden. Diesmal hatten wir jedoch noch Glück. Das Ganze stellte sich als Fehlmeldung heraus, und am nächsten Tag reisten wir alle zurück. Das heißt, ich wäre beinahe in Ruanda geblieben, denn es stellte sich heraus, dass ich meinen Pass auf dem Schreibtisch im Wohnhaus hatte liegen lassen. Es kostete einige Überredung und viele Kästen Bier, bis ich wieder ins Land gelassen wurde. Unser Gast erschien nach dieser Nacht bleich und gerädert und erzählte, in seinen Albträumen sei das Trommeln der Regentropfen auf dem Blechdach des Hotels zum Geräusch marschierender Soldaten geworden. Er nahm dann auch das erste Flugzeug, das ihn ins sichere Deutschland zurückbrachte, und ward im Kongo nie wieder gesehen.

Trotzdem blieb dieser Tag immer in der Erinnerung zumindest einiger Personen. Einer davon war ein deutscher

Entwicklungshelfer, den die Randalierer an der Straßensperre angehalten, ihm einen schwer verletzten Soldaten hinten ins Auto gelegt und dann befohlen hatten, zu dem belgischen Hospital zu fahren. Dann schossen sie ihm als Warnung oder schlicht aus Spaß direkt an seinem linken Ohr vorbei ins Autodach. Der Soldat starb bei dem Transport, und der Mann verlor durch die laute Detonation sein Gehör auf dem linken Ohr. Ein anderer, der den Tag der «Revolte» sicher niemals vergessen wird, war der Biologieabsolvent, den wir den «kleinen Klaus» nannten. Er war von seinem Diplomvater, einem weltfremden Botaniker, zum Farnebestimmen in den Kongo entsandt worden. Insgeheim nannte ich ihn daher «FF», den «Farnfanatiker». Ihn hatte im Wald niemand vor den Unruhen warnen können, weil er kein Funkgerät besaß. Als er später davon erfuhr, muss ihm der Schreck so in die Knochen gefahren sein, dass er Jahre später einen Roman darüber schrieb, den er gewaltig ausschmückte. Ich spielte darin übrigens die Rolle des Männer verführenden Vamps. Schon daran kann man sehen, wie weit hergeholt die Geschichte war.

Der «kleine Klaus» hatte ohnehin keinen guten Start im Kongo. Er hatte sehr wenig Geld und wurde von seinem stieseligen Diplomvater immer wieder hingehalten, während er wertvolle Zeit verlor. Dann legte er sich gleich in der ersten Woche mit dem GTZ-Boss derartig an, dass er aus dem Gästehaus komplimentiert wurde: Er hatte eine der Damen des horizontalen Gewerbes nicht nur in sein Zelt mitgeschleppt, sondern sie am nächsten Morgen auch noch im Gästehaus herumlaufen lassen, wo sie das eine oder andere wertvolle Besitztum des Hauses näher in Augenschein nehmen konnte. Danach «lebte» er für einige Zeit hinter unser Hausbar. Er hatte derart romantische Vorstellungen vom Kongo, dass ihm während der ersten Woche im Wald nicht nur eine größere Summe Geldes aus dem unabgeschlossenen Zelt gestohlen wurde, sondern auch seine Kamera auf der Überfahrt zu einer Seeinsel. Dann freundete er sich, wie ich schon erzählte, mit dem Schopfmangabenweibchen Mungembe an. Und obgleich diese Freundschaft von ihrer Seite ziemlich zerstörerisch war, glaube ich, dass sie ihm mit ihrer schnatternden Freundlichkeit und Wärme doch eine große Freude in seiner Einsamkeit war. Der «kleine Klaus» kam zwar aus einem Arzthaushalt, war aber gegen keine Tropenkrankheit geimpft und hatte nicht einmal einen Wasserfilter dabei. Über Monate ernährte er sich nur von Kartoffeln, weil er einfach kein Geld hatte. So wurde er nicht nur immer dünner, sondern auch noch anhaltend krank. Das trug ihm das Mitgefühl der gesamten weiblichen GTZ-Belegschaft ein. Auch von mir bekam er an Wochenenden belegte Käsebrötchen vom deutschen Bäcker – eine besonders begehrte Delikatesse – und immer ein offenes Ohr, bei der GTZ-Stellvertreterin ein sauberes Bett und medizinische Betreuung, bis er zum Schluss wirklich nicht mehr konnte.

Eines Abends lud ich ihn ein, in meinem Waldhaus zu übernachten, denn wir waren auf meiner Parkseite zu einer Grillparty eingeladen. Als wir am nächsten Morgen zum Morgenappell am Parkpersonal vorbeigingen, grinsten alle zweideutig. Es war klar, dass sie glaubten, der «kleine Klaus» hätte die eiserne Veterinärin von den Vorzügen der Männer überzeugt. Hatte er aber nicht.

Ich hatte zu Beginn meines Aufenthaltes einige Schwierigkeiten mit den Parkwächtern. Eine der vorherigen Studentinnen hatte nämlich mit einem der Mitarbeiter eine Affäre begonnen, offenbar nicht wissend, das der bereits mehrfach (!) verheiratet war. Daher konnten sie sich nun überhaupt nicht erklären, dass ich ihrem Charme widerstand. Erst fragte man mich, ob ich denn wirklich alles für meinen «Verlobten» aufheben wollte, den ich eigens erfunden hatte. Derjenige, der mit ebenjener Studentin im Bett gelandet war, war natürlich besonders ausdauernd. Eines Tages bot er mir an, auch die Betten und das Feuer machen zu wollen, wenn ich mit ihm käme. Später setzte er noch eins drauf: Er würde sogar Kondome benutzen! Das sagte er deshalb, weil ich beim Parkpersonal eifrig Aids-Aufklärung betrieb. Der gute Junge – er biss auf Granit. Einmal fragte mich mein Verehrer nachdenklich: «Wenn ich in die Bar gehe und meine ganzen Freunde mit den Damen in den Hinterzimmern verschwinden sehe, weiß ich, dass keiner von ihnen Kondome benutzt. Glaubst du, dass sie alle sterben werden?» – «Ja,» sagte ich ohne zu zögern, «da bin ich mir ganz sicher!» Tragisch daran war, dass sie alle Frauen und Kinder hatten. Fast zehn Jahre später traf ich ihn übrigens wieder; er war inzwischen Laienpriester geworden. Da hatte man wirklich den Bock zum Gärtner gemacht! Und tatsächlich sagte er, da er mich wieder allein wohnend antraf: «Nun steht doch nichts mehr zwischen uns!» – «Doch, doch», entgegnete ich hastig: «Die Bibel!» Danach hatte ich ein für alle Mal Ruhe.

Kidoles trauriges Schicksal

Nur drei Wochen nachdem meine Bonobo-Freundin Diana Kidole in einem Strohkörbchen in die Hauptstadt mitgenommen hatte, sah ich mein Gorillakind wieder. Ich war bereits auf dem Rückweg nach Deutschland und wohnte für diese Zeit bei Diana. Natürlich war ich sehr gespannt, in welchem Zustand Kidole sein und wie sie auf mich reagieren würde. Sie saß auf dem Boden in Dianas Labor mit einer Eibischblüte in der Hand – die aß sie eigentlich gerne – und starrte lustlos vor sich hin. Sie war apathisch und reagierte überhaupt nicht auf meinen Anblick und Geruch. Sie, die schon wenn sie nur eine Haarspitze von mir sah, ihren Tagwächter verlassen und auf mich zugerannt war! Obwohl sie tagsüber eine von der GTZ bezahlte Betreuerin hatte und nachts mit einem Bonobokind den Käfig teilte, war der erneute Klima- und Ortswechsel zusammen mit dem Verlust ihrer Bezugsperson wahrscheinlich zu viel gewesen. Sie kam mir vor wie ein Waisenkind, das sich bereits aufgegeben hatte und ganz abschottete. Ich war entsetzt darüber und natürlich sehr, sehr traurig. Über kurz oder lang würde sie sterben, das war mir klar. Während der Monate in viel zu vielen fremden Händen hatte sie sich außerdem mit Amöben infiziert.

Da sie ja nun von Bonobos umgeben war, war es dennoch interessant zu beobachten, wie diese beiden Spezies miteinander klarkamen. Im Gegensatz zum Gorillamädchen Amauroa in Burundi, die sich ja an ihre Schimpansenumgebung so perfekt angepasst hatte, dass sie mit Gorillas nichts mehr zu tun haben wollte, verhielt sich Kidole ganz wie ein Gorilla. Futter, das sie wollte, nahm sie sich einfach von den Bonobowaisen, ohne sich lange mit Bittgesten aufzuhalten. Das Bonobokind, mit dem sie am häufigsten zusammen war, schrie dann auf ob dieser groben Regelverstöße. Aber Kidole blieb völlig ungerührt und interessierte sich nicht weiter für das Tier, das sogar mit ihm zu spielen versuchte. Wir fragten uns, wer hier wohl nachts mit wem Körperkontakt aufnahm. Also warteten wir, bis die Tiere eine Stunde bei ausgeschaltetem Licht zusammen im Käfig verbracht hatten, und knipsten dann überraschend das Licht an. Es war genau, wie wir es erwartet hatten: Das Bonobokind hatte den Gorilla im Arm, während Kidole keinerlei gesteigertes Interesse an der

Berührung durch das Bonobokind zeigte. Wenige Wochen nach meiner Ausreise rief mich ein befreundetes Ehepaar an, das ich gebeten hatte, ein Auge auf Kidole zu haben. Sie berichteten, ihr Zustand verschlechtere sich rapide, und baten mich herzufliegen, um sie zu behandeln. Ich kümmerte mich in fliegender Hast um ein Visum und beriet mich mit einem Kinderarzt. Doch schon zwei Tage später erhielt ich die Nachricht, dass sie gestorben war. Sie war eines der vielen Opfer des Verkaufs von Wildtieren als Haustiere geworden, aber auch Opfer der Bürokratie in afrikanischen Ländern.

Deutscher Winter

Als ich nach Deutschland zurückkam, saß ich wieder in der schwärzesten Tinte. Wieder hatte ich keine Arbeit, keine Wohnung, kein Geld, nur die unbearbeiteten Daten einer Doktorarbeit lagen mir auf der Seele. Meine Schulden waren in der Zwischenzeit nicht weniger geworden, denn ich wartete ja immer noch auf mein Stipendium. Diesen düsteren Winter verbrachte ich am Mikroskop sitzend und analysierte meine Gorillaproben. Eine meiner Freundinnen vermittelte mir, nachdem ich einige Wochen auf ihrem Sofa geschlafen hatte, ein möbliertes Mini-Apartment. Das war schon mal ein Anfang. So konnte ich wenigstens eine eigene Tür hinter mir zumachen.

Ich hatte ja einige Male versucht, mich nach Afrika zurückzubewerben, bevor ich in den Kongo ging, und bei einer dieser Gelegenheiten hatte man mir den «einzig wahren Epidemiologen mit Afrikaerfahrung» empfohlen, den ich dann auch aufsuchte. Ich erklärte ihm, dass ich eine Forschungsgenehmigung und ein Labor hätte, um meine Forschungen durchzuführen. Ich brauchte einzig und allein noch jemanden, der die Betreuung meiner Doktorarbeit übernahm. So lernten Otto und ich uns kennen. Und es wäre gar nicht typisch für mein Leben gewesen, wenn sich nicht auch hier Komplikationen ergeben hätten. Zwar war Ottos Betreuung anfänglich sehr engagiert, aber wie alle, die eine interdisziplinäre Arbeit beginnen, saß ich zwischen allen Stühlen. Als ich Otto näher kennen lernte, stellte ich fest, dass er mit aller Gewalt an seiner Gesundheit sägte: Er rauchte wie ein Schlot, schüttete den stärksten Kaffee, den ich je probiert habe, literweise in sich hinein, und in seiner Freizeit trank er Unmengen von Bier, sodass er mittlerweile kugelrund geworden war. Die Tastatur seines Computers war von einer schwarzen fettigen Schicht überzogen, sodass ich mich kaum dazu überwinden konnte, darauf zu schreiben. Ansonsten war er ein kurzweiliger Unterhalter und ein Genussmensch – wie ich später erfuhr, auf jedem Gebiet. Eines Tages stellte er mich beim Sommerfest der Universität seiner Frau vor. Sie war ein schlanker, dunkler südamerikanischer Typ und bildschön. Der erste Satz, den sie zu mir sagte, war: «Mein Mann wäre ein guter Ehemann, wenn er nicht so furchtbar untreu wäre.» Ich war völlig baff ob dieser Einführung. Vielleicht hatte sie mich warnen wollen. Als ich mit etwas wacherem Auge um mich schaute, konnte ich ihm recht bald die eine oder andere Studentin zuordnen. Na gut, dachte ich, da brauche ich mir ja weiter keine Gedanken zu machen.

Bald erhielt ich eine Assistentenstelle in der Rinderklinik der Universität. Hier blieb ich fast zwei Jahre und wechselte dann an das deutsche Primatenzentrum. Man hatte mir eine Feldforschungsstelle über Affen in Indien in Aussicht gestellt, deren Gelder allerdings noch nicht eingeworben waren. Die Stelle in der Rinderklinik entsprach zwar genau der von mir geschätzten Mischung zwischen praktischer Arbeit, Lehre und Forschung, aber die Position war befristet und die Sehnsucht nach Abenteuer, Selbstbestimmung und den großen haarigen Menschenaffen immer in meinem Herzen lebendig. Wäre ich damals zwanzig Jahre älter gewesen, wäre die Universitätsstelle sicher mein Traumposten geblieben. Ich war aber nun mal jung, und so sollte es anders kommen.

Meine Doktorarbeit befand sich inzwischen in der Endphase. Doch jetzt wurde es richtig schwierig, denn anstatt über E-Mail meine Fortschritte zu verfolgen, bestand Otto darauf, dass ich in sein etwa 400 Kilometer entfernt gelegenes Institut kommen und in seinem Büro arbeiten sollte. Dabei hatte ich ja kein eigenes Einkommen mehr, also war die Bahnfahrt für mich schier unerschwinglich. Mittlerweile lebte er von seiner Frau getrennt. Eines Tages, nachdem wir in einem Restaurant einiges getrunken hatten, legte er den Arm um mich und sagte: «Wir (!) schaffen das schon mit der Arbeit.» Ich machte sofort klar, dass mir das gar nicht passte, und ging nie wieder mit ihm aus. Danach begann er ein sonderbares Verhalten zu entwickeln, wollte, dass ich ihm Kaffee kochte, und bekam Anfälle, bei denen ihm die Hände zitterten und er türenknallend ins Büro herein- und wieder hinauslief, sodass ich mich ernsthaft bedroht fühlte. Immer wieder versprach er, die Arbeit zu lesen, und dann passierte über Monate gar nichts. Da ich aber mein nächstes Projekt im Ausland natürlich nicht beginnen konnte, solange die Arbeit nicht fertig gestellt war, wurde ich immer nervöser und verzweifelter. Ich war ihm ja ausgeliefert. Durch den Dauerstress bekam ich starken Haarausfall. Als ich in meiner Verzweiflung gerade meine Fühler nach einer anderen

Universität ausstreckte, ließ sich Otto endlich herbei, mir zu erlauben, meine Doktorarbeit einzureichen. Das war zum Glück das Ende dieses schwierigen Kapitels. Aber ich hatte im wahrsten Sinne des Wortes jede Menge Haare gelassen.

Neue Angebote

Inzwischen war ich mehrere Male nach Afrika geflogen, und meine Sehnsucht nach diesem Kontinent war so stark wie nie zuvor. Eines Tages schickte mir jemand eine Stellenanzeige, in der eine amerikanische Organisation eine Tierärztin für die Gorillaklinik in Ruanda suchte. Mein Traumjob! Und ich war bis dato die einzige Tierärztin, die nicht nur mit wild lebenden Gorillas gearbeitet hatte, sondern deren Promotion sich auch mit diesem Thema befasste.

Interessanterweise arbeitete auch Gérard, der Jahre zuvor in Bukavu ja noch Kleintier- und Pferdetierarzt gewesen war, inzwischen als lokaler Tierarzt, also als «Counterpart», in ebendiesem Gorillazentrum. Ich dachte also, das ist gut, da weiß ich, was mich erwartet, und bewarb mich bei der Organisation mit dem Satz: «Sie haben die Stelle, die ich möchte, und ich bin die Person, die Sie suchen.» Ich schrieb auch, dass mir mein zukünftiger «Counterpart» bekannt sei.

Nach mehreren Monaten Warterei erhielt ich tatsächlich den Zuschlag und sollte innerhalb einer Woche anreisen. Ich hatte inzwischen meinen Wohnsitz zu meinen Eltern verlegt, weil meine Mutter sehr krank gewesen war. Nun war sie so weit genesen, dass ich mich mit gutem Gewissen und viel Enthusiasmus in die neue Stelle stürzen konnte. In dieser einen Woche musste ich meine Wohnung auflösen, den Hausstand bei meiner Schwester unterbringen, alle Versicherungen abschließen, die gesamte Ausstattung inklusive Fachliteratur zusammentragen und wieder einmal all meinen Lieben auf Wiedersehen sagen. Und so stürzte ich mich in neue Abenteuer.

Das Land der tausend Hügel

Eine der großen Fluglinien stellte dem amerikanischen Gorillaprojekt, für das ich arbeiten sollte, pro Jahr mehrere kostenlose so genannte «Naturschutz-Flugkarten» zur Verfügung. Eine ganze Tasche Fachliteratur nahm ich mit, denn vor Ort war so gut wie nichts vorhanden.

Noch benommen von der Flugreise, auf der es wieder Turbulenzen gegeben hatte, stand ich schließlich noch leicht grün im Gesicht am Einreiseschalter in Kigali und hoffte, dass es keine Schwierigkeiten geben würde. Das Flughafengebäude war übersät von Einschusslöchern, die Fensterscheiben waren alle zerbrochen. Zum Glück gab es diesmal keinerlei Diskussionen um meinen Pass. Der Einwanderungsbeamte machte sogar Witze über meine grüne Gesichtsfarbe, und wir hielten ein nettes Schwätzchen. Auf der anderen Seite der Glasscheibe sah ich schon Gérard auf und ab hüpfen und winken.

Er kam dann zum Gepäckband, um mich zu begrüßen. Außer seiner Frisur, die inzwischen auf ein gewöhnliches Maß zurückgestutzt war, schien mir Gérard unverändert. Er war immer noch groß, schlank und unkompliziert, und es war, als hätten wir uns erst gestern voneinander verabschiedet. Während wir noch auf die Flughafenangestellten warteten, die nach der Tasche mit der Fachliteratur fahnden sollten, die nicht angekommen war, plauderten wir bereits angeregt über gemeinsame Bekannte aus Kongozeiten.

In der Ankunftshalle warteten schon die anderen Projektmitglieder. Rita, die distinguiert aussehende Projektgründerin, trug teuren Schmuck, neben ihr ihr Gatte. Tim, mein Vorgesetzter, sehr klein, das verbliebene Haar zu einer Igelfrisur geschnitten, und mein Vorgänger, ein sehr junger Amerikaner, in seinem Poloshirt sofort als solcher zu erkennen. Alle begrüßten mich freundlich.

Da das Gästezimmer in unserem Projekthaus von Tim belegt war, wurde ich die erste Woche zusammen mit Rita und ihrem Mann im ersten Hotel der Stadt einquartiert.

Das Gründerehepaar, Anfang siebzig und gewohnt, erster Klasse zu fliegen, war frisch und munter, während ich von der Reise und der Aufregung ziemlich zerschlagen war. Wir verabredeten uns zu einem Imbiss am Pool, sobald, so hatte ich es verstanden, wir uns etwas ausgeruht hätten. Wie immer brauchte meine Seele etwas Zeit, um anzukommen, deshalb richtete ich mich erst mal in meinem Zimmer häuslich ein. Aber schon klingelte das Telefon, und man fragte nach mir. Da ich ja aus dem deutschen Winter kam und ordentlich geschwitzt hatte, wollte ich unbedingt vorher noch duschen und versprach, mich anschließend sofort blicken zu lassen.

Nachdem ich das Luxusbadezimmer genossen hatte, legte ich mich nur ganz kurz zu einem Nickerchen hin. Als ich eine Dreiviertelstunde später aus dem Aufzug trat, ruhten zwei missbilligende Augenpaare auf mir. Das Ehepaar hatte die gesamte Zeit brav vor dem Aufzug in der Empfangshalle gewartet. Unpassender hätte ich den Start in mein neues Berufsleben kaum gestalten können …

Hidden Tiger, Crouching Dragon

In den nächsten Tagen redete Rita, Anfang siebzig und ungeheuer vital, Tag und Nacht auf mich ein. Sie erzählte mir ihre gesamte Lebensgeschichte und alles, was ich wissen und auch nicht wissen wollte, zum Teil gleich mehrfach. Ihr Vater, der als Tierarzt und Industrieller ein Vermögen verdient hatte, hatte zu seinen Lebzeiten zugunsten der tiermedizinischen Forschung eine Stiftung gegründet. Das verbliebene Geld hatte er seinen Kindern vererbt. Dian Fossey, die die Stiftung kannte, hatte sich deshalb persönlich an ihre Landsmännin gewandt und sie gebeten, ein Zentrum für die tiermedizinische Betreuung der wilden Berggorillas zu errichten. Im Rahmen ihrer Verhaltensforschung hatte sie erfasst, wie wichtig die tiermedizinische Seite des Naturschutzes ist. Rita konnte sich noch genau erinnern, in welcher Kneipe sie Dian in Ruhengeri getroffen hatte, wo sie gesessen und welche Worte sie gewechselt hatten. Sie versprach Dian Fossey, ihr ein Labor und einen Tierarzt zu bezahlen, der ständig in der Region präsent sein sollte. Wenige Monate später, nachdem Dian brutal ermordet worden war, nahm sie tief erschüttert als eine der wenigen Weißen, die nicht von der Presse waren, an der Bestattung teil. Und sie hielt ihr kostspieliges Versprechen. Seitdem hatte sie eine sechsstellige Summe Geld, mehr als die meisten von uns je in den Händen halten, in das Überleben der ruandischen Berggorillas gesteckt. Bis heute lässt sie es sich nicht nehmen, jährlich ein- bis zweimal «ihre» Gorillas persönlich aufzusuchen, obwohl sie mittlerweile starke Kniebeschwerden hat und die Märsche in den Bergen ihr große Mühen bereiten. Ich bin sicher, dass diese Aufgabe sie am Leben und beweglich hält. Ihren Mann mochte ich von Anfang an: ein Geschäftsmann, der trotz seines Reichtums immerhin ahnte, wie die Welt für uns anderen war. Er hatte eine wundervoll humorvolle Art, seine Frau zu beruhigen und im Zaum zu halten, wobei er sie gleichzeitig auf Händen trug, wie einen Augapfel bewachte und dabei hundertprozentig loyal war. Der ideale Ehemann also! Eine Geschichte, die er über seine Frau erzählte, ging so: Als er einmal nicht genug Geld bei sich trug, bat er seine Frau, ihm auszuhelfen. Sie erwiderte, sie habe keinen Pfennig dabei. Aber er ließ nicht locker und sagte: «Komm, Rita, setz dich erst mal aufs Bett, und wir schütten deine Handtasche aus.» Dreizehntausend Dollar kamen dabei zusammen, ein Betrag, der selbst seine Bedürfnisse locker deckte. Kennen gelernt hatten sie sich auf einer Party, auf der Rita so viel trank, dass er sie später auf allen vieren in der Herrentoilette fand. Als er ihr daraufhin einen Heiratsantrag machte, erwiderte sie, sie wolle sich das lieber am nächsten Tag mit klarem Kopf genau überlegen. Sie traf die richtige Entscheidung.

Gleich in der ersten Woche wurde mir klar, dass die Gemeinschaft der «Gorillaschützer» eine wahre Schlangengrube ist. Die Mauscheleien und tief sitzenden Zerwürfnisse zwischen den Akteuren stellen jede Seifenoper in den Schatten. Zum einen spielt sicher die Konkurrenz um hohe Spendengelder, zum anderen aber auch um den Gorilla selbst eine Rolle, der hohes internationales Prestige genießt. Unglücklicherweise liegt das Wohlergehen der ruandischen Berggorillas weit gehend in den Händen sich gegenseitig befehdender reicher amerikanischer Damen und den von ihnen angestellten Wissenschaftlern, die ihre jeweiligen Jobs behalten wollen. Was war ich naiv, als ich dachte, ich könnte mich aus den Streitereien heraushalten, indem ich mich neutral verhielt!

Wie ich später erfuhr, war ich auf der Auswahlliste für diese Stelle auf Platz drei gewesen, obwohl ich die besseren Berufserfahrungen vorzuweisen hatte. Der Grund: Die anderen beiden waren Amerikaner! Gleich bei einem meiner ersten Aufenthalte in der USA bekam ich von oberster Stelle zu hören, ich könnte niemals der wissenschaftliche Direktor dieses Projektes werden, das müsse immer ein Nordamerikaner sein. Da die Mitbewerber sich aber für andere Stellen entschieden, erhielt ich die Position.

Kigali bietet wie viele Städte in Ländern, die sich im oder kurz nach dem Kriegszustand befinden, wenig Zerstreuung. An vielen Abenden wurden wir von Rita und ihrem Ehemann in teure Hotels und Bars eingeladen. Bei dieser Gelegenheit fiel mir immer wieder auf, dass der durchschnittliche amerikanische Staatsbürger offenbar ungeheure Mengen an Alkohol vertragen kann. Ich habe viele Jahre meiner Jugend bei der Weinlese verbracht, wo es schon morgens zur Frühstückspause Wein gibt, und dennoch war ich jedes Mal wieder überrascht über die Mengen, die hier vertilgt wurden.

Tim schien jovial und leicht zu handhaben. Leider hatte er eine überaus sexistische Art, die Frauen, die wir sahen, zu taxieren und über sie zu sprechen. Die meisten Hotels in Zentralafrika sind voller Prostituierter. Das mag ja für den einen oder anderen Junggesellen anregend sein, aber ich fand, er hätte doch darauf Rücksicht nehmen können, dass ich diese Art Bemerkung vielleicht als unangenehm empfinden könnte. Und offenbar hatte er an all meinen Vorgängern, und es waren deren einige gewesen, immer irgendetwas auszusetzen. Das stimmte mich nachdenklich.

Der Virunga-Nationalpark umschließt die Kette der Virungavulkane, die einen Teil der Grenze zwischen Ruanda, Kongo und Uganda bilden. Auf dreien dieser Vulkane leben die letzten Berggorillas der Welt. Während der gesamten vergangenen zwei Jahre vor meiner Ankunft war der Park wegen der bewaffneten Kämpfer, die vom Kongo her in den Park geströmt waren, geschlossen gewesen. Mein armer Vorgänger hatte also niemals wirklich ruandische Gorillas behandeln können. Normalerweise waren sowohl die Veterinäre als auch die Verhaltensforscher in Ruhengeri stationiert, einem kleinen Dorf am Fuß der Vulkane. Ob wir dort wirklich leben würden, war jedoch zum Zeitpunkt meiner Ankunft noch nicht sicher. Man stellte mich nun Dorothy vor, einer herb wirkenden Frau Anfang vierzig. Sie saß am Tisch im Esszimmer unseres Projekthauses, als wir eintraten. Sie stand zwar auf und umarmte mich, aber trotzdem blieb ihr Gesicht dabei steinhart. Selten habe ich eine so frostige Begrüßung erlebt, und ich hatte ja nun schon einige Erfahrung mit primatologischen Damen!

Meine neue Bleibe war ein lang gestrecktes Haus an einer der asphaltierten Hauptstraßen von Kigali. In der Garage war das so genannte Labor für unsere Arbeit eingerichtet, und das Wohnhaus bestand aus einer Küche, einem großen Wohn- und Esszimmer, einem Büro für uns, zwei Bädern und drei Schlafzimmern. Es besaß außerdem einen netten Garten mit Bambus, Frangipani, einem von Bäumen umgebenen Rasenstück und einer großen Akazie, die direkt vor meinem Schlafzimmerfenster stand und in der fast immer zahllose Vögel saßen. Das Badezimmerfenster hatte eine Fliegendrahtvergitterung, hinter der ein kleiner Gecko mit seinen Sternchenfüßen saß. Als ich ankam, hatte er gerade seinen Schwanz verloren und nur einen kurzen kegelförmigen Stummel zurückbehalten. Über Monate hielt er sich immer am selben Fenster auf, so konnte ich verfolgen, wie der Schwanz langsam wieder nachwuchs.

Das Mobiliar meiner Bleibe war grauenhaft, teilweise war es mit dem Haus übernommen worden und dann von den verschiedenen Bewohnern ergänzt worden.

Außer Doro und mir lebten noch zwei Hunde und eine kleine verletzte Meerkatze in dem Haus. Einer der Vorgänger hatte ein großes Aquarium gehabt, in dem meine beiden Kollegen das arme Tier behelfsmäßig untergebracht hatten. Das Tier machte einen ziemlich bedrückten Eindruck. Ich bastelte ihm einige Spielzeuge, und später ließ ich es in den von hohen Mauern umgebenen Garten entkommen. Dort blieb die Meerkatze, und ich fütterte sie jeden Morgen, indem ich eine Schüssel mit Obst und Gemüse in den Baum hängte. Den Tag im Garten verbrachte sie damit, eifrig die Bäume und Büsche zu zerlegen.

Das Projekt beschäftigte einen sehr reizenden Haushälter und Koch: Leon, ein schlanker, stiller, bereits grauhaariger Mann Anfang sechzig, hielt das Haus im tipptopp gepflegten Zustand. Kochen konnte er leider gar nicht. Er weigerte sich, einheimische Gerichte zu kochen, und dabei mochte ich die lokale Küche sehr! Stattdessen hielt er den Eintopf für *die* europäische Küche per se, warf also immer alles zusammen in einen Topf und kochte es dann, bis es zerfiel. Außer Salz benutzte er kein anderes Gewürz, aber davon nahm er so reichlich, dass man auf dem Salat noch die Kristalle sehen konnte. Ich wusch dann heimlich die Blätter unter Wasser ab, um ihn nicht zu kränken. Denn ansonsten war ich beeindruckt von seiner Gründlichkeit. Er lüftete zum Beispiel jeden Tag meine Schuhe in der Sonne. Auf die Idee wäre ich nie gekommen.

Als Hilfe für unsere administrativen Botengänge stellten wir einen etwa zwanzigjährigen, sehr aufgeweckten Burunder namens Willi ein. Er hatte offenbar eine raue Kindheit hinter sich und lebte ohne seine Familie in Ruanda. Gérard hatte ihn in einer Kneipe aufgegabelt, wo er ihm durch sein waches Wesen angenehm aufgefallen war. Willi sprach ein gepflegtes Englisch und zeigte sehr viel Initiative und Ehrgeiz bei der Arbeit.

Rückkehr zu den Regenwäldern

In der ersten Woche war ich ständig in Gérards Begleitung auf Erkundungstour, um mich mit den Örtlichkeiten, den Ansprechpartnern, der Ausstattung und den Kollegen bekannt zu machen. Zwischen Gérard und meinem Vorgänger hatte es in den Jahren der Zusammenarbeit starke Spannungen gegeben. Der eine war ein junger, gebildeter Amerikaner, der glaubte, alles besser zu wissen, der andere, Gérard, verstand es, sich im Beisein seiner Arbeitgeber stets besonders eifrig und liebenswürdig in Szene zu setzen, auch wenn er, wie ich später feststellte, nicht immer ganz so gewissenhaft bei der Sache war. So unterschiedlich, wie die beiden in ihrer Lebensanschauung und Erfahrung waren, musste das zu Problemen führen.

Eine Woche lang nahm mich Doro abends mit zu den Treffen mit Kollegen und Freunden. Bei der Gelegenheit erzählte sie mir, dass ihre Freundschaft zu Gérard, die bereits zwei Jahre andauerte, sehr schwierig sei. Lange hätten sie ihre Beziehung geheim gehalten, die offenbar ziemlich destruktiv war, wenn es nicht darum ging, sich gemeinsam gegen andere zu solidarisieren. Gérard behandelte Doro grob, und sie verlangte von ihm unterschriebene Quittungen, wenn sie ihm Geld lieh. Wenn er nicht dabei war, machte sie häufig recht abwertende Bemerkungen über ihn. In der zweiten Woche, als die Chefs unseres Projekts sich wieder ins heimatliche Amerika zurückgezogen hatten, saß ich mit Doro und einer Gruppe befreundeter Amerikaner zusammen, als Gérard später sternhagelvoll dazukam. Er blödelte laut herum, fiel fast in den Pool, an dem wir saßen, und konnte kaum noch aufrecht gehen, geschweige denn klar sprechen. Unsere Freunde fragten Doro besorgt, ob das öfter vorkäme, und sie antwortete, dass es seit Jahren so sei und es keinen bestimmten Auslöser für diese Trinkanfälle gebe.

Doro machte einen ausgesprochen unausgeglichenen, unzufriedenen Eindruck. Sie hatte eine Weile die westafrikanischen Gorillas erforscht und brüstete sich gerne damit, dass sie einer der wenigen Menschen sei, der bereits mit allen drei Gorilla-Unterarten gearbeitete hätte – dabei hatte sie nur bei einer Zählung der östlichen Flachlandgorillas im Kahuzi mitgeholfen, also Nester gezählt, aber keinesfalls an dieser Unterart geforscht. Die Arbeit in Westafrika hatte sie jedoch quittiert, weil sie ihr nicht mehr gefiel, und auch ihre letzte Stellung in einem Nationalpark hatte sie ebenfalls nicht gemocht. Sie lachte in Gesellschaft viel und gezwungen und hatte, wie ich und andere später feststellten, einen Hang zur Dramatik. Das Merkwürdige war, das sie sich praktisch nie bei ihren Forschungstieren aufhielt. Ich hatte ja genügend Erfahrung in der Feldforschung gesammelt, um zu wissen, dass man mit kurzen sporadischen Stippvisiten keine gesicherten verhaltensbiologischen Daten über die letzten überlebenden Berggorillas erheben kann.

Zum Zeitpunkt meiner Ankunft war noch nicht viel zu tun. Wegen der Ansteckungsgefahr – ich konnte ja Keime beherbergen – und wegen der politischen Unsicherheit durfte ich noch nicht in den Park. Ich begann also die Literatur zu sichten und das Büro und das Labor zu organisieren und richtete mich häuslich ein. Ende des ersten Monats fuhren Gérard und ich in den an der kongolesischen Grenze gelegenen Nyungwepark, dessen sehr junge Direktor ein Freund von uns war. Der Nyungwepark ist der größte zusammenhängende Hochlandregenwald Zentralafrikas. Er galt damals noch als unsicher, denn auf den gewundenen Straßen im dicht bewaldeten Park hatte es während und nach dem Krieg einige Überfälle gegeben.

Am Vorabend hatten uns die Freunde, die uns begleiten wollten, in eins von Kigalis größten Hotels eingeladen, in dem wir auch zu Abend aßen. In der Küche mussten Salmonellen ihr Unwesen treiben, denn mir wurde bereits während der Autofahrt in den Park am nächsten Tag furchtbar schlecht. Als die anderen während der Rast auf halber Strecke Kaffee tranken, konnte ich nur bewegungslos im Auto liegen. Trotzdem genoss ich den zweiten Teil der Fahrt, der uns durch den bildschönen, hügeligen Regenwald führte. In Ruanda gibt es das Sprichwort: «Gott hält sich tagsüber in vielen Ländern der Welt auf, zum Schlafen aber kommt er nach Ruanda.» Hier kann man verstehen, warum: In den stillen Tälern hängen überall Nebelschwaden. Bereits auf der Straße sahen wir die ersten schwarzweißen Mantelaffen und ein Pärchen etwa fasanengroßer, metallischblau schillernder Waldturakos.

Das Gästehaus des Nyungwewalds liegt in einer Waldinsel inmitten von Teeplantagen. Es besteht aus vier schlichten Holzhäusern, die in der Mitte eines schönen Gartens mit Bananenbäumen und blühenden Fuchsienrabatten liegen. Im Essraum sah man alsbald die grünen Meerkatzen durchs Fenster schauen, die durch ihre leuchtend blauen Hoden auffallen. Am Abend saßen wir alle auf den Bänken unter der Pergola, aßen winzig kleine gebratene Fische, eine Spezialität der Region, und tranken Bier dazu. Die anderen waren ausgelassener Laune, während ich nur mühsam an die Hauswand gelehnt gerade eben aufrecht sitzen konnte. Für die Nacht überließ mir Gérard netterweise seinen Schlafsack, denn es war für unsere Verhältnisse höllisch kalt und es gab nur dünne Wolldecken, und weil es mir nicht gut ging, fror ich besonders. Trotzdem konnte ich den Drang, wieder in meinen geliebten Regenwald zu gehen, nicht länger unterdrücken. Ich stand am nächsten Morgen schon um sechs Uhr auf und setzte mich mit einem Fernglas in den Wald. Wie hatte ich das alles vermisst: die hohe Luftfeuchtigkeit, die Tiergeräusche, das intensive Grün, das totale Aufgehen in der Umgebung. Bald ließ sich ein Blaumaulmeerkatzenmännchen blicken, ein kräftiges, flauschiges Tier, das heftige Drohgebärden von seiner Baumhöhe aus machte, als es mich wahrnahm. Ich sah auch viele der sehr bunten kleinen Vögel, von denen es hier in Ostafrika viele Variationen gibt. Als ich zu meinem Zimmer zurückkam, klopfte bald eine der Frauen aus unserer Reisegruppe an meine Tür. Auch ihr war inzwischen höllisch übel, und sie wollte sich Medikamente von mir leihen. Die ganze folgende Nacht hörte ich dann, wie sich mein Zimmernachbar heftig übergab. Zum Schluss hatte es so ziemlich alle von uns erwischt. Trotzdem wollte ich unbedingt gleich am ersten Nachmittag von der ruandischen Seite aus einen Blick auf mein altes Haus im Kongo werfen.

Es lag noch immer auf der idyllischen Halbinsel im blauen See und hatte auch sechs Jahre später nichts von seinem Reiz verloren. Getrübt war meine Erinnerung nur durch die Tatsache, dass auch hier während und nach dem Genozid ein unbeschreibliches Grauen stattgefunden hatte.

Auf dem Rückweg sprach ich mit Gérard viel über die alten Zeiten im Kongo, über Gérards Arbeitssituation und seine

Beziehung zu Doro, die er, ganz Afrikaner, schlicht als Zweckbindung darstellte. Sie hatte sein Englisch verbessert und stärkte ihm den Rücken gegen seine Vorgesetzten, und er profitierte von ihren internationalen Kontakten und dem «Glanz» der Verhaltensforschung an Dian Fosseys ehemaligen Forschungstieren. Sie stellte ihn der Organisation gegenüber als den «einzig wahren Gorillatierarzt» dar. Im Gegenzug profitierte sie von seiner Landeskunde, den politischen Kontakten zur Regierung und anderen Nationalparkspersönlichkeiten und genoss die Integration in seine Familie und seinen Freundeskreis.

Bei diesem Gespräch, das wir im Auto miteinander führten, stellten wir fest, dass unser Chef Tim bei seinem letzten Aufenthalt dem jeweils anderen gegenüber Dinge behauptet hatte, die wir beide nicht gesagt hatten. Das gab mir sehr zu denken und brachte uns beide einander näher.

Im Angesicht des Grauens

Gleich bei unserer ersten gemeinsamen Arbeitsbesprechung erzählte mir Gérard, dass seine Schwester und ihre beiden Söhne als wohlhabende Tutsis, obgleich völlig unpolitisch, von bewaffneten Hutus schon zu Beginn der Unruhen ins Gefängnis deportiert worden waren. Gérard selbst lebte zusammen mit seiner hochbetagten, fast blinden Mutter und seinem fast erwachsenen Sohn in einem kleinen Haus mit drei Zimmern in Kigali. Seine beiden Nichten, die Töchter seiner Schwester, zwei wunderschöne Frauen, hatten es zum Glück geschafft, mit ihren eigenen kleinen Töchtern rechtzeitig aus dem Kongo zu fliehen. Sie lebten nun ebenfalls in diesen drei Zimmern. Über das Deutsche Rote

Kreuz hatten sie einige Briefe mit ihrer Mutter ausgetauscht und wussten daher, dass sie lebte. Das Schicksal der beiden jungen Männer, die zum Zeitpunkt ihrer Verhaftung Anfang zwanzig gewesen waren, war jedoch ungewiss. Die Familie hatte immer wieder gehört, dass man sie getötet hatte.

Sehr bald wurde deutlich, dass Gérard sich in mich verliebt hatte. Bereits in der zweiten Woche meiner Anwesenheit hörte ich, dass Doro heulend bei unseren Freunden aufgetaucht wäre und sich beschwert hätte, dass Gérard seine Zeit nur noch mit mir verbringe. In unserer Wohnung hatten wir beiden Frauen ein ernstes Gespräch miteinander geführt, in dem sie mir mehr oder minder klar zu machen versuchte, dass sich hier in der ruandischen Gorillawelt alles nach ihren Wünschen zu richten hätte. Da meine beiden Vorgänger sehr viel jünger gewesen waren, kein Französisch sprachen und nie mit wild lebenden Affen oder Menschenaffen zu tun gehabt hatten, hatten sie ihr offenbar keinen nennenswerten Widerstand entgegengesetzt.

Bald stellte sich heraus, dass sie nicht nur unseren Angestellten Willi, ohne mich zu vorher zu fragen, für ihre Botengänge in die Stadt sandte, sondern sich auch nicht an die Abmachung hielt, Gäste, die in unserem Haus übernachten sollten, vorher anzukündigen. Eines Tages gegen halb zehn Uhr abends – Doro hielt sich gerade woanders auf – klingelte es Sturm an meiner Haustür. Ich hatte bereits geschlafen. Es stellte sich heraus, dass einer ihrer Freunde bei uns übernachten wollte. Ich war ziemlich sauer.

Gérard gab sich immer sehr westlich, weil er von belgischen Jesuiten ausgebildet worden war und durch seine kurze Ehe mit einer schwarzen Amerikanerin und diverse europäische Freundinnen viel im Ausland gereist war. Er fand, dass seine Schullaufbahn bei den Belgiern das Beste gewesen sei, was man bekommen konnte, und war den Jesuiten dafür sehr dankbar. Er betonte, dass ihm die europäische Kultur viel näher läge als die amerikanische, aber dass er, obgleich er sehr gerne in andere Kontinente reiste, nie woanders leben könne als in Afrika. Ich fand das immer sehr sympathisch. Wir kamen beruflich blendend miteinander aus, er nahm mich oft mit zu seiner reizenden Familie, oder wir besuchten abends seine Freunde. Beide liebten wir die regionale Musik, den Zoukous und das Tanzen sehr und teilten ja mittlerweile auch eine gemeinsame Vergangenheit. Mehrfach versuchte er, unserer Freundschaft einen anderen Charakter zu geben, aber ich setzte dem immer einen massiven Widerstand entgegen. Ich stand ja nicht nur noch unter dem Eindruck der lebensbedrohlichen Erkrankung meiner Mutter, sondern trauerte auch immer noch einer von meiner Seite sehr großen afrikanischen Liebe nach. Zu diesem Zeitpunkt wollte ich keine neue Freundschaft und hatte mir darüber hinaus geschworen, mich nie wieder emotional auf einen Mann einzulassen, der in der Überzeugung aufgewachsen war, dass es natürlich und erlaubt ist, mehrere Frauen gleichzeitig zu haben.

Im zweiten Monat meiner Anwesenheit hörte Gérard, dass seine Schwester mit einem Flugzeug nach Ruanda zurückgebracht werden sollte. Die ganze Familie war sehr glücklich und aufgeregt. Am Tag vor ihrer Ankunft wurde er jedoch zum Roten Kreuz gerufen, um dort mit einem Mann zu sprechen, der seine beiden Neffen gesehen hatte. Er bat mich, ihn zu begleiten. Dort trafen wir den Augenzeugen, der uns haarklein schilderte, wie grausam man die beiden jungen Männer zu Tode gefoltert hatte. Mir wurde speiübel und eiskalt, und ich fühlte mich wie versteinert. Ich wusste nicht, wie ich Gérard über diese schlimmen Minuten und die Tage danach hinweghelfen sollte. Ich war vollkommen sprachlos und so entsetzt wie vielleicht nie in meinem Leben zuvor. Und so warf ich all meine Vorsicht über Bord und nahm ihn in den Arm, um ihn zu trösten. Gérard blieb jedoch vollkommen ruhig. Von diesem Tag an waren wir ein Paar.

Am nächsten Morgen standen die Nichten weinend am Flughafen, um nach Jahren der Trennung endlich ihre Mutter wieder in den Arm zu nehmen. Sie versuchten verzweifelt, die Fassung zu bewahren, denn sie weinten nicht nur vor Glück, sondern auch, weil sie seit dem Vortag die Gewissheit hatten, dass man ihre Brüder zu Tode gefoltert hatte. Sie versuchten es vor ihrer Mutter zu verbergen, die selbst Schlimmes erlebt hatte.

Die Frauen hatten viel mehr, als wir behüteten Europäer uns vorstellen können, in diesem völlig sinnlosen Krieg verloren. Und ich bewunderte aus tiefstem Herzen ihre Haltung, ihren Lebensmut, ihre Tapferkeit und ihre Fröhlichkeit.

Ich fand, dass es Gérards Aufgabe sei, Doro sofort reinen Wein einzuschenken und die Trennung deutlich auszusprechen. Er versprach es mir hoch und heilig, und da wir beide auf dem Weg in die USA waren und sie auf dem Weg in den Urlaub, wollte er ihr auf dem Flughafen bei ihrer Ausreise einen Brief mitgeben. Ich bekam dann später eine E-Mail von einer Freundin Doros aus Amerika, in dem sie schrieb, dass ich mich von Gérard fern zu halten hätte. Ich händigte die Mail kommentarlos Gérard aus und hoffte, dass die Angelegenheit damit erledigt wäre. Dabei hatte ich einen Fehler begangen, der schlimmer war als der von Faust, als er Mephisto für Gretchens Liebe seine Seele überschrieb.

Ruhengeri

Als der Park wieder sicher war, konnte ich mit Gérard zum ersten Mal in die Berge fahren. Wir hatten etwa eineinhalb Stunden Serpentinenfahrt durch die Hügelkette vor uns. Hier hatte es während der Unruhejahre ständig Überfälle gegeben, denn die Berge boten ein ideales Versteck. Auf der engen Straße konnte man nicht ausweichen, da sie von steilen Felswänden und tiefen Schluchten begrenzt war. Nach fünf Uhr abends blockierten Militärs die Straßen, sodass man nicht mehr von einem Ort zum anderen fahren konnte. Mein Albtraum war es, auf dieser Straße mit einem platten Reifen liegen zu bleiben, zumal Geländewagenreifen nur sehr schwer zu wechseln sind.

Der Ausblick, den man zu bestimmten Jahreszeiten auf die Virungabergkette hat, ist atemberaubend schön. Die Gipfel der hohen Vulkanberge sind so hoch, dass sie von Wolken umgeben sind. Ruhengeri dagegen ist ein recht unansehnliches, winziges Nest, das im Wesentlichen aus zwei Parallelstraßen, einer Querstraße sowie einer Kneipe, einem Marktplatz, einer Landepiste, einem großen Fußballstadion und kurioserweise einem Tennisplatz besteht. Von Ruhengeri bis zum Rand des Parks waren fast alle Bäume abgeholzt, zum Teil deshalb, weil sich die Hutu-Fanatiker, die Interahamwe, im Krieg im Schutz der Bäume der Bevölkerung genähert hatten, um sie zu morden und auszuplündern. Am Dorfausgang lag eine riesige Fläche, die von Baumstümpfen übersät war.

Bis zum Waldrand und zu den Gorillas war es eine halbe Stunde Fahrt auf der Holperpiste, zum Teil durch Siedlungen, die allgegenwärtigen Eukalyptuswäldchen oder durch Felder, die sich bis an die Waldzone erstreckten. Wenn man in Dian Fosseys Buch «Gorillas im Nebel» gelesen hat, mit welcher Mühe sie sich den Berg hoch und runter quält, hat man den Eindruck, ihre Forschungsstation Karisoke, benannt nach den beiden benachbarten Vulkanen Karisimbi und Visoke, läge am Ende der Welt und sei nur nach einem endlosen, schwer überwindbaren Aufstieg zu erreichen. In Wirklichkeit kann man mühelos in einer Dreiviertelstunde den Waldrand erreichen, und der Anstieg ist keinesfalls übermäßig steil. Vielleicht zeigt das nur, wie krank Dian Fossey zum Schluss war.

Meine Organisation hatte am Fuß der Berge, an einem Ort mit traumhafter Aussicht auf die gegenüberliegenden Berge, ein rosenüberranktes Haus mit zwei Zimmern, Küchenecke und Bad besessen. Ein Raum hatte den Tierärzten als Labor und Behandlungsraum gedient. Als ich dort ankam, hatte das Haus weder Türen noch Fenster. Sechs Jahre zuvor musste einer meiner Vorgänger darin mit den Interahamwe verhandeln, die das Gewehr zum Fenster hineinhielten und ihn und seine Frau erschießen wollten. Danach hatte das Projekt kein eigenes Haus mehr in den Bergen bezogen, aber gelegentlich die Unterkunft der Verhaltensbiologen geteilt. Kurz vor meiner Ankunft hatte die Gründerin unseres Projektes beschlossen, wieder ein eigenes Haus in Ruhengeri zu mieten. Angeblich hatte Gérard es gefunden und zu einem sensationell günstigen Preis gemietet. Zum Zeitpunkt meiner Ankunft teilten wir es inoffiziell mit einem ruandischen Kollegen, der erst kürzlich einer Gorilla- und Parkschutzorganisation beigetreten war. François, dieser groß gewachsene, hagere, fast ausgemergelte Kollege, war ein entfernter Cousin von Gérard und hatte im Krieg im Gefängnis gesessen. Dadurch hatte er dauerhafte Gesundheitsschäden erlitten. Er hatte miterleben müssen, wie Mitarbeiter des Parks, die zur Volksgruppe der Hutus gehörten, mit einem nagelbeschlagenen Knüppel seine Frau vor seinen Augen zusammenschlugen, und jetzt musste er mit einigen dieser Leute weiterarbeiten. Ich fand ihn im Umgang schwierig, was ja bei dieser Vergangenheit kein Wunder war.

Das Haus war ein wenig düster. Darin standen nur einige schauderhafte, durchgesessene und kaputte Möbel. Wenn wir sicher wären, dass unsere wertvolle Laborausrüstung nicht zum dritten Mal geklaut werden würde, wollten wir mit unserem ganzen Hausstand von Kigali nach Ruhengeri umziehen.

Bei meinem zweiten Besuch in Ruhengeri durfte ich endlich in den Park zu den weltberühmten Gorillas. Wir hatten ein strenges Abkommen mit den Militärs, das uns verbot, ohne Ankündigung und Begleitschutz in den Wald zu gehen. Nach fünf Uhr mussten alle den Park aus Sicherheitsgründen verlassen, denn man hatte nur eineinhalb Jahre vorher einige Gorillatouristen im Mgahinga-Nationalpark in Uganda entführt und getötet. Dieses Ereignis hatte weltweit Schlagzeilen gemacht und für eine geraume Zeit zum Zusammenbruch des Gorillatourismus geführt.

Ruanda hatte während des Krieges nicht nur Tausende von Zivilisten, sondern auch sehr viele erwachsene Soldaten verloren. Jedes Mal, wenn ich meine Arbeit im Wald aufnehmen wollte, musste ich mit unserem Auto zur Kaserne am Parkrand fahren und die Soldaten abholen, die für den Schutz des Parks verantwortlich waren. Sie waren noch Kinder, die ihr Selbstbewusstsein daraus bezogen, dass sie Granaten und Maschinengewehre bei sich trugen. Ihre Kalaschnikows waren allerdings antik, zum Teil mit Bandagen, Gummibändern oder Klebeband notdürftig repariert und hingen an uralten, viele Male geflickten Riemen. Und diese Gesellen stiegen dann scherzend und albernd in meinen Wagen. Mir war das nie ganz geheuer, und ich hoffte inständig, dass kein Unfall passieren möge. Einige Jahre zuvor hatte es einen schrecklichen Zwischenfall gegeben, als eine meiner Vorgängerinnen, der einer der Parkwächter sein Gewehr hingehalten hatte, sich an diesem festhielt, abrutschte und sich ein Schuss löste. Der Wächter war sofort tot.

Die Umgebung des Parks erinnert in den höheren Lagen sehr an die französischen Alpen mit ihrer kargen Kraut- und Strauchvegetation. Die Vulkanflora mit ihren vielen mannshohen, buschigen und großblättrigen Pflanzen und vereinzelten Bäumen, die mit langen bartartigen Tilantsien bewachsen sind, verwandelt den Wald besonders bei Nebel in einen schaurig-schönen Märchenwald.

Bei meinem ersten Besuch im Park begleiteten mich fünfzehn Soldaten und zehn Parkangestellte. Wir wollten eine der von Dian Fossey habituierten Gruppen besuchen.

Nach einem ziemlich steilen Aufstieg nahm ich nach so langer Zeit endlich wieder die bekannten Geräusche und Gerüche wahr. Und dann sah ich sie, zum ersten Mal in meinem Leben: die weltberühmten Berggorillas. Wie oft hatte ich am anderen Ufer des Kivusees gelegen, auf die Virungavulkane in Ruanda geschaut und gedacht: «Eines Tages werde ich dahin kommen!» Und nun war es so weit. Die damaligen Gorillajungtiere waren nun zu Männchen herangewachsen, die keine Furcht vor Menschen kannten. Sie sind eine hübsche Spezies, sehr viel haariger im Gesicht als die östlichen Flachlandgorillas, aber ohne deren klare Gesichtszüge und beeindruckende Größe. In den ersten Wochen war ich immer wieder irritiert, dass die Männchen im Vergleich zu den östlichen Flachlandgorillas einen so kurzen Körper hatten. Wenn man den beeindruckenden Oberkörper sah, dachte man, dass daran noch ein Riesenkörper hängen müsste, aber dem war nicht so.

Große Aufgaben

Ein wichtiger Teil unserer Aufgabe in der nächsten Zeit sollte es sein, die Paramilitärs und Parkwächter in Hygiene zu schulen und ihnen Verhaltensweisen für die Einsätze bei den Gorillas beizubringen. Das Schulungsgebäude war ein aus Stöcken und Zeltplanen errichteter Platz, wo die armen Jungs nach ihrem rüden militärischen Drill still sitzen und uns zuhören sollten. Doro übernahm den Teil über Verhaltensforschung, und mein Kollege und ich teilten uns den Abschnitt, in dem es um Krankheitsübertragung und die Verhaltensregeln im Wald ging. Um den Unterricht aufzulockern, sangen die Militärs zwischendurch und hüpften dabei auf und ab, ein lustiger Anblick. Sie integrierten in ihre Lieder von Zeit zu Zeit die Namen ihrer Lehrer und lachten sich dann schief darüber.

Ich wollte mein Französisch verbessern und bemühte mich deshalb, meine Vorträge auch in Französisch zu halten. Gérard, dessen Eltern Ruander waren, die wegen der Unruhen noch vor seiner Geburt in den Ostkongo ausgewandert waren, versuchte sich dagegen in Kinyarwanda, einer Sprache, die mir trotz mehrerer Versuche immer verschlossen blieb. Aber selbst er, der bis zu seiner Einschulung mit seiner Mutter in dieser Sprache gesprochen hatte, war so schlecht, dass seine Kollegen ihn damit aufzogen und sich die Schüler bogen vor Lachen. Tonhöhen spielen wie im Chinesischen auch in dieser Sprache eine große Rolle. Erwischt man die falsche, kann «Schule» plötzlich «Bett» bedeuten.

Oft fuhren wir auch in das berühmte «Traveller's Rest» in Uganda, von dem aus damals Dian Fossey ihre Forschungen begonnen hatte. Ich mochte es nicht nur wegen der köstlichen gefüllten Ciabattateigrollen, die man dort anbot, sondern auch, weil man bei der Renovierung nur Naturmaterialien verwendet hatte und alles einfach, aber geschmackvoll mit Baumwolle, Leder und Strohmaterialien ausgestattet war. Hier bildeten wir das ugandische Parkpersonal weiter oder starteten von hier aus unsere Einsätze zu den Gorillas im Bwindi-Nationalpark. Die Ugander waren meist etwas lockerer und angenehmer im Umgang als ihre Nachbarn, und so genoss ich meine Aufenthalte in Uganda immer besonders. Die ugandischen Gorillas, inzwischen als eigene Unterart spezifiziert, sehen übrigens wiederum anders aus als die Berggorillas; ihre Nasen sind breiter und die Köpfe runder.

Alsbald stellte sich heraus, dass Gérard, was das Einhalten von Terminen anging, sehr nachlässig war. Das gesamte erste Jahr besaßen wir nur ein Projektfahrzeug, und auch das war sehr klapprig, weil sich mein Vorgänger damit eines Nachts in einer Kurve überschlagen hatte. Davon war das Dach eingedrückt. Zweifelsohne hatte er nur überlebt, weil er eher klein gewachsen war. Tim kommentierte das mit den lakonischen Worten: «Er hatte einen Unfall, Gérard hatte Unfälle, und auch du wirst einen Unfall haben.» Es gelang mir, darauf nichts zu entgegnen.

Am Wochenende nahm stets Gérard das Auto, da ich selbst noch wenige Bekannte hatte, er aber weit entfernt vom Büro lebte und überdies eine wahre Betriebsnudel war. Gleich am zweiten Wochenende verabredeten wir uns zu einer bestimmten Uhrzeit, um gemeinsam Freunde zu besuchen. Er kam drei Stunden später. Anfangs rief er noch alle halbe Stunde an, um mich zu vertrösten, aber das gab sich mit der Zeit.

Etwa zwei Monate nach meiner Ankunft feierten die wohlhabenderen Ruander den Tag der Befreiung Kigalis mit einem großen Tanzfest in einem der größten Hotels der Stadt. Gérard stellte mich dort seiner Familie vor. Es kamen Tanzgruppen aus allen Regionen Ruandas, das für seine Tänzer weltberühmt ist. Allein um die Hautevolee von Kigali in ihren hinreißenden Kleidern und Haartrachten zu sehen, lohnte sich dieser Abend, aber auch die Trommelmusik der Twa war sehr mitreißend. Alle drei Volksgruppen, die Twa, die Tutsi und die Hutu, tragen beim Tanz Metallschellen an den Füßen. Während die Hutufrauen beim Tanz in einfachen T-Shirts mit Hüfttuch gehüllt sind, tragen die Tutsitänzerinnen traditionell auf der rechten Schulter geknotete Tücher. Diese Tracht wurde bis zur Generation der Großeltern auch von den reicheren Männern angelegt. Heute tragen sie sie noch bei Hochzeiten, zum Teil über dem Straßenanzug, zusammen mit einem perlenbestickten Zeremonialspeer. Während der Tänze werden die Tücher teilweise in der Hand gehalten und geschwungen. Die männlichen Tänzer, meist aus dem Stamm der Twa, präsentieren sich mit nacktem Oberkörper, der nur mit von Kaurimuscheln bestickten Lederbändern bedeckt ist. Sie tanzen wild, fast ekstatisch, und hüpfen dabei immer wieder in die Höhe. Die traditionellen Tänze sind auch heute noch wichtiger Bestandteil jeder größeren Hochzeit, aber hier konnte man hochbegabte Darsteller sehen – mit der rhythmischen Trommelmusik ein wahrer Ohren- und Augenschmaus.

Rose

Vierzig Jahre zuvor war eine junge Amerikanerin als Begleiterin ihres Ehemanns nach Ruanda gekommen und hatte sich am Fuß der Virungavulkane niedergelassen. Als die Ehe nach einem Jahr in die Brüche ging, hatte Rose sich bereits so in Ruanda verliebt, dass sie ihr Leben lang blieb. Sie war eine der wenigen wirklichen Freunde von Dian Fossey. Jeder in Ruanda kannte Rose, und als sie hoch in ihren Achtzigern wegen des grausamen Bürgerkriegs zwangsevakuiert wurde, beschloss sie, später trotzdem in ihre Heimat Ruanda zurückzukehren. Sie hatte den Beginn der Hassausbrüche zwischen den verschiedenen Ethnien hautnah miterlebt und darüber ein Buch geschrieben, «Das Land der tausend Hügel», das in viele Sprachen übersetzt wurde. Sie kehrte mit dem ersten Flugzeug in das kriegszerstörte und emotional ausgeblutete Land zurück und gründete ein Kinderheim. Es trägt sich allein durch die Spenden ihrer Freunde und befreundeter Organisationen in den USA. Zu dem Zeitpunkt, als ich sie kennen lernte, hatten bereits etwa hundert Kinder ein liebevolles Zuhause bei ihr gefunden. Als Leiter des Heims hatte sie ihren alten Chauffeur eingesetzt, der schon im Alter von sechzehn Jahren zu ihr gekommen war und den sie wie einen Sohn liebte.

Sie selbst musste wegen der unruhigen Zeiten von ihrer Blumenfarm, deren Einnahmen ihr eigenes Überleben sichern sollten, in ein Haus in Gisenyi am Ufer des Kivusees ziehen, das ihr von einflussreichen Leuten zur Verfügung gestellt wurde. Ihr großer Wunsch, zurück in ihr Haus am Fuß der Vulkane zu ziehen, ist nicht mehr in Erfüllung gegangen. Rose war ein überaus großzügiger Mensch, voller Liebe für andere Menschen, und jeder mochte sie. Wann immer man zu der alten Dame kam, gaben sich die Besucher die Klinke in die Hand. Alle erhielten eine gute Tasse englischen Tees, ein paar Kekse und ein offenes Ohr. Was mir Sorgen machte, war, dass sich keiner um sie kümmerte. Alle nahmen nur von ihr, nur wenige Leute gaben. Oft wurde ihr der Trubel in ihrem Alter zu viel, und zweifelsohne war es auch nicht billig, Tag für Tag eine große Menge Leute zu verköstigen. Wenige Leute machten sich Gedanken, wo sie dieses Geld herbekam.

Gérard stellte sie mir eines Tages vor. Wir behandelten ihren Hund und versprachen, all ihre Katzen und die Katzen ihres Kinderheimverwalters zu sterilisieren und auch noch den Kater der Nachbarn mitzubehandeln, was wir auch einige Wochen später taten. Von da an schloss sie mich in ihr Herz. Ich brachte aus den USA ihre soeben erschienene Lebensgeschichte mit, und sie signierte sie mir als Dank für meine Hilfe. So wurden wir Freundinnen.

Großfamilienleben

Eines Tages mussten wir aus dienstlichen Gründen nach Uganda zu einem Kongress fliegen. Gérard hatte das Auto und sollte mich etwa eine Stunde vor Abflug zum rechtzeitigen Einchecken abholen, denn unser Haus lag etwa zwanzig Minuten Fahrt vom Flughafen entfernt. Aber er kam und kam nicht, obwohl ich ihn mehrfach anrief. Ich bin gerne zeitig an Flughäfen, denn in Afrika muss man oft lange Wartezeiten, Überbuchungen und andere unvorhergesehene Ereignisse in Kauf nehmen. Immer wieder rief ich an und tigerte zwischendurch unruhig in der Wohnung auf und ab. Etwa fünfzehn Minuten vor dem Abflug klingelte das Telefon. Ich eilte hin, denn ich dachte, es wäre Gérard, der womöglich eine weitere Verzögerung ankündigte. Es war aber François, der am Wochenende mit seiner gesamten Familie in unser Projekthaus fahren wollte und fragte, ob er mein Schlafzimmer benutzen könnte. Ich fand die Vorstellung zwar nicht gerade überwältigend, denn mein Bett ist meine

Privatsphäre, aber mir war natürlich klar, dass ich nach afrikanischer Sitte nicht ablehnen konnte. Also erklärte ich ihm, wo er während meiner Abwesenheit meinen Zimmerschlüssel abholen könnte, und erinnerte ihn daran, für alle Beteiligten Bettwäsche mitzunehmen, weil es außer nackten Matratzen in unserem Haus nichts gab.

Fünf Minuten später kam dann endlich Gérard mit seinem Sohn und pusselte noch endlos in der Wohnung herum. Mein Blutdruck war mittlerweile auf einhundertachtzig gestiegen. Wir rasten zum Flughafen, und auf dem Weg dahin fragte ich ihn, ob er ernsthaft glaube, dass das Flugzeug auf uns warten würde. «Na», dachte ich, «lass uns mal das Flugzeug verpassen, das wird ihm eine Lehre sein.» Die 600 Dollar für die Tickets wären zwar in den Sand gesetzt, außerdem wollte ich gerne an dem Kongress teilnehmen, aber vielleicht würde sich sein gestörtes Verhältnis zur Zeit ein wenig bessern. Als wir am Flughafen eintrafen, waren natürlich alle Eincheckschalter längst geschlossen und keine Passagiere mehr zu sehen. Die Beamten redeten alle wütend auf mich ein, aber ich verwies sie kühl an Gérard. Der jedoch, überhaupt nicht verlegen, ging auf den ersten Walkie-Talkie-Träger zu und bat den Piloten per Funk, auf ihn zu warten. Tatsächlich wartete das Flugzeug eine Viertelstunde auf uns, und Gérard saß triumphierend und ganz entspannt in seinem Sessel neben mir, nach dem Motto: «Was hattest du nochmal für ein Problem?», während mein Blutdruck langsam wieder auf das Normalmaß zurücksank. Das war nun aus meinem erzieherischen Versuch geworden! François nahm Gérard nach unserer Rückkehr übrigens beiseite und beschwerte sich darüber, dass ich ihn praktisch als Schmutzfink hingestellt hätte, indem ich ihn bat, Bettwäsche mitzunehmen.

Die Atmosphäre von Misstrauen, Depression und allgemeiner Übersensibilität, die in Ruanda herrschte, war für fast alle meiner Freunde der Grund, dieses Land schnellstens wieder zu verlassen. Ich selbst fand es am schwierigsten, dass die Leute nach außen hin stets freundlich blieben und einem nichts direkt sagten. So kam es zu einem anderen harmlosen Vorfall: Auf Wunsch einer Freundin hatte ich einen Artikel über die Ereignisse der letzten Monate im Virungapark für eine Gorillazeitschrift in Deutschland geschrieben. Darin hatte ich auch erwähnt, dass einige Organisationen die Parksäuberung übernommen hätten, nannte aber deren Namen nicht. Kurz nachdem die Zeitschrift erschienen war, rief einer der Kollegen von François an und beschwerte sich bei Gérard darüber, dass ich ihre Arbeit als die unsere ausgegeben hätte – was eindeutig nicht stimmte. Gérard hatte den Artikel sogar selbst gegengelesen, um Probleme zu vermeiden. Mit mir persönlich sprach keiner. Es war ein unsichtbares Minenfeld.

Oft begleitete ich Gérard nach Dienstschluss zu seiner Familie. Gérards Mutter hatte zehn Kinder zur Welt gebracht. Die meisten waren verheiratet und hatten große Familien, einen der Söhne aber hatte sie im Krieg verloren. Obwohl Gérard ein Chaot und insbesondere nachts und an den Wochenenden selten zu Hause war, hatte sie, nachdem ihr sehr wohlhabender und einflussreicher Mann gestorben war, beschlossen, bei ihrem Lieblingssohn zu wohnen. Sie selbst war ein angesehenes Mitglied ihrer Gemeinde. Auf der nahe gelegenen Insel Idjwi im Kivusee hatte sie den Status einer Person mit besonderen Kräften und war in Friedenszeiten dort fast wie eine Heilige verehrt worden. Sie muss schon in jungen Jahren eine außergewöhnliche Frau gewesen sein, denn als eine der Ersten ihrer Generation hatte sie versucht,

Auto fahren zu lernen. Leider war sie gleich in der ersten Fahrstunde eine abschüssige Straße, die im Kivusee endete, heruntergebraust und konnte erst kurz vor dem Wasser anhalten. Danach hatte sie das Unternehmen Autofahren aufgegeben. Sie hatte immer einem riesigen Haushalt vorgestanden. Gérard fiel dort schon als Kind auf, weil er immer eine Unzahl von Freunden mit nach Hause brachte. Als das selbst für afrikanische Verhältnisse zu viel wurde, bekam Gérard für seine Freunde einen Extratisch.

Als ich Gérard damals in Kivu kennen lernte, lebte er bereits mit seiner Mutter zusammen. Sein einziger Sohn lebte getrennt, aber nicht weit von ihm bei dessen Mutter. Während der Unruhen verlor Gérard seine gesamte Habe, die neben der Apotheke auch aus einer Rinderfarm bestand. Seine Mutter und seine ebenfalls wohlhabend verheiratete Schwester verloren neben Angehörigen auch ein gesichertes Einkommen und alle Besitztümer. Seine beiden Nichten konnten nur ihr nacktes Leben und das ihrer beiden entzückenden Töchter retten. Die eine floh mit ihrem libanesischen Ehemann zunächst nach Sambia, von wo aus sie schließlich zu Gérard zog, da sie ihrem Ehemann nicht in den Libanon folgen wollte. Vor der Ausreise hatten sie und ihre Tochter sich wochenlang in einem Zimmerchen versteckt. Die andere hatte das Glück, einen Piloten zu kennen, der ihr anbot, sie und ihre Tochter in letzter Minute in das Nachbarland zu fliegen. Er gab sich als Vater der Kleinen aus, um die beiden mitnehmen zu können. Natürlich hatte die Mutter ihre kleine Tochter nicht in dieses Verwirrspiel eingeweiht, und so sagte diese, als man ihr im Flugzeug zu ihrem «Vater», dem Piloten, gratulierte, laut und vernehmlich: «Das ist nicht mein Vater.» Zum Glück konnten die beiden Erwachsenen das Ganze gerade noch retten.

Zusammen mit der gerade aus der Gefangenschaft entlassenen Schwester drängten sich nun fünf Erwachsene und zwei Kinder in Gérards kleiner, spärlich eingerichteter Dreizimmerwohnung. Es war dort eng, aber immer laut und fröhlich. Man bekam immer etwas zu essen, Limonade oder zumindest ein freundliches Lächeln. Ich verstand mich mit beiden Nichten und der Schwester auf Anhieb. Obwohl sie bis dato in wohlhabenden Verhältnissen mit Dienstboten im Haus aufgewachsen waren, versuchten alle drei sofort, Arbeit zu finden, um sich und ihre Töchter zu ernähren. Gérards Schwester, Frau eines berühmten Gynäkologen und Leiterin eines renommierten Ausflugshotels mit Segel- und Reitclub, musste in der Küche eines großen Hotels arbeiten. Sie war wie ihre Töchter bildschön und sah mit ihren fünfzig Jahren aus wie dreißig, nicht eine Falte hatte sie im Gesicht. Sie war groß und stattlich und hielt sich wie eine Königin, auch wenn sie nach einem langen Tag aus der heißen Hotelküche mit geschwollenen Beinen zurückkam.

Die beiden Nichten waren so unterschiedlich, wie man nur sein kann. Sally war eine der schönsten Frauen, die ich je gesehen habe. Freundlich, humor- und verantwortungsvoll und sehr reif bei all ihrer Jugend, hatte sie jeden jungen Mann in ihrer Umgebung bezaubert. Gegen alle Konvention und den Willen ihrer Familie hatte sie dann aus Liebe einen sehr attraktiven Libanesen geheiratet und war zum Islam konvertiert. Ihre Schwester Isabelle war dagegen ein echter Wirbelwind: Gertenschlank und ebenso schön wie Sally, tanzte sie auf allen Hochzeiten. Mit Anfang zwanzig bekam sie eine sehr geliebte, nichteheliche Tochter von einem extrem untreuen jungen Mann aus der Mobutugroßfamilie. Immer nach der neusten Mode gekleidet und von einem Schwarm Verehrer umgeben, war sie doch eine überaus fähige Geschäftsfrau und der Star der Firma, die sie engagiert hatte. Sie war die Erste in der Familie, die ein Auto kaufte und fuhr, und sie wusste immer, wo man besonders günstig einkaufen konnte. Für ihre Tochter hatte sie große Pläne.

Beide Frauen waren bei allem, was sie selbst erlebt hatten, und bei all den schrecklichen Grausamkeiten gegen ihre Familien immer lebensfroh und lustig und kümmerten sich engagiert um ihre Großmutter, Mutter und Töchter. Sie waren ausgezeichnete Köchinnen und Bäckerinnen und zauberten zu Feiertagen, Hochzeiten und Geburtstagen mehrgängige Menüs, bis sich die Tischplatte bog. Sie luden mich ein, sie zu Festen und Veranstaltungen zu begleiten. Ihre beiden Töchter, die mit ihren zehn und zwölf Jahren schon sehr individuelle Persönlichkeiten waren, kamen manchmal zu mir, um in meinem Garten im Zelt zu spielen oder bei mir zu essen. Die größere Tochter liebte das Aquarium, das einer meiner Vorgänger in meiner Wohnung hinterlassen hatte. Auf einem meiner Heimaturlaube kaufte ich ihr also ein eigenes Aquarium und schenkte es ihr. Danach war ich ihre erklärte Freundin.

Es war immer ein Ereignis, die Frauen zu Hochzeiten zu begleiten. Schon Tage vorher gingen alle Frauen zum Friseur. Den kleinen Mädchen wurden dann in stundenlanger Arbeit Zöpfchen geflochten, bis sie vor Langeweile und Kopfschmerzen weinten. Die zentralafrikanischen Friseure können einen Kurzhaarschnitt in wenigen Stunden in eine lange Mähne verwandeln. Sie verknüpfen künstliches Haar so geschickt mit dem eigenen Haar, dass man die Frauen oft nicht wiedererkennen kann. Manchmal, wenn es mir nicht so gut ging, setzte ich mich in den Friseurladen und sah zu, wie die Herren mit altmodischen Brenneisen, die zwischen heißen Platten erwärmt wurden, aus kurzem krausen Haar traumhafte Einschlagfrisuren, Löckchen und Aufsteckfrisuren formten. Weil das Haar der Afrikanerinnen so drahtig ist, bleiben die Locken über mehrere Tage erhalten, wenn man sie über Nacht mit einem Netz bedeckt und vorsichtig darauf schläft. Genau wie die Korbflechterei, an die sie sehr erinnerten, waren die Frisuren kunst- und phantasievoll. Hätte ich Zeit genug gehabt, hätte ich gerne Fotos gemacht von all den Trägerinnen dieser Haartrachten, deren Formenvielfalt keine Grenzen kannte. Jede Frau hatte ihre eigenen Geheimrezepte und Ideen.

An den Wochenenden trafen Gérard und ich uns häufig bei seinen Freunden und unseren Kollegen in unserer Lieblingskneipe. Der Besitzer war ein kongolesischer Freund, und es gab dort gute Musik, leckere Snacks, viel Bier und nette Gesellschaft.

Bald stellte sich heraus, dass Gérard jeden Freitag derart einen über den Durst trank, dass er am Samstag kaum noch einsatzfähig war. Er hatte einen Freund, Alphonse, der Kleintierarzt war. Weil er Kinderlähmung gehabt hatte, konnte er seinen rechten Arm nicht mehr bewegen und keine Operationen mehr vornehmen. Deshalb übernahmen Gérard und ich das an den Wochenenden kostenlos für ihn. Nachdem Gérard ihn, seine Patienten und mich an zwei Samstagen hatte warten lassen, kamen wir stillschweigend überein, dass wir fortan nicht mehr auf Gérard warteten und zu zweit losfuhren.

Alphonse und seine Frau, eine sehr charakterstarke Burunderin, wurden meine besten Freunde.

Die Gorilla-Stiftung

Kurz vor Doros Urlaub kam Jürgen, ihr Vorgesetzter von der Gorilla-Stiftung, zu Besuch, eine der meistgehassten Gestalten der Gorillaszene. Die Tatsache, dass selbst Rose, die für jeden Menschen ein freundliches Wort fand, nichts Gutes über ihn zu sagen hatte, gab mir zu denken. Er war offenbar sehr von sich eingenommen und trug immer kurze Hosen, auch im Urwald, in dem überall Nesseln und Dornen wuchsen. Mit mir sprach er nur englisch, obwohl er als Deutscher natürlich meine Sprache beherrschte. Vielleicht tat er das, um seine viel jüngere Frau zu beeindrucken, die einmal seine Studentin gewesen war und sehr zu ihm aufsah. Er und seine Frau hielten sich stundenlang in unserer Wohnung auf, wogegen nichts einzuwenden gewesen wäre, wenn sie nicht zwei überaus schlecht erzogene Kinder gehabt hätten, die es lustig fanden, im Garten sämtliche Blumen abzureißen und die übrigen Pflanzen mit Stöcken dem Erdboden gleichzumachen. Einmal versuchten wir im Hotel ein Gespräch mit den Eltern zu führen, während die Jungs sich damit beschäftigten, dicke Stöcke gegen die Lampen zu werfen, bis der Hotelmanager endlich einschritt.

Inzwischen war das Filmteam eines renommierten amerikanischen Senders angereist, um die Gorillas und die Arbeit der betreuenden nichtstaatlichen Organisationen zu filmen. Alle zusammen gingen wir zu den Ruinen von Dian Fosseys Forschungshäusern. Hier lag auch der Friedhof, auf dem sie «ihre» Gorillas begraben hatte und auch selbst beigesetzt war. Die Grabkreuze mit den Namen der Gorillas waren alle im hohen Unterwuchs versunken. Weil Jürgen als Direktor der Gorilla-Stiftung aber etwas zu der Grabstätte sagen sollte, begann er vor laufender Kamera in den Lianen zu wühlen.

Er fand auch eines der Grabkreuze und beschloss plötzlich, alle Kreuze müssten entfernt und im Bürohaus seiner Organisation untergebracht werden. Eilig begannen seine Begleiter nun, den Friedhof zu demontieren. Und so wurde dieser historische Ort in wenigen Minuten vor laufender Kamera zerstört.

Das Filmteam legte großen Wert darauf, Gérard einige Tage später noch bei seiner Arbeit im Labor zu filmen. Wir einigten uns darauf, dass sie an einem Samstag in unser Labor in die Hauptstadt kommen sollten. Ich hatte Kuchen besorgt, um das Team zu bewirten, und dort alles vorbereitet. Das Team kam pünktlich. Der Einzige, der nicht da war, war Gérard. Ich versuchte also Konversation zu machen, Tee und Kaffee anzubieten und Gérard per Telefon zu erreichen. Nach einer halben Stunde log ich, sein Auto hätte eine Panne, ich würde ihn abholen. In rasender Eile fuhr ich also zu seinem Haus und stürmte hinein. Da saß er im Morgenmantel und war von Freitagnacht immer noch sternhagelvoll. Ich schob ihn eilig in sein Zimmer, damit er sich anzog, suchte im Handschuhfach nach Pfefferminzbonbons, weil er eine furchtbare Fahne hatte, und trichterte ihm auf dem Rückweg ein, was wir als Grund für sein Ausbleiben vorschieben würden. So saß Gérard verkatert und mit Restalkohol im Blut auf dem Untersuchungsstuhl und schob Gläser in die Zentrifuge und unter das Mikroskop. Ich betete, dass dem Filmteam nichts auffiel.

Zwei Tage später traf abends in meinem Haus ein Mädchen mitsamt ihrem Gepäck ein. Sie stellte sich als die neue Forschungsassistentin der Stiftung vor. Natürlich hatte niemand sie angekündigt. Als ich zu Doros Zimmer eilte, um sie zu fragen, woher das junge Mädchen käme, schloss diese die Tür und weigerte sich, mit mir zu sprechen.

Ihr berühmter Boss teilte mir Tage später mit, dass noch eine weitere Person der Stiftung in unserem Gästezimmer wohnen sollte. Es wurde also langsam eng.

Um dem Ganzen ein Ende zu setzen, bat ich meinen eigenen Vorgesetzten, darauf hinzuwirken, dass die Gorilla-Stiftung sich für ihre Angestellten ein eigenes Haus mietete. Das geschah dann auch.

Bevor die jungen Damen auszogen, gab es noch einen Zwischenfall. Im Krieg waren der Park und das Parkumfeld vermint worden, und es hatte viele Todesopfer und Verletzte gegeben, zum Teil auch unter den internationalen Entwicklungshelfern. Etwa ein halbes Jahr bevor ich ins Land kam, hatte man mit der Minenräumung im Park begonnen. Die Lokalzeitung druckte regelmäßig Zeichnungen von den ausgelegten Minen und Granaten, damit man sie erkennen und meiden konnte. Eines Tages fand ich nur einen Schritt neben einem der Waldpfade, den wir häufig für den Besuch der Gorillas benutzten, ein kleines rotes Fähnchen. Als ich fragte, was das denn sei, sagte man mir, dort hätte man am Vortag eine Mine gesprengt. Am nächsten Morgen riefen mich die jungen Assistentinnen aufgeregt in unseren Garten und zeigten mir ein zitronenförmiges, grünes Objekt, das exakt so aussah wie die Handgranaten in der Zeitung. Wir schlichen vorsichtig um das Ding herum und spekulierten, dass die Nachbarn, die Militärs waren, vielleicht damit gespielt und es über die Mauer geworfen hätten. Uns wurde mulmig zumute. Schließlich kam einer auf die Idee, unseren Nachtwächter, der ja aus der Gegend kam, zu fragen, was er dazu sagte. Der kam, bückte sich, ergriff das Ding und sagte: «Das ist zur Gartenbewässerung!» Uns fiel ein Stein vom Herzen.

Gérard reiste nun in die Zentralafrikanische Republik, um dort ein Gorillaprojekt zu beraten. Er versprach mir, Doro nach ihrem Auszug endlich die Wahrheit über unsere Beziehung zu sagen, und beschwor mich gleichzeitig, unseren eigenen Vorgesetzten gegenüber nichts davon zu erwähnen. Er sagte, sie würden die neue Situation sicher nicht akzeptieren. Ich persönlich fand zwar, dass mein Privatleben niemanden etwas anging und sah auch keinen Grund, nicht mit offenen Karten zu spielen. Aber ich verließ mich darauf, dass Gérard unsere Vorgesetzten besser kannte als ich.

Das Land der weißen Westen

Einmal im Jahr wurden wir nach Amerika zum internationalen Tierärztekongress eingeladen. Da Gérard schon vorausgeflogen war, blieb mir der Transport eisgekühlter Gorillagewebeproben von verstorbenen Tieren überlassen. Ein kompliziertes Verfahren, zu dem eine Vielzahl von Ex- und Importpapieren benötigt wurden.

Bereits auf dem Zwischenstopp in Nairobi gab es die ersten Schwierigkeiten. Meine Tickets für den Weiterflug sollten eigentlich im Flughafenbüro hinterlegt sein. Als ich dort ankam, eröffnete man mir, sie seien im Stadtbüro hinterlegt worden, das aber sei geschlossen. Nach langem Hin und Her – es war bereits acht Uhr abends – ließ ich den Bürovorsteher kommen und fragte ihn, ob er ernstlich entschlossen sei, die einzige europäische Gorillatierärztin mit ihren langsam, aber sicher auftauenden Proben aufzuhalten, nur weil sein Büro desorganisiert sei. Nach einer weiteren halben Stunde hatte ich mein Ticket, mit den besten Empfehlungen des Hauses.

In Amerika erwartete mich als nächste Hürde die Immigration.

Dort musste ich mich in die Schlange für zu deklarierende landwirtschaftliche und tierische Erzeugnisse einreihen. Sowie ich das Stichwort «Menschenaffengewebeproben» erwähnte und mit meinen Papieren wedelte, verhielten sich die Verantwortlichen, als hätte ich einen mit hämorrhagischem Fieber verseuchten Affen im Handgepäck. Ich wurde von den anderen Wartenden getrennt, mein Kühlkanister wurde in Gewahrsam genommen. Dennoch: Nach zwanzig Minuten waren meine Papiere überprüft, und ich durfte in das Land einreisen. Meine ersten englischen Wörter, die ich als Kind vor 30 Jahren von anderen Kindern auf der Straße aufgeschnappt hatte, waren übrigens «monkey» und «donkey» gewesen, Affe und Esel. Da soll mal einer sagen, es gebe keine Vorherbestimmung des Schicksals.

Auf der Konferenz wurden wir vielen wichtigen Leuten vorgestellt. Die gesamte Prominenz der Zoo- und Wildtierärzte war anwesend. Alles, was Rang und Namen besaß oder Lehrbücher geschrieben hatte, bewegte sich auf diesem Parkett.

Wild- und Zootierärzte sind unter den Tierärzten das, was die Chirurgen unter den Göttern in Weiß sind. Gérard war von unserer Organisation über Jahre als «ihr Mann in Ruanda» aufgebaut worden. Er war aber auch deshalb sehr begehrt, weil er stets fröhlich und charmant war. Und natürlich sprach er wie immer rege dem Alkohol zu. Ich hielt mich lieber zurück, weil sechs Stunden Vorträge in abgedunkelten Räumen in einer fremden Sprache keine geringen Anforderungen an mein Konzentrations- und Wachbleibevermögen stellten.

Von unserer Konferenz aus reisten wir als Erstes zu einem von einem Millionär privat finanzierten Naturschutzzentrum in Florida, das auch unsere Arbeit finanziell und mit Sachspenden unterstützte. Es lag in einem Sumpfwaldgebiet, das vom Okefenokee durchzogen wird. Man durfte es nur als geladener Gast besuchen, sofern man nicht Bill Clinton hieß, der manchmal hierher zum Golfspielen fuhr. Das Zentrum hielt einige seltene Tierarten wie das Okapi, kenianische Antilopen, schwarze und weiße Nashörner und Giraffen und hatte viel Erfolg mit der Nachzucht.

Verstreut in dem Gelände lagen die einzelnen Wohnhäuser, jedes nach einem bestimmten Thema eingerichtet. Wir wohnten über der Tierklinik, wo jedes Zimmer mit Bildern einer Tierart geschmückt war. Ich bekam das Entenzimmer. Die Ess-, Wohn- und Eingangsbereiche waren mit wertvollen Teppichen, Spiegeln und Kunstwerken ausgestattet, unser Haus zum Beispiel mit zum Teil lebensgroßen Figuren aus Papua-Neuguinea. Jedes der Häuser hatte eine Küche mit zwei riesigen Kühlschränken. Der eine war mit Erfrischungsgetränken aller Art und der andere mit exquisiten Essensplatten gefüllt, die täglich zweimal ausgewechselt wurden. Es gab erlesene Fisch- und Meerestiersalate, köstliche Fleisch- und Käseplatten. Für uns war es das Paradies. Darüber hinaus besaß das Zentrum eine eigene Rekreationseinrichtung mit Bowlingbahn, Fitnessraum, großer Bar, einem kleinen Ballettsaal, in dem einmal im Jahr russische Tänzer zu einer Sommerschule eingeladen wurden, einem Swimmingpool und Konferenzräumen inklusive Computerraum mit internationalen Telefonen. Zu meinem Entzücken gab es auch einen großen Stall voller Pferde, die man entweder im Gelände oder in einer der Reitanlagen und Hallen bewegen durfte. Einen nicht unbeträchtlichen Teil des Grundstücks nahm selbstverständlich der Zoo ein, in dem es auch Großkatzen und unter anderem ein Vorbereitungszentrum zur Auswilderung des Floridapanthers gab. Die Gehege waren groß, so naturnah wie möglich und sehr gepflegt. Es war eine irreale Welt, wie man sie sonst nur aus Hollywood kennt.

Ich konnte unseren Aufenthalt in vollen Zügen genießen, während Gérard bereits gegen Ende der Konferenz über Kopfweh geklagt hatte und sich zunehmend elend zu fühlen begann. Am Tag vor unserem Abflug in den nächsten Zoo, ausgerechnet an einem Sonntag, wurde er richtig krank. Das Blut, das ich ihm abnahm und mit Sondergenehmigung des zuständigen Tierarztes im tierärztlichen Labor analysierte, hatte ein ungewöhnlich gelbes Serum. Am nächsten Morgen flogen wir dennoch nach Saint Louis. Gérard übergab sich im Flugzeug heftig und konnte kaum noch stehen, als wir in dem Hotel in der Stadt ankamen. Als Erstes brachten wir ihn in ein Krankenhaus. Ehrlich gesagt dachte ich, Gérard hätte ein Leberversagen, weil er einfach zu viel trank.

Die Untersuchungen zogen sich hin. Sorgenvoll sah man auf unsere mitgebrachten Laborwerte, testete Blut, Urin und die Körperfunktionen, während ich in der Vorhalle wartete. Dann rief man mich zum Arzt. Gérard, deutlich bleich unter seiner dunklen Haut, lag mit einem mehr oder weniger ergebenen Gesichtsausdruck auf einer Liege. Man hatte Blut im Urin festgestellt. Gérard wollte das Krankenhaus unbedingt verlassen, was die Ärzte aber nicht gestatteten, und fünf Minuten später fand er sich in einem Zimmer wieder, an dessen Eingangstür ein Schild mit Handschuh- und Mundschutzgebot gehängt wurde. Gérard tat mir Leid. Durch das ständige Erbrechen wurde er immer schwächer und klappriger. Wir beide tippten ja auf Malaria, obgleich er nie zuvor daran erkrankt gewesen war.

Bei dieser Gelegenheit stellte sich heraus, dass man Gérard nicht krankenversichert hatte. Für mich und meinen Gastgeber begann damit die große Telefoniererei. Wir brauchten plötzlich jede Menge Geld, um das Krankenhaus im Voraus zu bezahlen. Mein Gastgeber war reizend, er stellte sein Konto zur Verfügung, zeigte mir die Stadt und seinen Zoo und lud mich abends zu Wein, Käse und selbst gekochtem Essen ein. Seine Idee war es auch, Gérard einen großen Stoffgorilla zu kaufen. Mit diesem Plüschtier wickelte Gérard innerhalb weniger Tage das weibliche Personal des Krankenhauses um den Finger. Es dauerte fünf Tage, in denen es ihm täglich schlechter ging, bis man etwas so Simples wie eine Malaria diagnostizierte und zu behandeln begann. Ich sah mich schon vor den erschütterten Mienen seiner weiblichen Angehörigen stehen und ihnen mitteilen, dass ihr einziger männlicher Angehöriger ausgerechnet im fortschrittlichen Amerika an Malaria verstorben war, weil die Ärzte die Therapie zu spät eingeleitet hatten. Mit den Medikamenten erholte sich Gérard rasch.

Auf dem Rückflug hatte Gérard den Stoffgorilla im Arm und war inzwischen wieder allerbester Laune. Bei jedem Einchecken freuten sich die Beamten über das Stofftier, das später einen Ehrenplatz in Gérards Wohnzimmer bekam und so der Aufhänger für viele dramatische Geschichten wurde, wenn Freunde zu Besuch kamen. Was war ich froh, wieder «zu Hause» zu sein! Der Kulturschock, den man erlebt, wenn man von Ruanda in die Vereinigten Staaten reist, ist doch sehr stark.

Umzug

Willi arbeitete immer noch für uns und ging regelmäßig los, um die Telefon- und Stromrechnungen zu bezahlen. Aber eines Tages erschien er nicht mehr zur Arbeit, und wir machten uns Sorgen, denn manchmal fuhr er auf dem sehr gefährlichen Landweg mit dem Bus nach Burundi, um seine Verwandten zu besuchen. Aber dann wurde das Telefon abgestellt, und uns dämmerte langsam, dass der gute Willi offenbar über mehrere Wochen hinweg das Geld für die Rechnungen gesammelt und die so ergaunerten siebenhundert Dollar für sich selber abgezweigt hatte. Das war natürlich sehr ärgerlich. Bald erinnerten wir uns, dass Willis ehemaliger Arbeitgeber Gérard erzählt hatte, dass es auch bei ihm Unregelmäßigkeiten in der Kasse gegeben hatte. Da Willi sich aber lange so geschickt angestellt hatte, hatten wir das alles vergessen. Etwa einen Monat später erhielten wir einen reichlich verworrenen Brief von Willi, in dem er schrieb, er hätte einem Freund von sich das Geld geliehen, und dieser hätte es dann nicht zurückgebracht. Drei Monate später spürte ich ihn in unserem Lieblingsrestaurant auf, wo er inzwischen wieder als Kellner arbeitete. Ich verpflichtete ihn, das Geld zurückzuzahlen. Es war ihm sehr peinlich, und er zahlte zwei kleine Raten, bis er auch im Restaurant nicht mehr zur Arbeit erschien. Mir tat es Leid um ihn und seine Zukunft. Wir hatten schon mehrfach überlegt, ihm eine richtige Ausbildung zu finanzieren, aber er konnte offenbar das Stehlen nicht lassen.

Eines Tages wollte ich einen neuen Heißwassererhitzer und einige Möbel für unser neues Haus in Kigali erstehen und machte mich mit einer großen Summe Geld und Juspin, unserem neuen Gehilfen, auf den Weg in das Handwerkerviertel von Kigali. Um den Preis nicht durch meine Hautfarbe in die Höhe zu treiben, schickte ich Juspin in das Baugeschäft, während ich, weil es so heiß war, bei offenem Fenster im Wagen wartete. Neben mir war eine Gruppe Handwerker damit beschäftigt, Sand zu schaufeln. Die Gürteltasche mit dem

Geld hatte ich neben meiner Hand auf dem Sitz liegen. Die Verhandlungen im Geschäft zogen sich in die Länge, und ich hing meinen Gedanken nach. Plötzlich schlug etwas auf der Fahrerseite gegen den Wagen, ich drehte mich reflexartig um, und als ich den Bruchteil einer Sekunde später wieder auf den Sitz schaute, war die Tasche weg! Der uralte Trick hatte funktioniert. Ich war wie gelähmt und wollte es nicht wahrhaben, denn ich hatte nichts gehört und nicht einmal einen Luftzug gespürt. Leider enthielt die Tasche nicht nur das Geld, sondern auch meinen Führerschein, meinen Personalausweis, meinen Pass mit der teuer erstandenen Arbeitsgenehmigung und ein Visitenkartenetui, an dem ich besonders hing, weil es das Geschenk eines Freundes war. Sowie mein Helfer aus dem Laden zurückkam und ich ihm berichtete, was geschehen war, wandte er sich an die Polizei, die nur wenige Meter von dem Auto entfernt auf dem Gehsteig für Ordnung sorgte. Sofort nahmen die Polizisten einen der Sand schaufelnden Bauarbeiter fest. Sie prügelten die Wahrheit aus ihm heraus, und er nannte Namen und Aufenthaltsort des Straßenkindes, das uns das Geld gestohlen hatte. Daraufhin fuhr die Polizei dorthin und nahm dem Kind das Geld ab, das ich nie wieder sah. Gérard verhandelte für mich mit den Straßenkindern, und für weitere fünfzig Dollar erhielt ich am nächsten Tag die Tasche mit ihrem Inhalt zurück, natürlich ohne das Geld.

Mittlerweile nahte der Umzug, und wir standen vor dem Problem, in Ruanda einen bezahlbaren Umzugswagen zu organisieren. Mit unserem kleinen Pick-up konnten wir nur kleinere Möbelstücke und Kisten transportieren. Nach langem Suchen fand Gérard endlich einen großen offenen Lastwagen in Ruhengeri, dessen Fahrer sich bereit erklärte, in die Hauptstadt zu fahren. Nachdem seine verabredete Ankunftszeit um etwa drei Stunden überschritten war, erhielten wir einen Anruf. Der Lastwagen war bereits vor Kigali zusammengebrochen, und wir sollten ein Auto schicken, um den Fahrer in die Stadt mitzunehmen, damit er dort Ersatzteile besorgen konnte.

Am selben Tag konnten wir also nicht mehr umziehen. Gérard gab unserem Nachtwächter den Auftrag, uns sofort zu benachrichtigen, wenn der Wagen am verabredeten Treffpunkt ankäme. In der angespannten politischen Lage, die immer noch herrschte, war es heikel, einen Wagen mit Ruhengeri-Kennzeichen auf der Straße stehen zu lassen. Aber unser junger Nachtwächter, der wie immer unzuverlässig war, hatte sich im entscheidenden Augenblick verdrückt. Als Gérard den Wagen dann fand, bekam er einen Wutanfall. Ausgerechnet Gérard, der sonst immer solch ein Sonnenschein war, steigerte sich derart in seine Wut hinein, dass ich Angst hatte, dass er den Nachtwächter verprügeln würde. Ich musste mich zwischen die beiden Männer stellen.

Gérard hatte offenbar nicht vor, beim Umzug selbst mit anzupacken. Aber er hatte fünf Jugendliche einbestellt, die mir beim Einpacken und Tragen helfen sollten. Einer davon war Juspin, ein ausgesprochen aufgeweckter und anstelliger junger Mann. Er war mit Anfang zwanzig mit seinem achtzehnjährigen Bruder aus dem Ostkongo geflohen, als dort die Ausschreitungen gegen die Tutsibevölkerung begannen. Sein Vater war der erste Automechaniker von Bukavu und mit sechs Frauen verheiratet gewesen. Als sein Vater eines Tages sehr krank wurde, reiste Juspin nach langer Zeit wieder zurück in seine Heimat. Auf dem Weg dorthin wurde er von Soldaten, die wie immer nach jungen Rekruten suchten, aufgehalten und gefragt, wie viele Brüder er habe. Juspin musste daraufhin eine Weile nachdenken und antwortete dann wahrheitsgemäß: fünfundvierzig. Er war das einzige Kind seiner Mutter, deren Verbindung zum Vater wohl nicht lange gehalten hatte. Man hatte ihn ihr weggenommen und der Hauptfrau des Patriarchen zum Erziehen gegeben, sodass seine Mutter ganz alleine geblieben war. Dennoch war die Verbindung nie abgerissen. Seine Mutter drängte sehr darauf, dass er endlich heiratete und Kinder bekam, dabei war er begabt und sprach gut Englisch, Kishuali und ein wenig Kinyarwanda. Mit einer Ausbildung hätte er es sicher weit bringen können, denn er hatte viel Biss. Anfänglich hielt er sich und seinen Bruder mit Putzjobs und Friseurdiensten über Wasser. Nach unserem Umzug stellten wir ihn als Ersatz für Willi ein. Er blieb ein loyaler, zuverlässiger und verlässlicher Mitarbeiter, zeigte Durchhaltevermögen bei den Behörden, die es ihm als Ausländer nicht gerade leicht machten, war stets adrett gekleidet und hatte immer Geld.

Nachdem er aus seiner schmutzigen, dunklen Unterkunft ausziehen musste, bot ich ihm an, in die Nachtwächterunterkunft unseres Hauses einzuziehen, die aus einem hellen Zimmer und einem Bad bestand. Ich bat ihn, während meiner Abwesenheit das sehr abgewohnte Büro zu streichen, und legte sorgfältig einen Stapel alter Zeitungen zum Abdecken der Möbel und des Bodens zurecht. Als ich nach einem Wochenende in den Bergen zurückkam, stank das ganze Haus inklusive meines Schlafzimmers durchdringend nach Benzin! Der Boden des Büros, mein Gepäck, der Schreibtisch, alles war mit einer dicken Schicht Farbe überzogen. Die Wände allerdings waren strahlend weiß. Die Zeitungen hatte Juspin sorgfältig aus dem Zimmer geräumt, damit sie nicht schmutzig wurden. Und ich hatte einfach nicht daran gedacht, dass manche Leute noch nie in ihrem Leben Wände gestrichen hatten und nicht wissen konnten, dass man den

Boden und die Möbel mit Zeitungen abdeckt, damit man später nicht so viel sauber machen muss. Für Juspin seinerseits war es klar wie dicke Tinte, dass man in frische Farbe Benzin einrührt, damit sie an der Wand haften bleibt. Wehmütig gedachte ich unserer Ökoshops und der formalin- und geruchsfreien Farbe mit dem aufgedruckten blauen Umweltengel, als ich in den nächsten Tagen hustend und mit Kopfschmerzen bei offenen Fenstern zu schlafen versuchte.

Später bat er mich um Farbe für sein Bad. Er wollte es ebenfalls streichen. Ich gab ihm das Geld dafür. Und als er sich danach noch einen Videorecorder zulegte, hatte er sicher die sauberste und komfortabelste Nachtwächterbleibe in ganz Kigali. Er hatte es verdient.

Nach dem Auszug der Mitarbeiter der Gorilla-Stiftung aus unserem Projekthaus klingelte über vier Monate lang nachts, auch an Wochenenden, immer wieder das Telefon. Wenn ich den Hörer abnahm, meldete sich niemand. Ich erzählte Gérard davon, und wir machten uns etwas Sorgen, dass jemand möglicherweise in das Haus einbrechen wollte und anrief, um herauszubekommen, ob wir da waren. Aber dann kamen die Anrufe auch, als wir an einem Wochenende in Ruhengeri waren. Es gab nur eine einzige Person, die wusste, dass wir dort waren, und die die Telefonnummer hatte: Doro.

Heiler und Erdbeben

Den letzten Kleinkram, der im Haus zurückgeblieben war, transportierten wir in unserem Toyota Buffalo. Obenauf kamen unsere beiden Hunde. Der eine hieß sinnigerweise Simba, «Löwe», obwohl er eher ein Angstbeißer war. Deshalb mussten wir ihm einen Maulkorb verpassen. Beim Stadtausgang hielt uns die Patrouille an, weil sie so etwas offenbar noch nie gesehen hatte. Sie fragten uns tatsächlich, weshalb wir den Hund maskiert hätten.

Simba war aber nicht nur ängstlich, sondern auch reisekrank, und so erbrach er sich bei hoher Geschwindigkeit in den Maulkorb. Ich beugte mich sofort vor, um den Verschluss zu öffnen, damit er nicht erstickte. Als ich wieder auf die Straße sah, konnte ich mich nur noch mit einem beherzten Schlenker retten, Sekunden bevor ich mit den Vorderrädern in der tiefen, betonierten Abflussrinne stecken geblieben wäre.

Die Serpentinenstraße in den Bergen blieb die größte Gefahr in Ruanda. Viele Autos, Busse und Lastwagen lagen ausgebrannt oder verschrottet an den Berghängen. Nachts war es hier nicht geheuer, und immer wieder stahlen uns die Straßenkinder die Wagenheber aus dem Auto.

Eines Tages, als wir mit einer Sondergenehmigung noch nach Einbruch der Dunkelheit durch die Straßensperre fuhren, begleitete uns ein Militärkonvoi bis zu einem bestimmten Punkt. Gérard und ich hatten Tim und unsere medizinische Notfallausrüstung für die Gorillas im Auto. Etwa dreißig Kilometer nachdem die Militärs uns aus ihrem Schutz entlassen hatten, kamen wir an eine Unfallstelle. Ein Auto hatte sich überschlagen und lag auf dem Dach auf den Felsen neben der Straße. Offenbar war das Unglück gerade geschehen; einige der Insassen hatten sich wohl durch das zerbrochene Fenster ins Freie retten können. Gérard und ich sahen uns entsetzt an und wollten sofort anhalten und helfen, denn wir waren die Letzten, die in dieser Nacht noch die Straße passieren würden. Und wir hatten Verbandsmaterial dabei. Tim war dagegen und wollte lieber weiterfahren, er fürchtete sich vor einem Überfall. Gérard und ich sprangen natürlich trotzdem aus dem Wagen. Einer Frau mit Kopfverletzungen und schwerem Schock konnten wir noch aus dem Wagen helfen. Dann kam aus der anderen Richtung ein Militär-Pick-up, der die Unfallopfer mitnahm, und wir setzten unseren Weg fort. Nach diesem Zwischenfall sah ich Tim mit anderen Augen. Ich wünsche ihm nur, dass er niemals in eine Situation kommt, in der er auf die Hilfe anderer angewiesen ist, und die einzigen Leute, die ihn retten können, lassen ihn im Straßengraben verbluten.

Das Haus in Ruhengeri hatte einen sehr schönen Garten und eine Garage, die wir mit den Spendengeldern einiger Zoos und viel Organisationstalent von Gérards Seite über mehrere Monate in ein Labor umbauen ließen.

Das Haus selber war ziemlich dunkel und hatte einen endlos langen Flur, an dessen Ende mein Schlafzimmer lag. Ich fühlte mich nie richtig wohl darin. Mittlerweile war Leon, die treue Seele, mit uns in die Berge gezogen, nachdem wir lange und hart darum verhandelt hatten, ob er seine Miete dort selber bezahlen sollte. Als er mit Tränen in den Augen sagte, er müsste aufhören, für mich zu arbeiten, wenn er doppelt Miete bezahlen müsste, ließen wir uns breitschlagen. Er war es wert.

Das übrige Personal in Ruhengeri war dagegen haarsträubend: Alkoholiker, Faule und Diebe. Einer unserer Mitarbeiter war zwar ganz reizend, aber leider taubstumm. Der vorherige Direktor musste eine Seele von Mensch gewesen sein und hatte Leute eingestellt, die andere aus gutem Grund nicht hatten nehmen wollen. Das Beste aber war, dass er für die fünf Leute extra einen Personalmanager eingestellt hatte, einen extrem dünnen Mann um die dreißig, der im Gegensatz zu den anderen etwas Englisch sprach. Er beanspruchte eines der beiden Fahrräder, die die Nachtwächter brauchten, um aus den Bergen zu uns zu kommen. Was er genau tat, konnte ich nicht herausfinden. Die Organisation des Personals übernahmen wir jedenfalls lieber selber, weil sonst nichts klappte.

Eines Nachts, als ich alleine im Haus schlief, wachte ich plötzlich irritiert auf. Dann wurde mir schlagartig klar, warum: Ich bebte, das Bett bebte, der Fußboden bebte, das Haus bebte. Alle Fenster waren vergittert, und ich hätte durch den endlos langen Flur rennen müssen, um nach draußen zu kommen. Ich beschloss, dass der Weg zu weit sei, und blieb lieber liegen. Die Vulkane in Ruanda sind bis heute nie ganz zur Ruhe gekommen, und immer wieder spuckt der eine oder andere Vulkan Feuer und auch Lava. Und manchmal gab es eben auch ein Erdbeben.

Außer uns und den beiden Hunden gab es noch eine Vielzahl kleinerer und größerer Mitbewohner. Sie liefen allabendlich raschelnd an der Hauswand hoch, durch den Kamin, in dem selten Feuer brannte, und dann ins Haus. Eines Nachts wachte ich wieder einmal auf, weil ich von den großen Krokodilen träumte, die ich im Akagerapark gesehen hatte. In Wirklichkeit saß eine Maus auf meinem Fuß.

Bald sah ich ihre Spuren überall. Sie fraßen sich durch meine Fleecedecke, durch die Plastikblister der Medikamente im Kleiderschrank, und schließlich verschonten sie auch die liebevoll aus Bananenblättern geklebten Bilder afrikanischer Landschaften in meinem Schrank nicht mehr, sodass auf einem Bild plötzlich nur noch eine halbe Giraffe unter einer Palme stand.

Als ich ein andermal alleine im Haus schlief, hörte ich nachts ein seltsames Knirschen. Es klang wie Schritte auf dem Kiesbeet neben dem Haus. Ich rannte durch den langen Flur, um den Nachtwächter zu alarmieren, der, wie ich wusste, hinter der Küche schlief. Ich rief: «Voleur, voleur! Dieb, Dieb!» Er schreckte aus dem Schlaf, griff zur Machete und lief damit bis zur ersten Hausecke, traute sich jedoch nicht, bis zu der Außenecke meines Zimmers zu gehen. Ich legte mich wieder ins Bett. Zwei Minuten später hörte ich dasselbe Geräusch wieder. Ich riss die Tür meines Einbauschrankes auf, und da hockte mein Dieb: Er war groß und grau mit Knopfaugen und einem verdammt langen Schwanz. Der Nachtwächter muss geglaubt haben, dass mich nachts Albträume plagten.

Als ich einmal alleine im Wohnzimmer saß, hörte ich das Knistern einer Plastiktüte in der Küche: Eine Ratte zerrte meinen fast ein Kilo schweren Käse in einer Plastiktüte über den Tisch. Unsere Fallen waren am Morgen regelmäßig leer gefressen, aber ohne Ratten. Der Koch klagte darüber, dass seine Wischlappen dauernd verschwanden, und der Herd funktionierte auch nicht mehr. Also rief ich den Klempner, der auch die ewig leckenden Klos und den defekten Boiler reparieren sollte. Als er den Herd auseinander geschraubt hatte, kam ein Rattenpärchen zum Vorschein. Unter den Gasflammen war zwischen den Drähten die ganze Glaswolle zusammen mit den verschwundenen Lappen meines Kochs feinsäuberlich zu einem Nest verarbeitet. Junge hatte das Pärchen zum Glück noch nicht.

Weihnachten feierten wir traditionell mit einem Weihnachtsessen mit dem gesamten Personal und den dazugehörigen Frauen. Als wir zum verabredeten Zeitpunkt an unserem Haus ankamen, saßen die Frauen der Mitarbeiter mit einigen ihrer Kinder bereits Spalier an der hinteren Hauswand. Die Familien waren arm und hatten zum Teil ihre

Häuser, all ihren Hausstand und wichtige Dokumente während des Krieges verloren. Alles war nun wertvoll geworden: Flaschen, T-Shirts, Fahrräder und Schuhe oder Klebeband. Offenbar hatten die Frauen gemeinsam beschlossen, dass sie zu diesem edlen Anlass nicht ohne Schuhe kommen konnten, und so hatten sie alle dieselben durchbrochenen gelben Plastiksandalen auf dem Markt erstanden. Und da saßen sie nun sehr schüchtern, aber farbenfroh in ihren besten Tüchern, die gelben Schuhe brav nebeneinander gestellt, und kicherten verlegen, als Gérard mich vorstellte. Das Festessen, das wir ausrichteten, wurde von unserem Personal in der Küche gekocht. Es bestand aus Unmengen von Fleisch in roter Soße und den typischen riesigen ruandischen Erbsen, die auch nach stundenlangem Kochen nicht weich werden. Nach dem Essen wollten wir ein großes Kleiderpaket, Kinderspielzeug, Uhren und Geldbörsen in einer Art Tombola verlosen. Die Familien durften sich je eine Nummer ziehen und sich dann der Reihe nach von einem Tisch jeweils ein Kleidungsstück oder einen Gegenstand aussuchen. Danach wurden die Nummern wieder eingesammelt, und eine erneute Ziehung fand statt. Alle waren sehr gespannt, denn jeder hatte sich gleich sein Lieblingsstück ausgesucht. Unser dürrer «Personalmanager» wählte eine Fußballuniform in greller Farbe, die er später häufig trug. Die Kleider hingen nur so an ihm herab, denn er war so dünn wie eine Vogelscheuche. Zum Schluss wurden noch einige steife Gruppenfotos angefertigt, und man trennte sich zufrieden und mit den besten Wünschen für das nächste Jahr.

Etwa zwei Wochen später, als wir wieder in die Berge fuhren, stellten wir kurz vor der Ankunft in Ruhengeri fest, dass wir unseren Hausschlüssel vergessen hatten. Wir beschlossen deshalb, den «Manager», der einen Zweitschlüssel besaß, zu

Hause aufzusuchen. Als wir zur ärmlichen Hütte kamen, in der er mit seiner Frau und den fünf kleinen Kindern wohnte, sagte man uns, dass er krank sei. Er erbrach sich ununterbrochen und hatte Atemprobleme. Die Hütte bestand aus drei winzigen Zimmern und einem zentralen Eingangsvorraum, in dem ein sehr schiefes kleines Regal hing. Neben dem einzigen schmutzigen Glas lag eine abgenutzte Zahnbürste. Draußen wurde unter einem kleinen Vordach auf einer qualmenden Feuerstelle gekocht. In den anderen beiden Zimmern gab es nur eine zusammengerollte Matratze und einige wenige Kleider, die an Nägeln hingen. Man bat uns in das «große» Zimmer, das fast vollständig von einer Doppelmatratze ausgefüllt war. Darauf lag unser Manager. Er rang mühsam nach Luft und war sehr blass. Wenn möglich, war er inzwischen noch dünner geworden. Entsetzt sahen Gérard und ich uns an, denn es war klar, dass wir hier einen schwer kranken Mann vor uns hatten. Trotzdem konnten wir uns keinen rechten Reim auf dieses Krankheitsbild machen. Wir wollten ihn sofort nach Ruhengeri ins Kreiskrankenhaus fahren und dafür die Kosten zu übernehmen. Aber er lehnte das ab. Obwohl es uns beiden bewusst war, welches Risiko er einging, mussten wir seine Entscheidung respektieren, denn würde er gegen seine Überzeugung ins Krankenhaus gebracht und dann sterben, würde man uns die Schuld geben. Am nächsten Tag erhielten wir die Nachricht, dass er nun doch bereit sei, sich ins Krankenhaus bringen zu lassen. Ich fuhr ihn abholen, und als er in kleinen schlurfenden Schritten auf unser Auto zukam, sah er aus wie ein Achtzigjähriger.

Es war Freitag, in Ruhengeris einzigem Krankenhaus, dem größten der Gegend, sagte man uns, vor Montag wäre kein Arzt abrufbar. Ich war entsetzt: Drei lange Tage, das kam schon fast einem Todesurteil gleich! Als wir unseren

Kranken nach seiner Krankengeschichte befragten, kam heraus, dass das Erbrechen von den Pflanzenmedikamenten herrührte, die er sich eine Woche zuvor von einem Heiler hatte verschreiben lassen. Im Krankenhaus hängte man ihn immerhin an den Tropf und legte ihn in ein Achtbettzimmer.

Da lag er nun auf der schmutzigen Matratze unter einem Laken, das er von zu Hause hatte mitbringen müssen. Ich versuchte, in Ruhengeris kleinen Lädchen Brühwürfel zu besorgen, denn das war das Einzige, worauf er noch Appetit hatte. Es gab aber keine, und so nahm ich Babybrei, in der Hoffnung, dass er seinen Magen beruhigen würde.

Neben den Betten standen Nachttische, auf deren oberstem Bord das Essen abgestellt wurde, das die Angehörigen jeden Tag mitbringen mussten. Auf dem untersten Regalbrett standen die Schüsseln für die diversen Ausscheidungen der Kranken. Gerüche und Fliegen gab es hier reichlich. Drei Tage später erhielten wir endlich Gelegenheit, mit dem behandelnden Arzt zu sprechen. Die Ursache seiner Krankheit war schnell klar: Unser Mitarbeiter hatte einen riesigen Tumor in der Lunge. Besorgt fragte ich, was wir an Medikamenten besorgen sollten, aber der Arzt sah mich nur lange und schweigend an. Als ich beim Gehen einen letzten Blick auf unseren Manager warf, konnte ich seinen Körper unter dem Laken nur erahnen. Er war so dünn geworden, dass er sich gar nicht abzeichnete.

Am nächsten Morgen um sechs Uhr klopfte es bei uns am Tor, und ich wusste sofort, was los war: Unser Manager hatte die Nacht nicht überlebt. Nun mussten wir in aller Eile einen Sarg besorgen. Wir fuhren also ins benachbarte Kloster, wo man uns nach kurzer Wartezeit für eine bescheidene Summe einen Sarg mit schlichtem Holzkreuz überließ. Den brachten wir dann in die Leichenhalle des Krankenhauses und verluden ihn mit dem Toten und einigen weinenden Angehörigen in unseren Buffalo. Irgendwie kam mir das Ganze völlig surreal vor: Vor nicht einmal einer Woche hatten wir ihn ins Krankenhaus gebracht, jetzt fuhren wir ihn bereits im Sarg zurück! Eine beträchtliche Menschenmenge hatte sich vor seinem Haus versammelt. Sowie wir die Autotüren öffneten, begann sie mit einem schaurigen Jammern, das durch Mark und Bein ging.

Einige Tage später wurde unser Manager mit einer schlichten Zeremonie in einem Kartoffelfeld begraben. Ich fand das Ganze etwas prosaisch, aber Platz ist knapp in Ruanda.

Noch Wochen später erzählten sich die Leute im Dorf, unser Mitarbeiter sei vergiftet worden. Die Vergiftungsangst in Ruanda ist so groß, dass in allen Restaurants die Getränke immer erst am Tisch geöffnet werden. In der Tat lernte ich kurze Zeit später eine deutsche Ärztin kennen, die mir erzählte, dass sie in Ruanda mehr Menschen an den traditionellen Medikamenten der Heiler hatte sterben als überleben sehen. Eine ihrer Patientinnen hatte über Kopfschmerzen geklagt. Der Heiler hatte ihr eine Pflanzendroge verschrieben und gesagt, wenn sie jemand vergiftet hätte, würde sie sterben, wenn nicht, würde sie überleben. Sie fiel ins Koma, und die Angehörigen brachten sie zu der Ärztin. Da die Patientin eindeutige Vergiftungserscheinungen zeigte, fragte die Ärztin den Heiler nach der Art der Pflanzen und der Dosierung, die er ihr verabreicht hatte. Er erwiderte: «Die übliche Mischung in der üblichen Dosierung.» Aber was genau er auf dem Markt gekauft hatte, wusste er nicht. Die Patientin starb später. Eine Blutanalyse ergab, dass sie eigentlich nur an einer Malaria gelitten hatte.

Wir schwiegen dazu, denn unser Mitarbeiter war HIV-positiv gewesen. Seine Frau und sein jüngstes Kind waren ebenfalls infiziert. In kürzester Zeit würden die vier Waisenkinder bei dem etwa sechzigjährigen Onkel bleiben müssen. In Ruanda ist ein großer Anteil der Bevölkerung mit HIV infiziert. Wie in vielen zentral- und ostafrikanischen Ländern heißt es auch hier, dass man Aids damit heilen könne, dass man mit einer Jungfrau Verkehr hat. Ein schrecklicher Aberglaube, der viele junge Mädchen das Leben kostet.

Der Premier

Etwa drei Monate nach meiner Einreise importierte Ruanda zweitausend friesische Kühe, und Gérard erzählte all seinen Freunden, dass ich Erfahrung mit ihnen hätte. Eines Tages auf dem Weg nach Ruhengeri, ich war mit einem großzügig ausgeschnittenen Sommerkleid und offenen Sandalen bekleidet, trafen wir einen Cousin von Gérard, der Großtierarzt war. Er bat mich, sofort mit zu einer dieser Kühe zu kommen. Wir besorgten Medikamente und fuhren durch idyllische Maisfelder, passierten Schlagbäume, die von Soldaten bewacht wurden, und schließlich erreichten wir eine offene Weide an einem Hang, an deren oberen Ende ein Unterstand zu sehen war. Mitten auf der Weide lag die Kuh, um sie herum drei Männer in einfacher Kleidung. Sie war hochtragend und hatte das so genannte Milchfieber, einen Kalziummangel, der dazu führt, dass die Tiere sich nicht mehr bewegen können. Weil das Tier schon seit einiger Zeit bewegungsunfähig lag, hatte sich hinter ihr bereits ein ansehnlicher Kuhfladen gebildet. Da half kein Zaudern, ich musste mich in meinem Aufzug flach hinter das Tier legen, um eine gynäkologische Untersuchung durchzuführen. Dabei bemühte ich mich, möglichst wenig mit den Kuhfladen in Berührung zu kommen. Das Becken der Kuh war nicht gebrochen, ich konnte feststellen, dass das Kalb lebte, aber es schien etwas merkwürdig zu liegen. Ich injizierte also der Kuh Kalzium, während einer meiner Kollegen für mich die Vene staute. Kurz nach der Injektion stand die Kuh sofort auf. Die drei Männer waren begeistert. Einer von ihnen, ein alter Herr mit einem Strohhut, hatte sich die ganze Zeit über sehr interessiert gezeigt und verständige Fragen gestellt, außerdem sprach er fließend Englisch, sehr ungewöhnlich in Ruanda. Nebenbei fragte ich ihn nach seinem Namen. Er fragte überrascht zurück: «Wie bitte?» – «Ja, wie ist denn Ihr werter Name?», wiederholte ich. Meine Begleiter begannen aufgeregt zu gestikulieren. Aber der alte Mann blieb freundlich: «Ich bin Pasteur Bizimungu, der frühere Premierminister des Landes, und dies sind meine Kühe.»

Langsam dämmerte es mir: die Schlagbäume, der unauffällige Soldat, der am Weidenrand stand. Bizimungus Konterfei hing in jedem Büro über der Tür, allerdings war er auf dem Bild vielleicht zwanzig Jahre jünger. Ich hatte mich ganz schön blamiert.

Die Kuh gebar zwei Tage später gesunde Zwillinge, und Bizimungu zeigte sich sehr zufrieden. Er schenkte Gérard ein Kalb und lud ihn zu einem Sektempfang ein. Ich bekam – nichts!

Lügen haben kurze Beine

Da ich ja bereits Erfahrung im Umgang mit wild lebenden Gorillas und in der nichtinvasiven Erforschung von Gorillaexkreten hatte, entwickelte ich direkt nach meiner Einreise ein Forschungsprojekt für unsere Gorilla-Stiftung. Man sagte mir, es solle innerhalb von zwei Wochen fertig sein, um beim Stiftungsboard genehmigt zu werden. Ich arbeitete deshalb Tag und Nacht daran. Tim zeigte sich beeindruckt. Um die bakteriologischen Analysen durchzuführen, brauchte ich jedoch eine Vielzahl von verschiedenen Reagenzien, Basisliteratur und einen Sterilisator. Tim wollte sich bei einer seiner ehemaligen Freundinnen, die inzwischen ein Veterinärlabor hatte, und bei Firmen in seinem Umfeld erkundigen, da ich selbst weitab vom Schuss saß. Ich versuchte meinerseits, Unterlagen in Afrika zu besorgen. Als sich nun die Reaktion aus den USA in die Länge zog, verwies mich Tim an einen angeblichen Fachmann aus Südafrika, den er flüchtig kennen gelernt hatte und dem er offenbar einen kostenlosen Gorillabesuch versprochen hatte. Als ich ihn jedoch anschrieb, zeigte er sich kaum interessiert, erst recht, nachdem ich vorgeschlagen hatte, dass ich aus Kostenersparnis- und Effektivitätsgründen in das Labor nach Südafrika kommen würde und nicht er zu den Gorillas.

Als ich Tim in den USA besucht hatte, war ich in seiner Begleitung zu einem Reagenzienhersteller gefahren. Außerdem hatte ich ihm eine Liste der nötigen Materialien geschickt. Als ich Tim das nächste Mal in Ruanda sah und ihn drängte, doch bitte an die Reagenzien zu denken, damit ich mit den Analysen beginnen könnte, erwiderte er, dass das wissenschaftliche Board seine Zusage noch nicht gegeben hätte. Unmittelbar danach fuhr ich zum internationalen Zoo- und Wildtierkongress nach Paris und traf dort den Vorsitzenden unseres wissenschaftlichen Rates. Als ich ihn vorsichtig auf die Sache ansprach, war er sehr erstaunt – Tim hatte mein Projekt auf der Jahressitzung gar nicht vorgestellt!

Da ich meine wertvolle Zeit bei den Gorillas auch wirklich nutzen wollte, nahm ich ein weiteres Projekt in Angriff. Die

Analyse der Gesundheitssituation und der Literatur zeigte, dass die größte Gefahr für die Berggorillas neben der Bedrohung ihres Lebensraums das Einschleppen von Krankheiten durch Kontaktpersonen war. Besonders gefährlich in dieser Hinsicht ist das Parkpersonal, das selbst kaum Zugang zu einer ausreichenden Gesundheitsversorgung hat. In einem Land wie Ruanda, in dem es eine solch hohe Zahl von HIV-Infizierten gibt, sind auch alle Nachfolgeinfektionen wie Tuberkulose, Amöbenbefall und die Ansteckung durch andere Parasiten häufig. Sie alle haben das Potenzial, Menschenaffen anzustecken, und können tödlich enden. Zum anderen sind die Touristen ein Risikofaktor für die Affen. Über zehn Prozent der Berggorillas werden inzwischen von Touristen besucht. Die Tiere werden also mit Personen konfrontiert, die Träger von Bakterien, Viren und Parasiten aus aller Welt sind. Bisher gibt es keinerlei Impfauflagen für die Besucher der Berggorillas, sondern nur ein Besuchsverbot für Kinder und das Gebot, einen Abstand von mindestens 7,5 Metern zu den Gorillas zu halten. Beides wird aber immer wieder von eifrigen Besuchern und korruptem Landespersonal, das anderen einen Gefallen tun möchte, missachtet. So erlaubte sich zum Beispiel ein hoher rheinland-pfälzischer Ministerialbeamter, seine unter fünfzehn Jahre alten Kinder mit zu den Gorillas zu nehmen, und das vor laufenden Kameras. Das gesamte heimische Parkpersonal war zu Recht wochenlang erbost.

Eines Tages teilte Tim uns mit, dass er für drei Monate jemanden zu uns ins Gästezimmer einquartieren würde. Sein Gast hatte ihm offenbar geholfen, besaß aber keinen medizinischen Hintergrund. Gérard und ich waren sehr zornig, die Wohnung stellte schließlich einen Teil der Bezahlung dar und war meine einzige Privatsphäre. Darüber hinaus hatten wir für denselben Zeitraum Gäste eingeladen, die uns mit

Hilfe oder Sachspenden unterstützt hatten. Gérard war wütend, aber den Brief, in dem wir uns beschwerten, schrieb dann ich.

Un- und Ausfälle

Meistens war Gérard fröhlich und charmant, manchmal jedoch auch schwermütig und verletzlich. Und immer trank er viel.

Er hatte offenbar eine starke Beziehung zu seinem sehr einflussreichen Vater gehabt, der einige Jahre zuvor an Nierenversagen gestorben war, nachdem Gérard sich mit ihm auf eine lange Odyssee durch die kongolesischen Krankenhäuser begeben hatte. Er sprach viel über ihn, der ihm eine gesicherte, sorglose Kindheit und Jugend ermöglicht hatte, und sagte immer wieder, dass er die schönsten Stunden seinen Lebens mit ihm verbracht hätte. Dann war Gérard einige Jahre mit einer schwarzen amerikanischen Kollegin verheiratet gewesen. Der Krieg, durch den sie hatte evakuiert werden müssen, hätte sie auseinander gebracht, sagte er. Die Ehe war kinderlos geblieben, was mich erstaunte, weil Gérard ein Kindernarr war und sich auch eigene Kinder gewünscht hatte. Seine letzte Freundin hatte es kategorisch abgelehnt, mit ihm Kinder zu haben. Er hatte jedoch einen achtzehnjährigen Sohn, der aus einer Kurzzeitbeziehung entstanden war.

Gleich in der dritten Woche unserer Bekanntschaft kam Gérard an einem Sonntagmorgen aufgeregt mit dem Taxi zu mir gefahren und sagte, er könne sich nicht mehr erinnern, wo er in der Nacht das Auto abgestellt habe. Zum Glück fand es sich wieder, nachdem wir einige Bars abgeklappert hatten. Zwei Monate später rief mich der Kollege eines Nachbarprojekts an und sagte mir, dass unser Dienstwagen mit offenem Fenster vor der örtlichen Disco stünde. Im Auto lag noch die Börse von Gérards Mutter, die einigen Modeschmuck enthielt. An einem anderen Abend trank er mit den örtlichen Militärs in Ruhengeri, kam aber nicht mehr nach Hause. Sowie der Morgen graute, ging ich zu Fuß durch das Dorf und suchte ihn, aber seit dem Gelage hatte ihn niemand mehr gesehen. Ich war sehr besorgt, denn Ruhengeris Umgebung war bei Nacht nicht sicher, und mit den Militärs, zumal wenn sie getrunken hatten, war nicht zu spaßen. Als ich gerade seinen Cousin aufsuchen wollte, um ihn um Rat zu fragen, kam mir Gérard mit dem Auto entgegen. Darin lag ein leerer Flachmann, der nach Whisky stank. Gérard war blass und seine Haut eiskalt, die Windschutzscheibe des Autos war gesprungen, eine Fahrzeugseite völlig verkratzt. Offenbar hatte Gérard im volltrunkenen Zustand aus Albernheit versucht, durch eine Straßensperre zu brechen. Die Militärs hatten ihn natürlich angehalten und die Gelegenheit beim Schopf gepackt, ihn zu zwingen, sie in die Kaserne zu bringen, die am Fuße der Berge im unsicheren Gebiet lag. Alle waren total blau, das Fahrzeug völlig überladen, und als die Insassen aus Übermut zu schaukeln begannen, kippte es schließlich vom schmalen Pfad in den Graben. Die Militärs hatten es nicht mehr weit und ließen Gérard allein. Also musste er bis zum nächsten Morgen in der eiskalten Nacht ausharren, um das Auto nicht unbeaufsichtigt zu lassen. Von dort aus ging er am nächsten Morgen zu Fuß zu unseren Angestellten, die in der Nähe wohnten und ihm halfen, den Wagen aus dem Graben zu wuchten.

Manchmal kam Gérard morgens zum Dienst, legte sich ins Gästezimmer und schlief erst einmal bis zum Nachmittag. Immer wieder sprach ich seinen massiven Alkoholkonsum an, aber er hielt seine Sucht wie die meisten Abhängigen für das Problem der Umwelt, die einfach nicht tolerant genug sei. Er betonte immer wieder, alles im Griff zu haben und jederzeit mit dem Trinken aufhören zu können. Naiv, wie ich war, dachte ich, mit viel Liebe und gutem Zureden würde sich das mit der Zeit schon bessern.

Weihnachten feierten wir zusammen im Kreis seiner Familie. Silvester verbrachte Gérard allein, weil dieses Datum gleichzeitig der Todestag seines Vaters war. Also feierte ich mit seinen beiden Nichten, die mir inzwischen sehr ans Herz gewachsen waren, eine große Party.

Dann jedoch erwischte ich Gérard eines Tages bei einer Lüge. Er sagte, er habe überraschend Besuch bekommen und könne nicht kommen. Ich fuhr daraufhin zu seinem Haus und stellte fest, dass er gar nicht da war.

An einem anderen Morgen klagte er über starke Schmerzen in den Rippen. Er erzählte, dass er bei einer Verkehrskontrolle von einem Soldaten geschlagen und in die Rippen getreten worden sei und dass man ihm sein Mobiltelefon weggenommen hätte. Ich war entsetzt über diese Willkür. Gérard ging am nächsten Tag zum Kommandanten der Einheit, um sich zu beschweren. Dort gab man ihm das Telefon wieder, die Antenne hatte man allerdings abgebrochen. Kurze Zeit später erwähnte Sally dieselbe Geschichte mir gegenüber, erzählte sie aber vollkommen anders. Nach der Version, die sie von Gérard gehört hatte, hatte er sein Telefon verloren. Anhand der gespeicherten Telefonnummer hatte man ihn identifizieren können und ihm das Telefon zurückgegeben. Es war traurig, erkennen zu müssen, dass er mich und seine Familie ohne Not belog.

Eines Abends, als wir die Kneipe verlassen wollten, war Gérard schon so betrunken, dass ich mich anbot, ihn nach Hause zu fahren. Er sagte, er wolle nur noch schnell seinen Dienstwagen auf dem Hof parken, aber statt zu parken, fuhr er einfach davon. Ich folgte ihm erschrocken in meinem Dienstwagen. Er fuhr Schlangenlinien, aber weil es mitten in der Nacht war, kam uns kein Wagen entgegen. Als wir uns dem Präsidentschaftsgebäude näherten, fuhr er plötzlich direkt in die Einfahrt hinein. Das Tor war schwer bewacht, aber er bestand darauf, eingelassen zu werden, und weigerte sich, den Rückwärtsgang einzulegen. Der Dienst habende Militär begann schon ärgerlich zu werden und fuchtelte mit der Maschinenpistole. In fieberhafter Eile sprang ich aus meinem Auto, rannte zu dem Mann und erklärte ihm, dass Gérard besoffen sei und dass ich sein Auto sofort wenden würde. Erstaunt schaute er mich an: «Ach so», erwiderte er, «und ich dachte schon, der ist verrückt!»

Die Wochenendunternehmungen mit Gérard wurden langsam zur Qual. Das Beisammensein mit den Freunden verliefen immer nach dem gleichen Muster: Erst amüsierten wir uns alle gut. Wenn er leicht angetrunken war, begann Gérard zu sticheln, im fortgeschrittenen Stadium wurde er überaus zärtlich, und dann, im allerletzten Stadium, wenn er nur noch dummes Zeug lallte, war er aggressiv. Oft weigerte ich mich, mich von ihm fahren zu lassen, und wenn er die Autoschlüssel hatte, ging ich manchmal zu Fuß durch das dunkle Ruhengeri – keine ungefährliche Sache. Am Tag nach einem Besäufnis war er meist schweigsam und schlief viel, den übernächsten Tag jedoch war er stets ziemlich unleidlich und schwierig während der Arbeit. Während der gesamten Zeit mit mir verlor Gérard insgesamt sechs Mobiltelefone. Mehrfach begab ich mich zu konspirativen Treffen mit den Findern, einmal bekamen wir es auch tatsächlich zurück. Irgendwann lieh ich ihm dann mein eigenes Mobiltelefon, aber er verlor auch dieses. Es dauerte ein Vierteljahr, bis er es ersetzen konnte, denn es war natürlich nicht billig.

Schließlich begann ich, diese Trinkgelage zu meiden und

zu Hause zu bleiben. Eines Abends jedoch waren wir mit einem sehr netten ruandischen Diplomaten unterwegs, der in der Nachbarschaft wohnte, in Deutschland arbeitete und eine deutsche Frau hatte. Gérard trank an diesem Abend so viel, dass er nicht mehr laufen konnte. Der Diplomat und ich schleppten ihn daher untergehakt zum Auto. Als ich ihm den Autoschlüssel entrang, schlug er mich plötzlich so heftig, dass ich zu Boden ging. Ich war entsetzt und den Tränen nah, riss mich aber zusammen. Gérard weigerte sich, den Schlüssel herauszurücken, und wollte unbedingt selbst fahren. Ich bestand darauf, dass der Diplomat fahren sollte, und sah mich schon allein am dunklen Straßenrand zurückbleiben. Schließlich konnten wir ihn doch davon überzeugen, dem Freund den Schlüssel zu überlassen. Aber dann stellte Gérard fest, dass er sein Mobiltelefon vermisste, und er beschuldigte mich, es genommen zu haben. Wir versuchten, es im Dunkeln zu finden, aber ohne Erfolg. Als ich den Diplomaten zu Hause absetzte, fand ich das Mobiltelefon auf dem Trittbrett des Autos wieder. Es war viele Kilometer mitgefahren und dabei nicht heruntergefallen!

Am nächsten Morgen ging ich zu seiner Familie. Gérard schlief noch seinen Rausch aus. Ich zeigte meine blauen Flecken und erzählte die Geschichte. So konnte es nicht weitergehen. In den meisten afrikanischen Staaten haben die älteren Männer in der Familie den größten Einfluss. Ich bat die Familie daher inständig, Gérards älteren Cousin zu informieren, den Gérard und ich beide sehr schätzten. Am selben Abend noch kamen Gérards Schwester, seine Nichte Sally und sein Cousin und entschuldigten sich bei mir. Seine Schwester weinte und sagte, dass sie schon alles versucht hätten, inklusive Hausarrest, um ihn vom Trinken abzuhalten. Keiner konnte sich die Ursache für sein Verhalten erklären, aber der Cousin versprach zu helfen.

Am Nachmittag des nächsten Tages kam Gérard dann zerknirscht zu mir. Er entschuldigte sich überschwänglich, versprach mir hoch und heilig, dass sich so etwas niemals wiederholen werde, und bat mich auf Knien, bei ihm zu bleiben.

Am nächsten Morgen suchte ich die belgische Botschaftsärztin auf und fragte sie, welche Möglichkeiten es in Ruanda gebe, um einem Alkoholkranken zu helfen. Die Anonymen Alkoholiker gab es hier nicht. Sie sagte, die einzige Möglichkeit bestehe darin, die Person zum Entzug außerhalb des Landes zu überreden. Selbst die Kongolesen im Nachbarland, die gewiss keine Kinder von Traurigkeit waren, sagten, die Ruander tränken maßlos. Sie riet mir dringend, umgehend meine Vorgesetzten zu informieren, denn wenn ich es nicht täte, könnte man mich im Nachhinein für die weiteren Folgen von Gérards Alkoholmissbrauch haftbar machen.

Ich griff also schweren Herzens zum Telefon, rief Tim an und fragte ihn vorsichtig, ob es da Dinge in Bezug auf meinen Kollegen gäbe, die man mir verschwiegen hätte. Aber er stritt das ab. Ich begann also vorsichtig, die Situation zu umreißen, ohne irgendetwas über Gérards Angriff auf mich zu verraten, denn ich wollte ja nicht, dass er seinen Job verlor. Tim gab dann zu, dass schon mein Vorgänger davon berichtet hatte, dass Gérard manchmal zur Arbeit kam und dann aber den ganzen Tag schlief. Er versprach mir, sich zu erkundigen, ob das Projekt ihm einen Entzug in Amerika ermöglichen würde. Tims abschließender Kommentar zur Gesamtsituation lautete: «Du bist stark, du hältst das schon aus!»

Es folgte eine Phase, in der ich jeden Morgen halb leere Whiskyflaschen in den Ausguss kippte. Wenn wir zu den Gorillas gerufen wurden, hatte Gérard solche Mühe, den Berg zu erklimmen, dass er stundenlang Theorien spann, dass man doch versuchen müsse, sich Zeit zu nehmen, um sich dann oben bei den Tieren auf das Geschehen konzentrieren zu können. Statt einfach die Zähne zusammenzubeißen und seinen desolaten Zustand zu vertuschen! Ich musste manchmal grinsen über dieses Machotum, denn natürlich wusste jeder genau Bescheid.

Es war mittlerweile zur Gewohnheit geworden, dass ich allein ins Feld ging. Anfangs hatte ich gedacht, Gérard und ich teilten die Passion für die Gorillas und den Regenwald. Aber Gérard fand inzwischen, er habe sie oft genug gesehen, und kam nur mit, wenn seine Vorgesetzten oder Journalisten dabei waren. Für mich waren die Trips ins Gelände immer wieder Abenteuer. Manchmal kam man in Regengüsse, es war matschig und steil, und wenn man nass wurde, fror man sofort. Trotzdem liebte ich meinen Job. Immer wieder sah ich Verletzungen bei den Tieren, von denen uns nichts berichtet worden war, und Verhaltensweisen, die ich von den östlichen Flachlandgorillas nicht kannte.

Zwischenmenschliches

Als Tim das nächste Mal mit der Projektgründerin Rita zu Besuch kam und wir mit mehreren Autos und Gästen nach Ruhengeri fahren wollten, war Gérard ganz besonders jovial. Er riss ständig sonderbare Witze, giggelte vor sich hin und erzählte der mitreisenden Frau eines Ministers Blödsinn. Erst nach einiger Zeit wurde mir klar, dass er immer noch angeschickert war von der vorhergehenden Nacht. In Ruhengeri hatte dann jeder von uns unterschiedliche Dinge zu tun, und so trennten sich unsere Wege. Am Abend wollten wir jedoch gemeinsam von unserem Wohnhaus zur

Kneipe des Dorfes fahren, um dort ein Arbeitsgespräch zu führen. Alle waren da, nur Gérard mit dem Auto nicht, und so mussten wir alle fünf, inklusive der über siebzigjährigen Rita, zu Fuß gehen, um unseren Gesprächspartner nicht länger warten zu lassen. Gérard tauchte erst fünf Stunden später mit dem Auto auf. Er war bei einer Party gewesen, und man hatte währenddessen alle Schlösser des Autos aufgebrochen. Ich war gar nicht so unglücklich über den Vorfall, weil Tim auf diese Weise hautnah mitbekam, wie es mit Gérard wirklich war.

Am folgenden Abend hatte Gérard Tim und mich nach einem langen Tag in den Bergen in unserem Domizil in der Hauptstadt abgesetzt und versehentlich den Bürocomputer mitgenommen. Da Tim und ich den Computer jedoch abends noch brauchten, aber kein Auto hatten, beschlossen wir, Juspin zu Gérards Haus zu schicken, um das Gerät zu holen. Etwa zwanzig Minuten später kam Gérard mit Juspin und dem Laptop in das Haus gestürmt und schrie Tim, der entspannt auf dem Boden lag, wutentbrannt so lange an, bis dieser zurückbrüllte. Die Auseinandersetzung endete damit, dass die Herren mit einem gegenseitigen: «Scheiß auf dich!» auseinander liefen. Hinterher starrten Tim und ich uns sprach- und ratlos an. Es musste einer der für Gérard typischen Kater-Wutanfälle gewesen sein. Tim sagte lakonisch zu mir: «Ich würde für so ein Verhalten gefeuert werden.» Und ich antwortete: «Ich auch!»

Als Tim wieder in die USA fuhr, sagte er noch einmal zu mir: «Du bist stark, du hältst das schon aus.» Bei diesem Satz stellen sich mir bis heute alle Haare auf. Eigentlich will man damit doch nur sagen: «Lass mich mit diesem Problem in Ruhe und löse es allein.»

Ein andermal kamen wir mit unseren ganzen VIPs aus Amerika in Ruhengeri an und fanden unsere Haustür von innen verschlossen. Nach längerem Klopfen öffnete uns ein wildfremder Mann. Ich fand das Besorgnis erregend, denn alle unsere Räume standen offen, meine privaten Dinge und auch sämtliche Dokumente des Büros waren frei zugänglich. Der fremde Herr murmelte etwas davon, dass François ihm erlaubt habe, in seinem Zimmer zu schlafen. Das war nun sehr unangenehm, denn Rita, die dabei war, wusste noch nicht einmal etwas von François' Anwesenheit in dem Haus und hätte uns deshalb Schwierigkeiten bereiten können.

Beim nächsten gemeinsamen Treffen in der Runde der Gorillamitarbeiter sprach ich François auf diesen fremden Bewohner an. Der schrie mich daraufhin vor versammelter Runde an. Ich war völlig perplex! François schrie, ich hätte mich damit abzufinden, dass in Afrika jederzeit jeder in jedem Haus wohnen dürfe, und im Übrigen sei er derjenige gewesen, der in unserem Namen den Vertrag für das Haus abgeschlossen hätte. Fragend sah ich Gérard an, der kleinlaut nickte. Wie oft hatte er sich von unseren Vorgesetzten für seine ausgezeichnete Wahl und die günstige Miete loben lassen, und jetzt kam heraus, dass das gar nicht sein Verdienst gewesen war! Francois redete sich in Rage und schrie auch gleich noch Gérard an, dass er «seinen Mozungu», also mich, unter Kontrolle zu halten hätte. Jetzt mischte sich auch Doro ein, die wie immer keine Gelegenheit ausließ, um gegen mich zu hetzen: «Ja, uns hat sie auch aus dem Haus vertrieben», sagte sie giftig. Zum Glück erteilte François auch ihr eine scharfe Abfuhr, sie solle nicht ihre privaten Angelegenheiten mit anderer Leute Angelegenheiten vermischen.

Ganz ohne Absicht hatte ich mir also mit François einen Feind gemacht. Er wurde am Ende meines Aufenthaltes in Ruanda nach Kenia versetzt. Hier war er zum ersten Mal direkt mit einer anderen Kultur konfrontiert. Obwohl er fließend die Landessprache sprach und Kenia ja immerhin ein Nachbarland war, hatten er und seine Familie große Anpassungsschwierigkeiten. Als er mich das nächste Mal kurz vor meiner Ausreise traf, sprach er mich sehr herzlich an und sagte entschuldigend, dass er mich nun viel besser verstehen könne. So schnell kann sich eine Perspektive durch etwas Lebenserfahrung verändern.

Journalisten

Eine Vielzahl von renommierten Filmteams aus Italien, Frankreich, Deutschland und den USA und eine Unzahl von Journalisten tauchten immer wieder bei uns auf, wollten Interviews, Führungen, freien Parkeintritt und Filme drehen.

Sie wollten alles umsonst, dafür aber zu den unmöglichsten Tageszeiten. Doch sie selbst unterstützten die Stiftung nie! Sogar wenn sie versprachen, die Spendenkontonummer einzublenden, «vergaßen» sie es. Aber am meisten störte mich, dass sie mit vorgefertigten Ideen kamen, wie der Inhalt und Aufbau ihrer Filme zu sein hatte. Wie die politische, soziale und ökologische Realität aussah, interessierte keinen. Niemals sah man seine Fotos wieder oder erhielt Belegexemplare. Und sie stellten uns die immer gleichen klischeehaften, intimen und völlig unwichtigen Fragen zum Privatleben, wie etwa: «Wie hält man es hier als Frau alleine aus?», oder: «Wie stehen Sie zu Dian Fossey?», anstatt zu fragen: «Was tun Sie hier, welches Wissen haben Sie über die Gorillas erworben, welche übergreifenden Probleme des Gorillaschutzes sehen Sie?»

Wenn Filmteams kamen, bedeutete das, dass mindestens eine Szene gedreht wurde, in der man den Fährtensuchern hinterherlief, die mit der Machete eine Bresche durch den Wald schlugen, eine Einstellung, in der man irgendwelche Gorillateile unter dem Mikroskop untersuchte (was man in Wirklichkeit niemals tat), und zu guter Letzt kam immer die Szene, in der man am Abend heimkam und mit den Hunden spielte, was wir im Alltag aus Zeitmangel auch nie taten. Immer und immer wieder wies ich die Journalisten darauf hin, dass die östlichen Flachlandgorillas durch den anhaltenden Bürgerkrieg und das fehlende Nahrungstabu für Menschenaffen massiv bedroht waren. In weniger als drei Jahren hatte man die Hälfte meiner Studienpopulation dort getötet! Doch die Journalisten interessierten sich nur für die Berggorillas, die man dem Publikum offenbar besser verkaufen konnte. Erst heute, vier Jahre später, gibt es erste Berichte von einigen Journalisten, mit denen ich gesprochen habe.

Eines Abends saß ich mit einem deutschen Kameramann auf der Hotelterrasse, als ich aus der Richtung unseres Hauses, das am Ende der gegenüberliegenden Straße lag, mehrere Schüsse und Schreie hörte. Ich war sehr beunruhigt. Am nächsten Tag erfuhr ich, dass das Militär auf dem Grundstück hinter uns drei verdächtig aussehende Leute beobachtet hatte. Man hielt sie für Anhänger der Interahamwe und schoss sie nieder. Am nächsten Tag entschuldigte man sich bei den Witwen. Es war schlicht ein Irrtum gewesen!

Derselbe Kameramann, der gerade einen Film über Doros Gorillaprojekt drehte, erzählte mir, sie hätte gesagt, sie könne mich nicht leiden. Ich fand das erstaunlich unprofessionell, und es verschlug mir die Sprache, denn Diskretion in persönlichen Dingen ist in diesem Geschäft das oberste Gebot. Einige Monate später erzählte mir ein ruandischer Freund, dass Doro öffentlich in einem Restaurant verkündet hätte, ich sei der Mensch auf der Welt, den sie am meisten hasste. Ich war völlig überrascht über die Intensität ihrer Gefühle, denn ich selbst fand sie zwar manipulativ und etwas sonderbar, aber im Grunde genommen war sie mir gleichgültig.

Doro hatte denselben Leuten natürlich auch erzählt, dass ich keine Ahnung von meinem Metier hätte und Gérard der einzig wahre Tierarzt sei, den es zu filmen gelte. So ergab es sich, dass Gérard, der in Ruhengeri geblieben war, weil er so getrunken hatte, dass er in Uganda die Berge nicht hochklettern konnte, Teil dieses Dokumentarfilms wurde, während ich in Uganda die Gorillas medizinisch behandelte – was mir letztlich auch viel lieber war.

Unglücklicherweise hatte es in jener Nacht heftige Auseinandersetzungen zwischen zwei Gorillagruppen gegeben. Das bedeutete, dass die Gruppe, die wir den Journalisten als einfach zugänglich empfohlen hatten, sich in der Nacht eilig von ihrem Standort fortbewegt hatte. Wir liefen etwa zwei Stunden bergauf, der Tontechniker, der etwas unsportlich war, wurde immer langsamer und begann zu jammern. Wir schlugen ihm vor, ihn unter militärischer Begleitung zurückzuschicken, denn bei Anbruch der Dunkelheit mussten wir den Park verlassen haben, und er hielt die ganze Gruppe auf. Aber er bestand darauf, die Gorillas zu sehen. Nach einer weiteren Stunde, als wir uns bereits in etwa viertausend Meter Höhe befanden, klagte er so sehr und wurde so langsam, dass ich beschloss, mit den anderen voranzugehen und ihn mit einem zuverlässigen Parkwächter zurückzulassen. Nach dem wir eine weitere halbe Stunde zügig vorangekommen waren, erreichte uns der Parkwächter mit hängender Zunge und sagte, der Tontechniker sei durstig und benötige dringend Wasser. Also schickten wir den armen Mann mit einer Thermosflasche zurück. Die Gorillas hatten den Bergkamm inzwischen überschritten und lagerten nun im märchenhaften Höhenregenwald mit seinen tief hängenden Tillandsien. Das Team konnte wunderbare Aufnahmen machen. Der Kameramann musste den Ton allerdings selbst bedienen, denn sein Techniker erschien erst eineinhalb Stunden später. Als alle zufrieden waren, machten wir uns eilig an den Abstieg, um den Park noch vor der Dunkelheit verlassen zu können. Nur der Tontechniker benahm sich wie ein ungezogenes Kind. In einem fort rief er, es müsse doch mal eine Ende haben mit dem Klettern. Schließlich platzte dem Parkpersonal, das wirklich sehr viel Geduld mit Touristen hatte, der Kragen. Sie drohten, sie würden ihn jetzt hinuntertragen und ihm diesen Service ordentlich berechnen, denn das Schneckentempo gefährdete uns alle. Und tatsächlich erreichte uns die Dunkelheit, ehe wir an den Parkrand kamen.

Wir stolperten also die dunklen Wege entlang, ich schwang mich in mein Auto und kam nach dem längsten Wandertag meines Lebens todmüde zu Hause an. Hier hatte sich schon unser Personal vollzählig versammelt. Während ich in den Bergen und Gérard in den USA auf Reisen war, hatten die Militärs unser altes Labor am Fuße der Berge eingenommen. Es wurde gerade renoviert, hatte aber noch keine Türen und Fenster, und so konnten sie eindringen und unser Wachpersonal bedrohen und verscheuchen.

Mir fiel nur eine einzige Lösung ein: Die Soldaten vermieden es immer, auf Fotos abgebildet zu werden, und warfen sich sofort in die Büsche, sobald man eine Kamera hervorzog. Ich bat also das Filmteam, das ohnehin unser altes Labor filmen wollte, mich am nächsten Morgen an Ort und Stelle zu treffen. Nach einer Nacht, in der ich wieder Energie sammelte, machte ich mich zum verabredeten Zeitpunkt zu unserem

Grundstück am Fuß der Berge auf. Und tatsächlich: Im Haus befanden sich eine Haubitze, jede Menge Granaten und Maschinengewehre, während der Kommandant mit seiner Matratze daneben logierte. In unserem Garten kampierten überall Soldaten auf dem Rasen, die Blumenbeete waren niedergetreten und voller Müll. Ich war sehr wütend. Energischen Schrittes und mit scharfem Ton fragte ich mich zum Vorgesetzten durch, während das Filmteam gemütlich seine Kameras auspackte. Der Kommandant staunte nicht schlecht, als ich ihn bat, unser Haus und Grundstück sofort zu räumen, da wir in den nächsten zehn Minuten mit Filmaufnahmen beginnen wollten. Er entschuldigte sich sofort und sagte, sie hätten das Haus für unbewohnt gehalten. Ich bat ihn, auch in Zukunft unser Eigentum zu respektieren und unsere Angestellten unbelästigt zu lassen. Um weiteren «Missverständnissen» vorzubeugen, hängte ich Schilder in verschiedenen Sprachen am Haus und Grundstücksrand auf. Nach einer Viertelstunde war der Spuk vorbei. Das Filmteam machte seine Aufnahmen, und ich hatte unser Grundstück wieder. So einfach kann eine schmale Blondine allerdings nur in Ruanda einen Haufen schwerstbewaffneter Soldaten vertreiben. Das Militär hat hier in Friedenszeiten den besten Ruf in ganz Afrika, was Disziplin und Korrektheit gegenüber der Zivilbevölkerung angeht.

Ein anderes Mal brachte mich unser taubstummer Mitarbeiter beinahe in gewaltige Schwierigkeiten. Unser Personal und auch wir kommunizierten mit ihm mit spontan erdachten Gesten. Seine Kollegen hatten über die Jahre eine erstaunliche Fähigkeit entwickelt, ihn zu verstehen. Eines Tages, als ich an unserem Haus vorbeifuhr, zeigte er mir einen gefällten Baum am Rande Grundstücks und machte mir aufgeregt gestikulierend klar, dass die Soldaten aus der Baracke hinter unserem Haus den Baum gefällt und das Holz mitgenommen hätten. Ich war sehr verärgert, weil ich den Verdacht hatte, dass sie seine Behinderung und damit Wehrlosigkeit ausgenutzt hatten, um sich auf unserem Grundstück zu bedienen. Und jeder, der einmal in Ruanda gewesen ist, weiß, welchen Wert jeder einzelne Baum hier hat. Ich stapfte also entschlossen zur Baracke und verlangte den Vorgesetzten zu sprechen. Diesmal war jedoch niemand da, der Englisch sprach. Deshalb schimpfte ich ein wenig auf Deutsch vor mich hin, ehe ich die ratlos um mich herumstehenden Männer stehen ließ.

Als ich zu meinem Auto zurückging, traf ich zufällig einen hochrangigen Soldaten der Einheit, den ich abends mal in der Kneipe kennen gelernt hatte. Er befragte zunächst meinen taubstummen Mitarbeiter, der ihm daraufhin mit Gesten zeigte, dass die Soldaten nur Blumen gepflückt hatten, und das auf dem Nachbargrundstück. Mir war das Ganze sehr peinlich, ich entschuldigte mich und nahm den Soldaten zum Dank für seine Vermittlerdienste im Auto mit. Von da an war ich besonders aufmerksam, wenn ich mit unserem taubstummen jungen Mann kommunizierte.

Kurze Zeit später rückte er jedoch aus einem ganz anderen Grund wieder in den Mittelpunkt der Aufmerksamkeit. Er hatte beschlossen zu heiraten, ein recht hübsches Mädchen aus seinem Dorf, deren Familie sich für den entsprechenden Brautpreis offenbar mit seiner Behinderung arrangiert hatte. Ein Vierteljahr lang ging alles gut mit den beiden. Der junge Mann war sehr stolz, und die Braut schien zufrieden zu sein und «verstand» sich mit ihrem Ehemann recht gut. Aber dann gab es die ersten Schwierigkeiten. Er behauptete, sie verlange zu viel Geld für die Haushaltsführung. Weil sie sich nicht einigen konnten, wollte er sie zu ihren Eltern zurückschicken. Sie war jedoch mit dieser Lösung überhaupt nicht einverstanden. Sie verabredete sich mit dreien ihrer

Freundinnen, sie lauerten ihm auf, stülpten ihm einen Sack über den Kopf und verdroschen ihn – so lautete zumindest seine Version der Geschehnisse. Die vier Damen wurden daraufhin festgenommen, die Freundinnen sogleich auf freien Fuß gesetzt, aber die Ehefrau musste im Gefängnis bleiben, bis ihre Eltern sie für eine ordentliche Geldsumme auslösten. Er tat mir sehr Leid, weil er damit zum Gespött der Gemeinde wurde. Ich war aber auch erstaunt über das Ausmaß an Initiative und Gewaltbereitschaft unter den Frauen und hatte so meine Zweifel, ob hinter dem ganzen Streit nicht mehr steckte als nur Geld.

Tote Gorillas

Leider gab es während der Zeit meines Aufenthaltes auch einige tote Gorillas, die wir sezieren mussten. Der erste war ein Jungtier aus einer von Dian Fosseys alten Forschungsgruppen. Er starb von einem Tag auf den anderen. Die jungen Forschungsassistentinnen brachten ihn uns noch in derselben Nacht, und beim Schein einer Klemmlampe machte ich mich an das mühselige Werk. Auf Wunsch der jungen Mädchen nahm ich Haarproben, aber wie immer auch eine Vielzahl anderer Proben, etwa vom Kot. Ich sezierte viele Stunden in dieser Nacht, denn wir hatten ein ganzes Protokoll zu absolvieren, das sogar das Aufmeißeln des Schädels einschloss.

Die Arbeit war langwierig und schweißtreibend, denn ich musste gekrümmt auf dem Boden hocken und mich über den Leichnam beugen. Es gab kein fließendes Wasser, keine richtige Beleuchtung und keine Hilfe, dafür aber jede Menge Hitze und Fliegen. Als ich tief in der Nacht endlich fertig war, fiel ich todmüde ins Bett. Am nächsten Morgen machte ich noch Fotos von den Organen des Tieres und packte dann seine sterblichen Überreste in einen Plastiksack. Die jungen Mädchen wollten den Gorilla wieder in die Berge bringen, wo er bestattet werden sollte. Als ich gegen Mittag nach den Proben Ausschau hielt, die ich im Garten zum Trocknen ausgelegt hatte, suchte ich vergeblich. Mein gewissenhafter Koch hatte inzwischen alles weggeworfen!

Während der Zeit, die ich bei den Gorillas in Ruanda arbeitete, sah ich viel mehr Verletzungen unter den Männchen als im Ostkongo. Während es bei den östlichen Flachlandgorillas nur sehr wenige echte Mehrmännchengruppen mit erwachsenen Silberrücken gibt, sind die Gruppen der ruandischen Berggorillas fast ausschließlich so zusammengesetzt; die Zahl der erwachsenen oder fast erwachsenen Männchen pro Gruppe ist sehr viel höher. Auch die Verhaltensforscher hatten eine starke Zunahme der Angriffe zwischen Männchen bemerkt. Eines Tages kamen die Forschungsassistentinnen weinend mit einem vierzehnjährigen Silberrücken im Jeep bei uns an. Er war nach einem Kampf verschwunden gewesen. Zwei Tage später hatte man ihn tot mit dem Gesicht nach unten im Bachbett gefunden. Wir hatten einige Mühe, das Tier zum Wiegen in einen Baum zu hängen. Als ausgewachsener Silberrücken wog es etwa 180 Kilogramm. Bei der Sektion stellte sich heraus, dass der ganze rechte Oberarm aufgeschlitzt und die Muskeln unter der Haut stark entzündet waren. Als wir den Brustkorb öffneten, sahen wir, dass eine Blutvergiftung die gesamte Lunge infiziert hatte, die nun praktisch zerfiel. Das Männchen war an seinen Kampfwunden schließlich gestorben. Wir bestatteten ihn neben anderen Gorillas auf unserem alten Laborgelände.

Ein anderes Mal brachten uns die Parkwächter eingewickelt in Reissäcke einen Gorilla; wir sollten untersuchen, ob er an Schusswunden gestorben war. Ich bewunderte die Männer, die den Leichnam den langen Weg aus den Bergen auf einer Rahmentrage aus Ästen zu uns getragen hatten. Die verwesten Überreste des Gorillas stanken allerdings wie die Pest; nie in meinem Leben habe ich so viele Maden auf einmal gesehen. Die Muskeln und Eingeweide waren zum Großteil schon zersetzt. Wir konnten daher nicht mehr feststellen, ob der Gorilla eines natürlichen oder gewaltsamen Todes gestorben war.

Kranke Gorillas

Da sich während der eineinhalb Jahre, bevor ich kam, niemand sicher im Wald hatte bewegen können, konnten die Projekttierärzte die Wildererschlingen nicht entfernen, obwohl das eine ihrer Hauptaufgaben gewesen wäre. Im Ruhengeripark gab es in fast jeder Gorillagruppe mindestens ein Tier, das durch Wildererschlingen eine Hand, Teile des Arms oder ganze Füße verloren hatte. Selbst erwachsene Gorillaweibchen mit einem Neugeborenen im Arm können diesen Verlust erstaunlich geschickt kompensieren, indem sie zum Beispiel beim Klettern die Zähne zu Hilfe nehmen. Von den Gorillas, die einen Fuß oder Teile desselben verloren haben, gab es jedoch keine bereits ausgewachsenen Tiere. Man wusste daher nicht, ob sie mit dieser Behinderung würden überleben können.

Am Tag meiner Ankunft hatten meine Kollegen einem Jungtier eine Schlinge entfernt, die im Laufe der Zeit bereits vollständig in seine Haut eingewachsen war. Eine Woche später konnte ich mich auf einem Kontrollgang überzeugen, dass das Tier seine Hand wieder bewegen konnte und die Wunde geschlossen war. Ein großer Erfolg für unser Team!

Mehrere Monate später rief man uns, weil ein Jungtier in einer Forschungsgruppe mit zwei Zehen in eine Schlinge geraten war. Als ich in das Projekt kam, hatte ich alle Materialkisten neu gepackt und die mechanischen und elektrischen Geräte auf ihre Funktionsfähigkeit überprüft. Ich hatte auch ein Teil des Instrumentariums besorgen lassen, das ich für absolut nötig hielt, wie etwa Spülkanülen und Hautentnahmestanzen. Ich zeigte Gérard, wo alle Gerätschaften lagen. Unsere schweren Kisten enthielten vom Pulsmesser über eine Sauerstoffflasche, das Operationsbesteck, die Sicherheitskleidung und ein tragbares Laborgerät alles, was das Tiermedizinerherz begehrte.

Um das Tier zu anästhesieren und zu operieren, zogen wir mit einem ganzen Tross Träger in den Wald. So boten wir ein weithin sichtbares Ziel, deshalb galt höchste Sicherheitsstufe. Man schickte eine ganze Gruppe von Soldaten vor, die die Umgebung durchkämmte, und nach etwa zwei Stunden hatten wir die Gorillagruppe erreicht. Gérard und ich stiegen den Steilhang hinan. Wir betäubten die Gorillas mit Anästhesiepfeilen, die so geschossen werden mussten, dass keines der anderen Gruppenmitglieder und auch das Jungtier nicht sehen konnte, woher die Spritze kam. Menschenaffen haben ein langes Gedächtnis und können Personen genau unterscheiden. Auf diese Weise wollten wir vermeiden, dass sie Menschen fürchten lernten und den Tierarzt mit Schmerz verbanden.

Unglücklicherweise fiel das Tier ausgerechnet an der steilsten Stelle des Steilhangs in Narkose, und wir mussten nicht nur unseren Patienten so arrangieren, dass er nicht herunterkollerte, sondern auch die großen Kisten irgendwie stabil am Abhang aufbauen. Dann fing es an zu regnen. Als das Jungtier schlief, begann ich sein Füßchen zu reinigen. Es stellte sich heraus, dass nicht nur die Zehen von Draht umschlungen waren, sondern die ganze Fußsohle einen tiefen Einschnitt aufwies. Es war sehr schwierig, den festgezogenen Draht mit einer Zange zu öffnen, aber nachdem es uns gelungen war, begann ich die Wunde zu vernähen. Während ich noch nähte, schlang das Affenkind plötzlich sein Füßchen wie eine feste Faust um den Faden. Die Narkose ließ früher nach als erwartet! Wir beendeten den Eingriff zügig, denn nun folgte der schwierigste Teil: Das Jungtier musste zurück zur Gruppe, die langsam weiterzog. Aber alles ging gut.

Eine Woche später gingen wir wieder dorthin, um zu schauen, ob die Wunde gut verheilte. Nach einigem Aufwand gelang es uns, das Jungtier zu finden. Es hatte die beiden Zehen trotz unseres Einsatzes verloren. Die Fußwunde war jedoch verheilt, und es fraß und bewegte sich ganz normal. Wir waren zufrieden.

In der Regenzeit werden immer wieder ganze Gorillagruppen krank. Sie bekommen dann dicken weißen Nasenausfluss und Atemwegsentzündungen und leiden unter Appetitverlust und einer solchen Schwäche, dass sie zum Teil nicht mehr mit der Gruppe mithalten können und morgens einfach in ihren Schlafnestern liegen bleiben. Mir fiel auf, dass immer nur die erwachsenen Gorillas, nicht aber die Jungtiere so schwer erkrankten, ein Krankheitsmuster, das für eine Atemwegsentzündung beim Menschen typisch ist, die durch das so genannte respiratorische Syntitialvirus ausgelöst wird. Wir durften jedoch nicht ohne Anlass Blutuntersuchungen durchführen oder Atemwegsabstriche von diesen Tieren nehmen, sodass nie richtig diagnostiziert und bewiesen werden konnte, ob es sich um eine möglicherweise vom Personal oder den Besuchern mitgebrachte Erkrankung handelte.

Einsätze hatten wir häufig bei den ugandischen Gorillas. Eigentlich sollten diese Tiere ja von der ugandischen Kollegin betreut werden, aber sie hielt sich zur Fortbildung im Ausland auf. Dort heiratete sie in aller Eile und kam nie wieder zurück. Hier, wo das Land so dicht besiedelt war und die Tiere immer wieder in die Pflanzungen der Parkumgebung gingen, um die wilden Bananenstauden zu fressen, traten immer wieder Fälle von Hauträude auf. Das Gelände war sehr hügelig, die Parkwächter kannten ihre Gorillas nicht gut und waren schlechter ausgebildet als ihre Kollegen aus dem Nachbarland. Also schulten wir zunächst das Parkpersonal im Diagnostizieren von Erkrankungen in Gorillagruppen, im Erkennen der Einzelindividuen und in der Hilfestellung bei Behandlungs- und Narkoseeinsätzen. Später kamen wir häufig, um die Tiere zu betäuben, zu untersuchen und ihnen dann heilende Injektionen zu geben. Es war jedes Mal ein langwieriges Unterfangen, erst mit dem gesamten Gepäck den steilen Berghang zu erklimmen, dann stundenlang zu suchen, weil die Parkwächter die Tiere nicht fanden oder erkannten. Dann folgte oft ein langes Manövrieren, weil das hügelige Gelände keine langen Distanzschüsse aus der Betäubungspistole zuließ.

Tim hatte das ausgesprochene Glück, das jeder Statistik widersprach: Bei jedem seiner Besuche gab es einen Behandlungsfall. Er sammelte die Daten zusammen, die auf unseren guten Vorbereitungen gründeten, und publizierte sie dann unter seinem Namen.

Intrigen

Ich war gerade allein von einer Zusammenkunft im Nachbarland zurückgekehrt, weil so viel Schreibarbeit anlag. Da rief Tim mich an, der gerade auf einer Sitzung des wissenschaftlichen und administrativen Rates unseres Projektes war. Er hatte mir gegenüber von Anfang an seine Enttäuschung über Doros Verhalten ihm und unserem Projekt gegenüber gezeigt. Nun teilte er mir jedoch brühwarm mit, dass Doros Vorgesetzte von der Gorilla-Stiftung Folgendes über mich gesagt hätte: Erstens, ich sei eine schlechte Tierärztin, zweitens, ich würde Schwarze und insbesondere meinen Kollegen Gérard schlecht behandeln, und drittens, ich hätte Doro in Unterwäsche die Haustür geöffnet. Besonders Letzteres war recht originell, denn wir beiden Frauen hatten ja monatelang zusammen gewohnt und uns gegenseitig durchaus auch nur mit dem Handtuch bekleidet gesehen. Merkwürdig fand ich vor allem, dass man sich auf einer wissenschaftlichen Sitzung so einen Blödsinn anhörte und dass eine Vorgesetzte sich dazu hergab, ihn auch noch weiterzutragen. Zum Glück nahm meine Organisation diese Gelegenheit wahr, Doros Vorgesetzte darüber aufzuklären, dass ihre Angestellte mit Gérard wohl so emotional involviert sei, dass sie ständig mit allen anderen Tierärzten Probleme erfand. Später lastete mir die Gorilla-Stiftung noch andere Dinge an: Ich hätte ihnen absichtlich Haarproben vorenthalten, unter dem Vorwand, mein Koch hätte sie weggeschmissen, und wir hätten ihren stinkenden, verwesten Gorillaleichnam auf unserem Grundstück bestattet, statt ihn ihnen zurückzugeben. Dabei hatten es die Forschungsassistentinnen selbst abgelehnt, die fauligen Überreste des Tieres mit zurückzunehmen!

Eines war jedoch nicht mehr zu übersehen: Doro wollte

mir um jeden Preis ernstlichen Schaden zufügen. Sticheleien in Gegenwart von Kollegen und Journalisten und Beschimpfungen in Restaurants allein reichten ihr nicht mehr, sie versuchte jetzt, auch meine berufliche Kompetenz zu untergraben und mich bei internationalen Gremien in Misskredit zu bringen.

Überdies hatte sich Gérards Alkoholproblem nicht gebessert. Als ich ihn eines Wochenendes bei seiner Familie besuchen wollte, fand ich den total zertrümmerten Dienstwagen vor dem Eingang. Entsetzt rannte ich ins Haus und fragte, ob Gérard noch lebte. Er war unversehrt und schlief nur seinen Rausch aus! Er hatte den Wagen irgendeinem Jugendlichen geliehen, was natürlich gegen alle versicherungstechnischen Regeln war, und der war damit im Kreisverkehr aus der Kurve geflogen. Schon lange ging ich mit Gérard abends nicht mehr in die Bar, weil ich diese ständigen Besäufnisse und ihre Folgen einfach nicht mehr ertragen konnte.

Als ich schon ein Jahr in Ruanda war, kaufte das Projekt uns ein zweites Auto, sodass wir uns unabhängig voneinander bewegen konnten. Doch nur zwei Tage nachdem man uns das neue Auto ausgeliefert hatte, kam mein Koch morgens zur Arbeit und berichtete erschüttert, dass das Auto senkrecht an einem Steilhang stehe, von Gérard aber jede Spur fehle. Ich fuhr also zu seiner Wohnung, um festzustellen, was passiert war. Gérard lag noch im Bett, also weckte ich ihn und fragte, wo das Auto sei. Er log, er hätte es jemandem geliehen! Als ich ihn mit den Tatsachen konfrontierte, bat er mich, ihm den Ort zu beschreiben, wo das Auto lag. Er war so betrunken, dass er sich nicht mehr erinnern konnte! Auf vollkommen gerader Piste war er von der Straße abgekommen und offenbar mit hoher Geschwindigkeit über einen tiefen Graben hinweg einen Steilhang hinaufgesaust. Zurück konnte er nicht mehr, denn der Graben war rückwärts nicht zu überwinden. Das alles passierte zwei Tage bevor unsere amerikanischen Vorgesetzten zu uns kommen sollten, und ich hatte genug. Ich überließ Gérard seinem Schicksal.

Später gelang es ihm, den Wagen mit einem Lastwagen den Steilhang hinaufzuziehen. Drei Tage danach machte ich mit dem Wagen und meinen Eltern, die mich besuchen gekommen waren, eine Rundreise durch Ruanda. Das Auto fuhr uns eine Woche lang anstandslos durch die abgelegensten Gegenden, bis es wenige Kilometer vor Ruhengeri nicht mehr schaltbar war und vor dem Tor unseres Berghauses endgültig zusammenbrach.

Bei der anschließenden Reparatur stellte sich heraus, dass beim Hochziehen des Wagens über den Steilhang die gesamte Aufhängung der Kardanwelle abgerissen war und nur noch an einem kleinen Drähtchen hing. Wir hatten ungeheures Glück gehabt!

Montags kam Gérard meist mit gelben Augen zur Arbeit. Die Leber schaffte die schwere Entgiftungsarbeit nicht mehr. Dienstags hatte er oft krause Gedanken, offenbar die Folge der Alkoholvergiftung. Er machte mir dann abstruse Vorwürfe, etwa dass ich den Kilometerzähler des Autos zurückgedreht, einem Freund vom Projektkonto Geld geliehen oder ähnliche Dinge getan hätte, für die es gar keine Anhaltspunkte gab. Unsere Freundschaft ging darüber langsam, aber sicher in die Brüche. Ich fand, dass mein Leben andere Inhalte haben sollte als die ewigen Alkoholräusche und Lügen. Ich begann mir also einen eigenen Freundeskreis aufzubauen. Durch die schwierige Gesamtsituation hatte ich zehn Kilo an Gewicht verloren. Ich hatte einfach keinen Appetit mehr. Als wir eines Abends zusammen tanzen gingen, sah ich mich zufällig in der verspiegelten Wand der Diskothek und war entsetzt: Ich hatte gar keine Pölsterchen mehr, meine Wangen waren hohl, und meine Hose schlotterte. Ein anderes Mal ging ich mit Gérards Nichten allein tanzen und fing plötzlich an zu weinen. Ich nahm Sally beiseite, berichtete ihr von meiner Liebe zu ihrem Onkel, von der sie zweifelsohne längst wusste, und bat sie verzweifelt um Rat. Sie riet mir dringend, ihn sofort zu verlassen. Das machte mich sehr nachdenklich, weil sie ja wusste, was vor sich ging. Auch meine beste burundische Freundin, die Gérard seit zwanzig Jahren kannte, riet mir, mich abzunabeln. Sie sagte, er könne mir mit seinem Verhalten nicht nur privat, sondern auch professionell sehr schaden.

Zweimal beendete ich meine Beziehung mit Gérard, und zweimal kam er zurück und hatte mich innerhalb weniger Tage wieder weich geklopft. Was war nur aus der fröhlichen, tatkräftigen Frau geworden, die vor einem Jahr nach Ruanda gekommen war!

Eines Sonntags, als Gérard gerade im Ausland war, luden mich drei unserer Freunde in die Kneipe ein. Sie machten sich Sorgen um mich. Ich erzählte ihnen zum ersten Mal auch von Doros Versuchen, mich beruflich zu diskreditieren. Sie rieten mir, in Zukunft weniger zu arbeiten und mehr mit ihnen zu feiern, um auf andere Gedanken zu kommen. Ich fand das ganz reizend, denn ihre Besorgnis zeigte mir, dass ich nicht ganz allein war.

Hoher Besuch

Eines Tages rief mich die deutsche Regenwaldorganisation an und sagte, der grüne Abgeordnete Hans-Christian Ströbele und seine Frau, die stilles Mitglied der Organisation war, würden die Gorillas gerne privat besuchen und baten, mit ihnen eine Führung zu machen. Frau Ströbele ließ anfragen, was sie für uns mitbringen könnte. Ich schrieb eine Wunschliste von Dingen, die wir für unser Labor und unsere Sektionen brauchten.

Beide hielten ihren Aufenthalt absolut diskret und wohnten in bescheidener Unterkunft. Die Einladung des Ministeriums zu einem offiziellen Empfang lehnten sie ab; sie wollten einfach ohne die ständige Politik reisen. Frau Ströbele hatte mit großem Aufwand die benötigte Ausrüstung für uns besorgt. Sie war sehr lebhaft, während ihr Mann so ungeheuer schweigsam und asketisch war, dass ich mich fragte, wie er das mit einer politischen Karriere verbinden konnte. Wir schieden in freundlicher Atmosphäre.

Einige Monate später erhielt ich einen vertraulichen Anruf von der deutschen Botschaft in Kigali. Der deutsche Außenminister und Vizekanzler Joschka Fischer wollte in drei Tagen drei Länder bereisen, nämlich Angola, Burundi und Ruanda, und während des Eintagesaufenthaltes in Ruanda auch noch die Gorillas sehen. Zu diesem Zweck wünschte man meine Begleitung. Ich sollte das Ganze jedoch vertraulich behandeln, da Paul Kagame, Ruandas höchster Staatsdiener, ihn begleiten wollte, und das bedeutete allerhöchste Sicherheitsstufe in dem vom Kongo zugänglichen undurchdringlichen Wald.

Das Staatsprotokoll sah vor, dass das Ganze nur drei Stunden dauern durfte, also die Zeit, die oft allein der Aufstieg zu den Gorillas kostete.

Bevor der Minister auch nur den Fuß in das Land setzte, wurde eine Vorhut geschickt, um ein Hotel auszuwählen und den Besuchsort des Ministers auf Sicherheit und Zugänglichkeit zu überprüfen.

Und das lief folgendermaßen ab: In allen großen ruandischen Hotels gibt es abends mehr Prostituierte als «normale» Frauen. Als das deutsche Auswahlkomitee sich in einem sehr angesehenen Hotel der Stadt nach einem Zimmer erkundigte, verkündete der Hoteldirektor gerade am Telefon, er habe die käuflichen Damen am Vorabend von der Polizei entfernen lassen. Als sich die deutsche Vorhut mit gespitzten Ohren derweil unauffällig im Direktionszimmer umsah, bemerkten sie entsetzt, dass sich der Teppich bewegte. Zu bestimmten Zeiten wird Ruanda von Unmengen etwa zweieinhalb Zentimeter langer und zigarettendicker dunkelbrauner Termiten heimgesucht. Sie werfen dann ihre Flügel ab und bewegen sich zu Fuß fort. Entgeistert fragte man den begleitenden Botschaftsangestellten, ob es hierzulande üblich sei, dass der Teppich voller Würmer sei. Man sprach sich nach dieser Inspektion entschieden gegen dieses Etablissement aus.

Dann besuchte man das soeben neu errichtete Genoziddenkmal, das nur über eine Sandpiste zu erreichen war und an dem Fischer einen Kranz ablegen sollte. Die Genoziddenkmäler Ruandas sind die Orte, an denen Massengräber gefunden und freigelegt wurden. Man sieht Hunderte und Aberhunderte von menschlichen Gebeinen und mumifizierte Leichen, es sind Orte unbeschreiblichen Grauens. Die Vorhut bemerkte kritisch, hier könne der Minister nicht stehen, er würde ja staubige Füße bekommen. Da platzte dem Botschaftsangestellten endgültig der Kragen. Er sagte, wenn der Minister im Angesicht des unbeschreiblichen Grauens, das das ruandische Volk erdulden musste, um seine Schuhe besorgt sei, solle er doch lieber zu Hause bleiben. Daraufhin war das «Problem» prompt keines mehr.

Die kleine deutsche Botschaft in Ruanda hatte so ihre liebe Not, auf die Wünsche des Ministers einzugehen, der mit einem großen Tross Journalisten reiste und ein voll ausgestattetes Büro mit Telefonen, Kopierern und Computern benötigte. Gerüchten zufolge wollte Herr Fischer kein Fleisch, sondern nur in Olivenöl gebratenen Fisch, Mineralwasser mit etwas, aber nicht zu viel Kohlensäure und seinen eigenen badischen Wein aus Deutschland zu sich nehmen. Übermäßig ökologisch schien mir das nicht zu sein. Und was kann man schon von einem Land erfahren, wenn man nur sein eigenes Essen isst?

Dann war es so weit: Wir befanden uns bereits am Ausgangspunkt der Wanderung, als Fischer im edlen grauen Zweireiher mit dem Hubschrauber landete und dann im Konvoi schicker Autos über den Feldweg zu einer Pension am Fuß der Berge gefahren wurde. Hier wimmelte es bereits von Journalisten aller Couleur, von Militärs, Staatsbeamten und Leibwächtern. Eine halbe Stunde später tauchte dann Kagame auf, unauffällig in einem von ihm selbst gefahrenen kleinen Auto, gekleidet in Pullover und Militärhosen.

Und auch Doro tauchte auf, die überhaupt nicht eingeladen war. Sie hatte extra ihren Urlaub abgebrochen, um auch dabei zu sein. Die Gorillagruppe, die wir besuchten, gehörte nicht einmal zu den Forschungsgruppen, mit denen sie arbeitete. So lieh sie sich von einem Parkmitarbeiter schnell noch ein Fotobuch über diese Gruppe, um mitreden zu können.

Es ging dann im Laufschritt – denn man hatte ja nicht viel Zeit – mit dem ganzen Tross zu den Gorillas. Fischer hatte sich inzwischen zum Glück Feldkleidung angezogen und unterhielt sich später am Parkrand mit mir über seine Jugend im Grünen.

Als wir unmittelbar vor der Gorillagruppe waren, fing es in Strömen an zu regnen, und so blieb es auch auf dem Rückweg. Eine begleitende Journalistin fiel mindestens dreimal in den Dreck. Dafür war ihre Berichterstattung hinterher eigentlich noch recht wohlwollend. Ich selbst war nass wie eine Ratte.

Der Wald war derart voll von Soldaten, dass mir die Gorillas ernstlich Leid taten. Das ganze Unternehmen brachte sehr viel Unruhe in ihr gewohntes Leben. Ich hoffe, dass sich der Besuch positiv auf die ruandische und deutsche Menschenaffenschutzpolitik ausgewirkt hat.

Falsche Freunde

Eines Nachmittags lernte ich während einer angeregten politischen Diskussion mit kongolesischen Intellektuellen im Schwimmbad Josef kennen, einen Architekten, den Gérard mir als Freund aus Jugendtagen vorstellte.

Wir unterhielten uns angeregt. Einige Tage später rief er mich an, und ich lud ihm zum Frühstück ein. Wir hatten viele gemeinsame Themen und unterhielten uns gut. Josef hatte nach einer Scheidung eine schwierige Zeit hinter sich und versuchte nun, in Ruanda beruflich Fuß zu fassen. Trotzdem lebte er einen recht flotten Lebensstil, fuhr ein teures Auto und aß nur in den besten Hotels.

Die Trennung von seiner Frau in einem der Nachbarländer war sehr dramatisch gewesen. Nicht nur, dass er überall an den Armen Bissnarben von der Dame hatte, sondern sie hatte ihn wohl auch töten lassen wollen, indem sie seine Geliebte und deren Bruder anheuerte. Mit viel Glück war es ihm jedoch schwer verletzt gelungen, seine Haustür zu erreichen, bevor er blutüberströmt zusammenbrach. Sein Nachbar war dann mit der Schrotflinte zu Hilfe geeilt und hatte die beiden vertrieben. Der Sanitäter schaute ihm in die Augen, überprüfte die Farbe der Schleimhaut und sagte nur: «Ich glaube, es hat keinen Zweck mehr.» Es hatte aber offenbar doch Zweck gehabt. Josef zeigte mir, ob ich es nun wollte oder nicht, nicht nur Fotos von seinen schweren Verletzungen, sondern auch die entsetzlichen Narben, die seinen ganzen Oberkörper bedeckten.

Gérard hatte Rita, der Gründerin unserer Organisation, erzählt, dass er in seiner Heimatstadt als Jugendlicher ein umjubelter Fußballstar gewesen sei und aus diesem Grund bis zu seinem dreißigsten Lebensjahr nie auch nur einen Tropfen Alkohol getrunken hätte. Er hatte die Geschichte ausgeschmückt und geschildert, welches Traumgefühl es sei, wenn das ganze Stadion den eigenen Namen skandiere. Josef hatte mit Gérard schon als Junge zusammen gespielt und wusste, dass die Geschichte vollkommen frei erfunden war, und er sagte mir das auch. Es war nicht immer leicht, in diesem Gewirr von Falschinformationen herauszufinden, wer denn nun was erfand, um sein Ego aufzupolieren.

Eines Tages bat mich Josef, ihm 400 Dollar zu leihen. Er müsse dringend sein Auto im Kongo reparieren lassen. Zurzeit sei er knapp bei Kasse, würde aber in der nächsten Woche ein Haus im Kongo verkaufen und mir das Geld dann zurückgeben.

Er bat mich, Gérard nichts davon zu berichten, weil es ihm peinlich sei. Das machte mich einen Augenblick stutzig, aber dann war ich bereit zu helfen. Als ich Gérard am nächsten Tag traf, erzählte ich ihm die Geschichte doch, und er schalt mich naiv. Auch ihn hatte er gefragt, aber Gérard hatte abgelehnt, denn man hatte munkeln hören, dass der gute Mann überall Schulden hatte. Als wir die Geschichte in Gérards Familie kundtaten, zog seine Nichte scharf die Luft ein. Auch in ihrem Laden waren durch ihn bereits mehrere hundert Dollar Schulden aufgelaufen. Was war ich nur für ein Esel! Als Nächstes zog Josef aus seinem Hotel aus. Ich telefonierte regelmäßig mit ihm, aber seine Ausreden wurden immer abenteuerlicher. Er vereinbarte Treffpunkte, kam dann aber nicht, weil er angeblich einen Malariaschub bekommen hatte. Irgendwann traf ich ihn dann im teuersten Hotel, mit einer kostspielig aussehenden Dame im Schlepptau. Als ich es nach etwa zwei Monaten schon aufgegeben hatte, bekam ich die Hälfte des Geldes überraschend zurück und vor meiner Abreise sogar noch den Rest. Aber die Aktion sollte mir eine Lehre für die Zukunft sein.

Irgendwann schien es, als ob sich Gérard wieder auffällig oft mit Doro träfe. Er behauptete, die Treffen seien rein beruflicher Natur. Nachdem ich ihn einmal bei einer Unehrlichkeit ertappt hatte, war ich jedoch misstrauisch geworden. Er war schließlich ein Mann, der zwar eine westliche Schulbildung genossen hatte, gleichzeitig aber verwurzelt in seiner polygamen Kultur war, und so begann ich mich sehr unglücklich und unsicher zu fühlen. Ich überlegte hin und her, was ich tun könnte, und fragte dann Sally um Rat. Ich lud sie deshalb zu einem gemeinsamen Kaffee ins nächste Hotel ein. Dort fragte ich sie vorsichtig, ob ich von einem Mann ihrer Kultur überhaupt erwarten könne, dass er alte Freundschaften abbräche und sich exklusiv mir widmete. Sie antwortete mit einem entschiedenen «Ja».

In der Nationalparkbehörde gab es einen Angestellten, der mit Gérard und mir locker befreundet war, aber ein echter Verehrer von Doro war. Mir kam er etwas schmierig vor, wobei ich nie genau fassen konnte, worauf dieses Gefühl eigentlich beruhte. Im Laufe der Monate lernte ich ihn jedoch als jemanden kennen, der zumindest öfter mal die Wahrheit sagte. Als ich ihn eines Tages im Auto mitnahm, deutete er an, dass Gérard und Doro möglicherweise dabei seien, ihre Beziehung wieder aufzunehmen, und daher bat ich ihn, da ich ja selber nicht mit ihr reden konnte, ihr von mir zu bestellen, dass ich mit Gérard seit geraumer Zeit befreundet sei. Das tat er. Daraufhin rief sie mich an und beschimpfte mich derart übel, dass ich den Telefonstecker herausziehen musste. Ein normales Gespräch war mit ihr einfach nicht möglich. Daraufhin bombardierte sie mich mit bösartigen E-Mails. Um das Thema endlich zu beenden, schrieb ich ihr, dass ich der Meinung bin, dass Männer ebenso verantwortlich für ihre Entscheidungen sind wie Frauen. Damit hoffte ich die Situation klargestellt zu haben. Zu Gérard sagte ich, wenn er gerne mit Doro zusammen sein wolle, solle er das um Gottes willen tun, aber mich dann in Ruhe lassen. Er beteuerte aber, das sei nicht der Fall. Ich glaubte ihm bereitwillig.

New Orleans

Da ich äußerlich und innerlich urlaubsreif war, beschloss ich, im Anschluss an eine Konferenz in den USA den «kleinen Klaus», meinen alten Freund aus Kongotagen, in Mexiko zu besuchen.

Die Konferenz fand in New Orleans statt, und als ich am Flughafen ankam, wartete dort niemand auf mich. Immerhin wusste ich den Namen des Hotels, und als ich dort ankam, war nicht nur von meinen drei Kollegen nichts zu sehen, sondern es gab auch nichts zu essen in dem hässlichen, muffig riechenden Kasten, in dem wir logierten. Dann traf ich Muutaz, meinen Kollegen aus Uganda, und der versprach, mich in die Stadt zu begleiten. Wir landeten auf der Amüsiermeile, und nachdem ich etwas gegessen hatte, führte mich Muutaz getreulich an alle Stellen, wo die Herren die vorherigen Nächte verbracht hatten. Das Amüsierviertel von New Orleans entspricht in etwa der Hamburger Reeperbahn. Es gibt ausgezeichnete kreolische Gerichte, mitreißende Jazzmusik und eine große Vielfalt sehr harter Longdrinks. Muutaz war verheiratet, sehr scheu und zurückhaltend und verabscheute diese Art von Amüsement, die hauptsächlich aus Stripteasevorführungen bestand. Die Damen lagen nackt bzw. nur mit Hütchen und Stöckelschuhen bekleidet in Schaukeln, andere waren als Schulmädchen oder Bunnies verkleidet. Der arme Muutaz wand sich vor Verlegenheit und Scham.

Die Jazzmusik war hier allerdings einsame Klasse. Gérard war schon am zweiten Abend so betrunken, dass ich die Dame, an deren Arm er hing, bat, ihn später nach Hause zu bringen. Ich war todmüde und wollte früher nach Hause. An meine alten Berliner Verhältnisse gewöhnt, machte ich mich ohne mit der Wimper zu zucken zu Fuß auf den Rückweg, denn es war nicht weit zum Hotel. Außer mir hingen nur ein paar Penner auf der Straße herum, von denen einer, ein baumlanger Kerl, aufstand und mich ein Stück begleitete. Als ich zwei Nächte später vom Hoteltaxifahrer zum Flughafen gefahren wurde, wurde mir schlagartig klar, dass kein normaler Amerikaner je in New Orleans in der Nacht zu Fuß geht. Obwohl das Taxi von innen verriegelt war, hielten wir aus Sicherheitsgründen auch an roten Ampeln niemals an. Der Dame, die mit mir zum Flughafen fuhr, hatte man vor dem Hotel die Handtasche geraubt, der Taxifahrer hatte eines Nachts während einer Dienstfahrt gesehen, wie drei Männer einen vierten aus einem Auto warfen und auf dem Mittelstreifen erschossen. Da lobte ich mir doch mein Kigali, angeblich die sicherste afrikanische Metropole!

Erst sehr viel später wurde mir klar, was für ein ausgezeichneter Politiker Gérard doch war. Er klagte mir gegenüber viel über die Behandlung, die er durch unsere Organisation erfuhr, und ich sorgte stets dafür, dass er ein besseres Gehalt und seine Miete anteilig bezahlt bekam. Seine eigenen und unsere gemeinsamen Probleme wurden immer nur von mir angesprochen, nie jedoch von ihm, auch wenn er derjenige war, der sich ursprünglich beklagt hatte. Wenn wir uns in den USA bei unseren Vorgesetzten aufhielten, gab er sich stets unkompliziert und vermied es, Probleme anzusprechen, ließ jedoch immer wieder ins Gespräch einfließen, wie gut seine Kontakte zu Kagame und zur Regierung doch seien. Wenn die Projektgründerin in Ruanda war, war auch Gérard zur Stelle und organisierte Termine für sie oder begleitete sie zu den Gorillas. Mit Engelsgeduld hörte er sich all ihre Erzählungen immer wieder an.

Obgleich ich meinen Vertrag als erste Projekttierärztin seit Projektbestehen um ein weiteres Jahr verlängert bekommen hatte, hatte ich das deutliche Gefühl, dass Tim versuchte, mich loszuwerden. Ich fragte deshalb bei diesem Treffen in New Orleans meinen obersten Arbeitgeber und Tims Vorgesetzten, ob er mit meiner Arbeit zufrieden sei, und er erwiderte, dass er sogar außerordentlich zufrieden sei. Tim wollte aber offenbar lieber jemanden, der für ihn und seine Forschung Kotproben sammelte, und nicht eine qualifizierte Wissenschaftlerin, die eigene Forschungen betrieb. Wir hatten in New Orleans eine recht massive Auseinandersetzung gehabt, weil er behauptet hatte, ich hätte Ärger mit einer der anderen Organisationen in Ruanda. Da dies genau die Leute waren, die mich damals auf mein schlechtes Aussehen angesprochen und versucht hatten, mich aufzumuntern, hängte ich mich ans Telefon und rief sie an. Es stellte sich heraus, das sie nicht nur nichts Schlechtes über mich gesagt hatten; sie hatten überhaupt niemals auch nur ein Wort mit Tim gesprochen! Das sagte ich Tim ins Gesicht. Er wurde daraufhin rot und wirkte ziemlich betreten. Wenige Tage später flog ich zum kleinen Klaus nach Mexiko.

Mexiko

Der kleine Klaus hatte sich eine Woche Urlaub genommen und wollte mir den nördlichsten Regenwald Mittelamerikas zeigen. Wir schwangen uns in seinem klapprigen Auto auf die Schnellstraße gen Süden. Wir hatten uns lange nicht persönlich gesehen und vieles zu bereden. Die acht Stunden vergingen wie im Flug. Meine Augen konnten sich am Grün der Landschaft kaum sattsehen. Wenn man aus den weniger bewaldeten Gebieten von Zentral- und Ostafrika kommt, erscheinen einem alle anderen Länder üppig grün.

Einmal hielten wir, um eine Tütensuppe und ein paar Kekse zu essen, das nächste Mal, um zu tanken, als es schon dunkel wurde. Danach sprang das Auto nicht mehr an. Die nächste Autowerkstatt befand sich zum Glück im Nachbarhaus, sie war offen und gut bestückt. Wir brauchten das Auto also nur zehn Meter weit zu schieben. Es gibt in Mexiko viele Gegenden, in denen man nachts nicht anhalten kann, ohne zu riskieren, dass einem das Auto abgenommen wird oder noch Schlimmeres passiert.

Wir erreichten noch das Hotel und konnten am nächsten Morgen nach einem köstlichen Tortillafrühstück auf die Piste in den kleinen Regenwald aufbrechen. Dort steuerten wir eine einsame Pension mit Strand am Golf von Mexiko an, die uns ein vogelkundiger Freund wegen der außerordentlich reizvollen Lage empfohlen hatte. Und tatsächlich fanden wir nach einer Dreiviertelstunde die Abzweigung. Wir passierten Weiden und Regenwaldhügel und fuhren dann in einen grünen Hohlweg, die letzten achtzig Meter unter ohrenbetäubendem Zikadenzirpen. Der Weg endete in einem grünen Rasenplatz. Links erstreckte sich ein flaches Haus mit zahlreichen Eingängen, und auf der rechten Seite war an der Klippe ein überdachter Arkadenplatz mit Tischen und Stühlen angelegt. Von hier hatte man einen atemberaubenden Ausblick auf vierzig Kilometer menschenleeren Sandstrand. Zwischen den Urwaldbäumen verborgen führte ein schmaler Pfad vorbei an eingenischten Sitzplätzen steil zu einem eigenen Strand, der von Felsen so umgeben war, dass man ihn nur von hier aus erreichen konnte.

In einer Hängematte räkelte sich ein langhaariger, ungepflegt aussehender Mann in ärmlicher Kleidung, der sich als «Junge für alles» herausstellte. Er wies uns die Zimmer zu, die dem Meer am nächsten lagen. Sie waren eingerichtet mit Doppelbetten und hatten eine Duschecke mit Waschbecken und Klo. Hinter der Tür gab es ein Regal und eine Hakenleiste. Vorhänge und Wände waren mit Wasser- und Schimmelflecken übersät, Decken und Kissen rochen muffig. Das Essen war so schlecht – es gab gammelig riechendes Steak zum Frühstück –, dass wir nach drei Tagen begannen, selber zu kochen. Und trotzdem empfanden wir diese Pension als verzaubertes Paradies.

Als ich den Rasen in der Dämmerung überqueren wollte, um zur Essterrasse zu kommen, sah ich einen merkwürdigen braunen Sack auf dem Rasen liegen, so groß wie zwei Fäuste. Ich bückte mich interessiert, um ihn aufzuheben. Als meine Hand noch etwa zehn Zentimeter entfernt war, hüpfte der Sack in großen Sprüngen davon. Es handelte sich um eine riesige Kröte! Bald bewegte sich der ganze Boden. Durch die offenen Laternen des Essplatzes angelockt, kamen nachts bizarre Insekten zu Tausenden aus dem Wald angeflogen und boten uns einen wahren Augenschmaus. Für die Geckos, die sich strategisch günstig im Lampenschirm platzierten, gaben sie ein köstliches Abendbrot ab, und die Kröten mit ihren riesigen, etwa fünfpfenniggroßen Knopfaugen bekamen das, was herunterfiel oder dumm genug war, direkt vor ihnen auf dem Boden zu landen. Als ich mich in meinem Zimmer bückte, weil ich meinte, unter der Hakenleiste mein Haarband liegen zu sehen, hatte es plötzlich sechs Beine und lief fort. Es war ein Urwaldkrebs, der offenbar durch das Wasser in der Thermoskanne aus dem Wald angelockt worden war.

In der Nacht gingen wir im Meer baden. Zu dieser Jahreszeit wimmelte es darin von Leuchtalgen, sodass nicht nur die starke Brandung im Mondlicht fluoreszierend schimmerte, sondern auch wir selbst, weil sich die Algen im Badezeug festsetzten.

Es war warm genug, dass wir uns anschließend an den Strand legen und die fallenden Sternschnuppen zählen konnten. Zwei Tage später sprangen die ersten Brüllaffen über das Haus. Es war später Nachmittag, und wir beschlossen, ihnen in den von schmalen Pfaden durchzogenen Wald zu folgen.

Dort saßen wir dann unter den Urwaldriesen, nahmen das üppige Grün und die Feuchtigkeit in uns auf, schwitzten und unterhielten uns über alte Zeiten. Wir amüsierten uns köstlich über die Brüllaffenmännchen, die über uns in den Bäumen saßen, sich aufplusterten, Drohgebärden machten und uns aus voller Kehle anbrüllten. Es wurde dunkler, und ich drängte Klaus zum Aufbruch. Da wir aber noch sehr nah am Hotel waren, meinte er, es eile nicht, und ich gab nach, denn es war einfach zu schön. Und dann, mit einem Mal, war es von einer Minute zur nächsten schwarz wie die Nacht. Wir hatten keine Taschenlampe dabei, denn wir hatten ja gar nicht geplant, so lange zu bleiben. Vorsichtig tasteten wir uns auf den Waldwegen zurück. An jeder Abzweigung zweifelten wir: Sollten wir rechts, links oder geradeaus gehen? Man konnte das Licht vom Hotel nicht sehen, und die tosende Brandung des Meeres übertönte jedes andere Geräusch. Immer wieder gingen wir zurück und versuchten uns neu zu orientieren. Wir wussten, dass die Klippen an mehreren Stellen steil zum Meer abfielen, daher wagten wir es nicht, Abhänge, an denen wir nichts sehen konnten, hinunterzugleiten. Wir vermieden es, Bäume und Äste anzufassen, denn es gab hier viele sehr giftige Schlangen. Nach einer Dreiviertelstunde war klar: Wir würden es nicht schaffen. Ich schlug vor, auf eine offene Kuhweide zu gehen, wo wenigstens keine Reptilien von den Bäumen herunterhingen. Gesagt, getan. Hier gab es etwas Mondlicht, und wir konnten die Lichter des Fischerdorfs am Meer sehen. Wir richteten uns auf eine lange Nacht ein. Dummerweise war ich ja nicht für einen Urwaldtrip gekleidet, sondern trug ein ärmelloses T-Shirt. Der Schweiß lockte jetzt die Stechmücken an. Klaus, ganz Mann – vielleicht hatte er auch ein schlechtes Gewissen – stürzte sich in Aktionismus. Mit dem einzigen Hilfsmittel, das er hatte, einer Machete, begann er Äste von den Büschen auf der Lichtung zu schlagen und zu einem großen Haufen über mich zu türmen, um die Moskitos abzuhalten. Dann fand er sogar einen Limonenbusch und schnitt uns zur Wasser- und Nahrungsversorgung einige Früchte. Und da lagen wir nun unter unserem Asthaufen und nuckelten an unseren Limonenscheiben. Das gaben wir allerdings bald auf, denn sie waren entweder noch nicht reif oder eine Wildart, die so sauer war, dass es uns Lippen und Zunge verätzte. Ich musste furchtbar lachen, es war ja auch absurd:

Zwei Dussel mit jahrelanger Urwalderfahrung, aber ohne jede Ausrüstung quälen sich nur etwa einen Kilometer entfernt vom bequemen Bett durch eine lange Nacht. Die Mücken wurden inzwischen unerträglich, surrten und bissen überall. Am Stück konnten wir höchstens zwanzig Minuten schlafen. Irgendwann graute der Morgen, wir standen auf und sahen uns aus zerknautschten Gesichtern an. Ich mit meinen nackten Armen sah aus wie ein Streuselkuchen. Stich neben Stich war die Haut bedeckt mit roten Quaddeln, es gab keine freien Flächen mehr. Unsere Hosen waren voller Erde, und mein Lieblings-T-Shirt hatte ein großes Loch. So gebeutelt wankten wir todmüde zum Hotel zurück. Dort begrüßte man uns erleichtert. In der Tat hatte der Koch versucht, uns zu folgen, als wir bei Anbruch der Dunkelheit immer noch nicht zurück waren. Er hatte eine Laterne genommen, und der Hund des Hauses hatte ihn begleitet. Als er aber schon nach hundert Metern beinahe auf eine riesige Schlange getreten war, war er nach Hause geflüchtet. Wir fielen in unsere Betten und schliefen den halben Tag.

Während unseres Urlaubs sprachen wir auch viel über unsere Probleme. Klaus hatte jahrelange Erfahrung in einer der größten Consultingfirmen Frankreichs gesammelt. Er kannte all die Winkelzüge der innerbetrieblichen Politik in diesen Organisationen, und er prophezeite mir, dass man Gérard wegen seiner guten politischen Beziehungen halten und mich hinauswerfen würde, egal, wie gut meine Arbeit war. So würde man Probleme zu vermeiden versuchen. Ich wollte einfach nicht daran glauben. Dennoch war der Urlaub für mich überaus gelungen. Erholt und gut gelaunt flog ich nach Afrika zurück.

Aber auch nach meiner Rückkehr hörten Doros nächtliche Telefonanrufe nicht auf. Sie warf mir jetzt sogar vor, an

Gérards Trunksucht schuld zu sein, und beschimpfte mich als verworfen, krank und schmutzig. Also bat ich meinen Chef Tim im November schriftlich, dass er sich doch bitte an ihre Vorgesetzte wenden sollte, um das Ganze endlich zu unterbinden. Er blieb mir die Antwort schuldig.

Kivubesuch

Eines Tages rief mich der kommissarische Leiter des Kahuzi-Nationalparks an. Sie hatten ein tragendes Gorillaweibchen mit Schlinge um den Arm im Wald gesehen. Er bat uns, bei der nächsten Gelegenheit zu kommen und zu helfen. Ich war begeistert, denn auch hier hatte sich erst in den letzten Monaten die Lage so weit stabilisiert, dass man wieder Teile des Parkes besuchen konnte. Zwei Monate zuvor hatte ich meinen «alten Freund», den Parkdirektor und Rhinozerosspezialisten, wieder getroffen. Und siehe da: Er war nicht wiederzuerkennen, ein Ausbund an Höflichkeit, mit «Frau Doktor» vorne, hinten und in der Mitte. Ich hatte mich im Auftrag einer deutschen Gorillaorganisation vorher erkundigt, was vom Parkschutzpersonal dort am dringendsten benötigt wurde. Dann hatte ich von dem Geld, das mir die Deutschen zur Verfügung gestellt hatten, achtzig Paar Gummistiefel besorgt, die wir nun auf die Fahrt mitnahmen. Gleich am Anfang meines Aufenthaltes besuchte mich einer der alten Parkwächter von damals. Ich zeigte ihm mein Album mit all den Fotos von den Gorillas, die ich damals gemacht hatte, und er war begeistert, aber auch traurig. Viele der Tiere hatten die letzten sechs Jahre nicht überlebt. Sie waren von Regierungssoldaten, Rebellen oder Wilderern sinnlos getötet worden. Während meiner Zeit in Ruanda wurde eine gesamte Familie von sechs Tieren erschossen im Park aufgefunden. Mein Herz krampfte sich jedes Mal zusammen, wenn ich solche Nachrichten erhielt. Wie sollen diese wertvollen Tiere das nächste Jahrtausend überleben, in einem Land, in dem Bürgerkrieg, Willkür und Korruption kein Ende zu nehmen scheinen?

Auch mein alter Forschungsassistent James besuchte mich. Zu meiner Freude hatte er mit dem Geld, das ich und ein Freund ihm damals hinterlassen hatten, Land kaufen können. So hatte er auch die allerwidrigsten Zeiten überstanden. Inzwischen hatte seine Frau gerade das dritte Kind bekommen, und mit meiner Hilfe konnte er die Krankenhausrechnung bezahlen. Er berichtete, dass sich die Situation der Bevölkerung im Umkreis des Parkes seit meiner Abreise durch den Konflikt, den der Ostkongo mit Ruanda austrug, stetig verschlechtert hatte. Sie lebte in Angst und Schrecken, weil sich die rivalisierenden Gruppen inzwischen alle im Regenwald aufhielten und immer wieder die Einheimischen überfielen.

Bevor wir in den Nationalpark fuhren, leiteten wir in Ruanda noch ein gemeinsames Training für das Parkpersonal des Nyungwe- und des Kahuzi-Biega-Nationalparks über das Sammeln und Weitergeben von Gesundheitsdaten in Menschenaffengruppen und über das richtige Verhalten des Parkpersonals bei tierärztlichen Einsätzen. Das alte Parkpersonal begrüßte mich freudig. Es war schön, wenigstens einige von ihnen wiederzusehen, denn sie hatten wahrhaft bewegte Zeiten hinter sich. Sie erzählten mir, dass man meine einstige Hütte zerstört hätte. Beklommen sah ich dem nächsten Tag entgegen. In der Nacht schliefen wir in dem Hotel am See, in das ich damals auf der Flucht evakuiert worden war. Es war merkwürdig fremd und doch vertraut zugleich.

Unser Freund, der Direktor des Nyungweparks, hatte die richtigen Kontakte, und so kamen wir problemlos mit unseren Gummistiefeln und Instrumenten über die Grenze. Dann fuhren wir in mein altes Forschungsgebiet in die Berge. Gérard, das fiel mir auf, wurde immer schweigsamer. Ich dagegen war sehr gespannt und voller Vorfreude, alles wiederzusehen. Im Parkeingang gab es einige neue Gebäude der GTZ. Das große Empfangskomitee, mitsamt Parade der Parkwächter, das früher nur für politische Besucher zusammengekommen war, erwartete uns schon. Man begrüßte uns freudig, und ich musste sogar eine Ansprache halten.

In banger Vorahnung lief ich dann zu meiner alten Waldbleibe. Zwar hatte man Türen und Fenster herausgerissen und alle Möbel weggeschleppt, aber sonst war es noch ganz mein altes romantisches Domizil, mit dem ich so gute Erinnerungen verband.

Ich erkannte alle Wege wieder und wusste noch genau, welche Gorillas wo ihr Territorium gehabt hatten. Es war jedoch ein ziemlicher Schock, zu sehen, wie sich der Wald in den letzten Jahren verändert hatte.

Leider war das gesamte besser geschulte Personal noch in Ruanda auf der Fortbildung, sodass wir mit Führern, die die Gorillas nicht so gut kannten, versuchen mussten, das verletzte Tier zu finden. Im Kahuzi gibt es viele Sumpfgebiete, die die Gorillas durchqueren, und das machte es für uns schwierig, ihnen zu folgen. Die Gorillagruppe bewegte sich zügig weiter in ein Waldgebiet im Norden, das als unsicher galt. Zum Schluss folgten nur noch Gérard und ich den Tieren, die anderen blieben zurück. Einmal kam der verletzte Gorilla tatsächlich in Schussweite, doch das Unterholz war so dicht, dass der Pfeil nicht treffen konnte. Gérard wurde inzwischen immer nervöser und weigerte sich schließlich, unseren Patienten weiter zu verfolgen. Abends im Hotel gestand er mir, dass seine Familie ihn auf Knien gebeten hätte, nicht in den Kahuzi zu fahren. Plötzlich fiel es mir wie Schuppen von den Augen: Gérard war ja Tutsi, der Wald aber voller ethnischer Tutsi und Anhänger der Hutu-Rebellenbewegung. Deshalb also war er immer stiller geworden! Er tat mir sehr Leid, er musste furchtbare Angst ausgestanden haben. Am nächsten Tag konnten wir unseren Patienten nicht weiter verfolgen. Zu groß war die Gefahr, dass man inzwischen von unserer Anwesenheit wusste und einen Hinterhalt vorbereiten konnte. Aber wir wollten wiederkommen, wenn die Situation sich gebessert hatte. Ich warf noch einen letzten wehmütigen Blick auf den Kivusee, als wir schieden. Gérard war zweifelsohne heilfroh, dieses Abenteuer überlebt zu haben.

Millenniumsfeuer

Irgendwann war Weihnachten vorbei und Silvester stand vor der Tür. Es war die Millenniumswende, und jeder war gespannt, was das neue Jahr und Jahrzehnt bringen würden. Wie im Vorjahr wollte ich wieder mit Gérards Nichten feiern. Ich kam etwa gegen zehn Uhr zu Gérards Familie und deren Gästen und unterhielt mich angeregt, denn Gérard war um zehn Uhr schon so betrunken, dass er sich unter allgemeinem Gelächter neben statt auf den Stuhl setzte.

Um fünf Minuten vor Mitternacht rief mich Alphonse, mein Tierarztfreund, auf meinem Mobiltelefon an, um mir alles Gute zum neuen Jahr zu wünschen. Ich klemmte mir also mein Telefon hinter das Ohr, verließ das Wohnzimmer und ging in den Hintergarten, da ich bei dem allgemeinen

Gelächter sonst nichts verstehen konnte. Plötzlich hörte ich jemanden schreien: «Ich kann das nicht akzeptieren!», und dann gingen all meine Wünsche und Träume in einem grauenhaft stechenden Schmerz und sprudelndem Blut unter. Auf meinen Kopf krachten schwere Schläge nieder, ich strauchelte vorwärts, verlor meinen Schuh und das Telefon. Dann versuchte ich meinen Kopf mit dem Arm zu schützen. Schläge hagelten auf meine Schulter und meinen Arm, eine Flasche zerbrach und meine Uhr zersplitterte. Ich schrie und versuchte ins Haus zu rennen. Dann kamen Männer und zogen Doro, die eine zerbrochene Flasche in der Hand hielt, von mir fort. Als ich ins Wohnzimmer stolperte, sahen mich alle entsetzt an. Blut floss aus einer Kopfwunde, lief mir über Gesicht und Nacken und spritzte bis auf die Beine. Gérards Nichte Isabelle zog mich von den kreischenden Besuchern weg ins Bad. Dorthin folgte uns ein Arzt, der zum Glück unter den Gästen war. Im Bad versuchte Isabelle, die Blutung mit dem erstbesten Kleidungsstück zu stillen. Mittlerweile war überall Blut, am Lichtschalter, am Boden, an meinen Kleidern. Der Arzt redete beruhigend auf mich ein, als ich versuchte, mich vor die Tür zu werfen, weil ich draußen Doro toben hörte. Sie drohte, mit der zerbrochenen Flasche weiter auf mich loszugehen. Ich versuchte dem Arzt immer wieder zu erklären, dass die schwere Kopfwunde hinten am Kopf sei; irgendwer brachte Wasser, und wir konnten die Blutung notdürftig stillen.

Als der Tumult sich gelegt hatte und ich notdürftig gewaschen war, brachte man mich ins Wohnzimmer zurück. Die Gäste gestikulierten aufgeregt, besorgt erkundigte sich Gérards Familie nach meinem Wohlergehen. Doro hatte sich schließlich auf Gérard gestürzt und ihn mit Tritten und Schlägen traktiert, bis Sally ihr eine Ohrfeige gab und die anderen Gäste sie vom Grundstück warfen.

Dort hatte sie sich in ihren Dienstwagen gesetzt, hatte meinen und dann auch Gérards Dienstwagen gerammt und war dann in einen dritten Wagen gefahren, der einem der Gäste gehörte. Der Arzt und ich drangen darauf, die Polizei zu benachrichtigen, aber Gérard weigerte sich. Ich hatte Glück: Der Besitzer des dritten demolierten Wagens hatte die Polizei bereits gerufen. Diese bestand darauf, dass ich mich sofort medizinisch versorgen ließ. Inzwischen breitete sich in mir trotz der großen Schmerzen eine eiskalte Lähmung aus. Da weder ich noch Gérard aus unterschiedlichen Gründen fahrtüchtig waren, fuhr mich ein Polizist. Wir fuhren zunächst zur belgischen Botschaftsärztin, die aber, wie wir durch einen Anruf feststellen konnten, auf einer sehr fröhlichen Silvesterparty war und nicht kommen wollte. Die Polizei fuhr mich deshalb zu Doros Haus. Dort angekommen, befahlen sie ihr, die Tür zu öffnen. Aber sie weigerte sich. Durch die verschlossene Tür hindurch verbot man ihr jegliche weitere Annäherung an mich und fuhr mich dann ins Krankenhaus.

Dann musste ich das tun, vor dem ich am meisten Angst hatte: Mich in einem Land behandeln lassen, das eine hohe Aids-Rate und einen niedrigen medizinischen Standard hat. Trotz meiner Schmerzen kontrollierte ich jede einzelne Medikamentenverpackung auf Sterilität.

Inzwischen hatte ich Alphonse angerufen, der ja über das zu Boden gefallene Telefon meine Schreie noch mitgehört hatte, erklärte ihm die Situation und bat ihn, bei ihm übernachten zu dürfen. Er lud mich sofort ein, aber die Polizei bestand darauf, mich in meiner eigenen Wohnung zu beschützen. Ich fühlte mich dort nicht sicher. Der Nachtwächter war nicht da, und die Hunde kannten Doro, sie würden sie im Zweifel freundlich begrüßen. Gérard wollte nicht bei mir bleiben.

So verbrachte ich die Millenniumsnacht mit blutbefleckten Kleidern und einer Kopfwunde in meiner Wohnung, voller Angst und allein. Prost Neujahr!

Einen Trost gab es immerhin: Doro hatte nun allen gezeigt, wozu sie fähig war. Vielleicht würden die Verantwortlichen jetzt die Konsequenzen ziehen.

Die Wanzen aber …

Ich legte mich einige Stunden schlafen. Gegen zehn Uhr morgens klingelte das Telefon. Es war Doro. Mit vollkommen nüchterner Stimme sagte sie: «Das nächste Mal erwische ich dich richtig!!!» Ich legte den Hörer sofort auf. Es war eine eindeutige Morddrohung, und das, obwohl ihr die Polizei jeglichen Kontakt zu mir untersagt hatte! Das musste ich ernst nehmen.

Zuerst versuchte ich Gérard zu erreichen, aber sein Telefon war ausgeschaltet. Dann rief ich die deutsche Botschaft an, die nur einen Anrufbeantworter eingeschaltet hatte. Auch Tim war nicht zu erreichen. Dann rief ich die Polizei an, erzählte ihnen von der Morddrohung und machte mich dann zu Fuß zu Gérards Wohnung auf, wobei ich mich immer wieder ängstlich umsah. Gérard schickte mir seinen Bruder zur Begleitung mit, denn ich sollte den Hergang noch einmal bei der Polizei zu Protokoll geben. Er selbst war noch nicht wieder in der Lage zu stehen.

Drei Tage verließ ich die Wohnung nicht, drei Tage hörte ich von keinem meiner Vorgesetzten, und Gérard unternahm nichts, um mich zu beschützen. Ich hatte jetzt jegliches Vertrauen in ihn verloren. Dann erreichte mich der Chef unserer Zentrale und versprach, sich sofort an Doros

Boss zu wenden. Am vierten Tag, das wusste ich, würden wir nach Uganda fahren, und dort fühlte ich mich sicher. Wir behandelten die Gorillas, aber als ich zurückkam, hatte ich solche Schmerzen, dass ich einen weiteren Arzt aufsuchte. Der röntgte meinen Kopf und sagte, ich hätte von Anfang an absolute Bettruhe haben müssen, er könne Gehirnblutungen mit den vorhandenen diagnostischen Mitteln nicht ausschließen. Dann zog ich zu einer deutschen Freundin um, ohne Gérard zu sagen, wo ich wohnte. Er sprach nach wie vor noch mit Doro! Ich begann, wie in Trance zu leben und zu funktionieren. Ich konnte nicht weinen, ich konnte nicht lachen, ich konnte nicht fühlen. Nur als wir ein totes Gorillababy von den Forschungsgruppen zur Sektion abholen sollten und ein Wiedersehen mit Doro drohte, bekam ich im Auto einen Weinkrampf. Eine halbe Stunde lang konnte ich nicht aufhören. Zum Glück war Doro gerade nicht da.

Einige Tage später erhielt ich eine E-Mail, die mich erschütterte. «Sehr geehrte Frau Eilenberger», stand da, «ich fand Ihre Visitenkarte in dem Portemonnaie meines Sohnes. Er wurde vorige Woche tot in Uganda aufgefunden, und ich habe ihn letzte Woche am Ufer des Viktoriasees bestattet. Es lag kein Fremdverschulden und kein Selbstmord vor. Ich würde gern von Ihnen wissen, in welcher Stimmung Sie ihn in den Wochen vor seinem Tod erlebt haben und worüber er nachdachte.» Der junge Mann war nur fünfundzwanzig Jahre alt geworden, er war ein angehender Primatologe und hatte auf seiner mehrere Wochen dauernden Rundreise durch Ostafrika auch mich und die Gorillas besucht. Ein befreundeter Fotograf hatte ihm meine Adresse gegeben, und wir hatten uns eines Abends in der Kneipe in Ruhengeri kennen gelernt, wo ich ihm half, seinen Gorillabesuch zu organisieren. Er war voller Tatendrang und Zuversicht gewesen und hatte viele Pläne gehabt. Erschüttert schrieb ich dem Vater zurück und erzählte ihm unter anderem, dass auch ich Afrika beinahe nicht mehr lebend verlassen hätte.

Nach zehn Tagen meldete sich dann endlich mein eigener Chef Tim zu Wort. Angeblich war Doro von ihrer Organisation aller Ämter enthoben worden. Man wolle sie in den Urlaub zum Nachdenken schicken, und man verlange, dass sie sich bei mir entschuldigte. Ich konnte es kaum glauben. Einen Mordversuch oder auch nur schwere Körperverletzung kann man doch nicht einfach nur mit einer Entschuldigung und ein wenig Nachdenken abtun! Schließlich konnte ich mich nicht sicher fühlen, solange sie im Land war und meinen Aufenthaltsort kannte. Ich fragte mich, worauf man eigentlich noch wartete.

Inzwischen arbeitete ich weiter wie ein Roboter und wohnte derweil versteckt bei meiner Freundin, die mich liebevoll unterstützte. Mittlerweile hatte die deutsche Botschaft Schritte für mich eingeleitet, und es hieß, Doro dürfe sich nicht von ihrem Haus in Kigali wegbewegen, sodass ich theoretisch wenigstens in den Bergen sicher sei. Dann jedoch wurde sie auf der Straße zu den Bergen im Auto gesehen, und ich wusste, dass das entweder nicht stimmte oder nicht kontrolliert wurde.

Auch Gérard hatte eine Aussage zu den Tatnacht bei der Polizei gemacht. Obwohl er Doros Verhalten scharf verurteilte, schon allein deshalb, weil sie Schande über seine Familie gebracht hatte, intervenierte er offenbar bei den Behörden massiv zu ihrem Schutz. Denn als ich ihn nach der Aussage von der Polizei abholte, klopfte mir der Polizist auf die Schulter und meinte: «Das war doch wohl nicht das Schlimmste, was in Ihrem Leben passiert ist!» War es aber. Und es sollte noch zu steigern sein!

Nach meinem letzten Brief schickte mir Tim die Anweisung, das Land umgehend zu verlassen. Er sprach davon, dass ich mich in Deutschland erholen solle und ein Computerszintigramm machen lassen sollte, um Gehirnblutungen auszuschließen. Ich hatte überall im Ausland eine Krankenversicherung, aber nicht in Deutschland. Also flog ich nach Nairobi, wo ich mich zum ersten Mal wieder sicher fühlte. Dort forderte Tim mich per E-Mail auf, ihm eine Bescheinigung darüber zu schicken, dass seine Organisation für den Zwischenfall nicht verantwortlich sei. Das tat ich. Für den nächsten Tag hatte er mir eine weitere Mail angekündigt, die ich aber wegen der Zeitverschiebung und der Büroschlusszeiten des Hotels nicht bekam. Als ich ihn anrief, kündigte er meinen Arbeitsvertrag mit den Worten: «Wenn du einen Freund haben willst, musst du dir ein anderes Projekt suchen.» Auf meine Frage, wieso eigentlich ich als Opfer bestraft würde, sagte er: «Mit Gérard rechne ich getrennt ab.» Ich fragte noch einmal, ob ich mich wirklich gefahrlos wieder nach Ruanda begeben könnte, was er bekräftigte.

Die ganze Nacht stand ich wie unter Strom und schlief keine Sekunde. Am nächsten Morgen flog ich um sechs Uhr morgens wieder nach Kigali, mich immer vorsichtig umsehend, ob Doro vielleicht auftauchte. Tatsächlich traf ich dann ihren Boss beim Einchecken. Er fragte nur gleichgültig: «Na, wie geht es Ihnen?» Das war alles. Als ich aus dem Flughafen heraustrat, erstarrte ich: Dort stand Doro! Mein Boss hatte mich ohne mit der Wimper zu zucken direkt in ihre Arme geschickt. Der «kleine Klaus» hatte also tatsächlich Recht behalten mit seiner düsteren Prophezeiung, was die Politik in unserer Organisation anging.

Fünf Tage später saß ich im Flugzeug nach Deutschland. Meine Freundin hatte mich zum Flughafen gebracht, und auch Gérard kam, um sich zu verabschieden. Er sagte: «Verzeih mir», und ich erwiderte: «So etwas kann man nie verzeihen.» – «Dann vergib mir wenigstens.» Und ich erinnerte mich an den berühmten Satz der mexikanischen Malerin Frida Kahlo, den sie bei der Scheidung zu ihrem Mann Diego Rivera gesagt hatte: «Ich hatte zwei Unfälle im Leben, einen Busunfall, bei dem ich von einer Stange durchbohrt wurde und mein Leben lang an den Spätfolgen litt, und dich. Du warst der schlimmere.»

Mein Vertrag hätte ohnehin drei Monate später geendet, sodass ich professionell keinen großen Schaden erlitt. Aber was mir passiert ist, war nicht nur schwere Körperverletzung und ein missglückter Mordversuch, es war auch schwere seelische Gewalt. Allen Personen, die daran aktiv oder, ebenso schlimm, schweigend, billigend und unterstützend beteiligt waren oder mir in dieser schutzlosen Situation auch noch in den Rücken fielen, muss ich ein gewaltiges Maß an Charakter- und Skrupellosigkeit bescheinigen.

Auch heute, zwei Jahre später, arbeiten die Hauptverantwortlichen bis auf eine Ausnahme alle noch in ihren Positionen. Viele mutige und weitsichtige Menschen haben jahrelang darum gekämpft, dass Verbrechen im privaten Umfeld unter Strafe gestellt werden. Aber auch in meinem Fall hat man massiv versucht, die angewendete Gewalt nicht nur zu verniedlichen, sondern auch unter den Tisch zu kehren.

> «Den Haien entrann ich
> Die Tiger erlegte ich
> Aufgefressen wurde ich
> Von den Wanzen.»
> (Bertolt Brecht)

Und man glaubt kaum, in welchem Kleid man die Wanzen überall trifft. Das war es, was ich fühlte, als ich in Brüssel auf dem Flughafen saß und auf meinen Anschlussflug wartete, während der neue US-Präsident Bush seine säbelrasselnde Antrittsrede im Fernsehen hielt.

Es ist an der Zeit, dass die Europäer überall auf der Welt ihre profunde Ausbildung und das aus einer traditionsreichen Kultur erwachsene Wissen dazu nutzen, schützenswerte Völker, Tiere und Kunstschätze zu bewahren. Auch deutsche Politiker, Wissenschaftler, Interessenverbände und Tierärzte sollten aktiv im Menschenaffen- und Naturschutz tätig werden und nicht den Nordamerikanern und Japanern das Feld überlassen.

Als ich nach Hause kam, lag dort die Postkarte einer Freundin, die sie mir zu Weihnachten geschickt hatte. Sie war vorne mit einem Reigen nackter Putten bedruckt, und darunter stand: «Ich wünsche dir viele Schutzengel.» Zum Glück war ihr Wunsch in Erfüllung gegangen!

Trotz allem, was ich durchlebt habe, bin ich auch reich beschenkt worden, und ich werde die Hoffnung nie aufgeben, dass eines Tages Menschen mit Fachwissen und echtem Interesse die letzten wilden Menschenaffen beschützen. Die Tiermedizin kann dazu viel beitragen.

Wenn mich heute meine eigene Tochter um einen Rat für ihren Lebensweg bitten würde, würde ich ihr sagen: «Welchen Weg auch immer du im Leben gehst, bleibe dir selbst gegenüber stets treu!»

Nachwort

James Balog formulierte in seinem Bildband über Menschenaffen und Menschen folgenden Satz, der meine Motivation zum Schreiben dieses Buches sehr gut zusammenfasst:

> «Fed by the tension between human life
> and the life of nature surrounding us
> created in response to oppositions
> this work seeks reintegration.»

Die Inspiration, die Umsetzung der Idee, das Durchhalten in hellen und allerdunkelsten Zeiten wären ohne die Vielzahl meiner großzügigen, liebevollen und integren Freunde nicht möglich gewesen.

Neben meiner Familie, deren Wohltaten zum Teil genannt sind, danke ich insbesondere Andreas, der mir mit steter Liebe und Stabilität die Kraft gab, die ganzen ersten schwierigen Jahre zu überwinden.

Großer Dank gebührt all meinen Freundinnen, die mir mit Briefen, Päckchen, astronomisch teuren Telefonanrufen und unzähligen E-Mails ebenso zur Seite standen wie mit aufmunternden Gesprächen, Unterschlupf, Job- und Wohnungsangeboten. Ihre Hilfe war ebenso vital wie kompetent und warmherzig für mich.

Die Begleitung durch meine männlichen Freunde war nicht immer und bei allen ganz so kompetent (Ausnahmen, insbesondere genannte, bestätigen die Regel). Aber ihre Gegenwart hat mein Leben durchaus kurzweiliger gemacht.

Der Vielzahl meiner Ausbilder in verschiedenen Disziplinen und meinen oft zweifelnden Stipendiengebern sei hier ebenfalls gedankt. Mein Überleben beweist: Es war möglich.

Zu besonderem Dank verpflichtet fühle ich mich auch:

Angela Meder, die mir entscheidende Tipps gab.

Birgit Betzelt, deren professionelle, wunderbare Gorillafotos letztendlich dazu führten, dass der Rowohlt Verlag mich kontaktierte. Ich wünsche ihr noch viele Folgeaufträge. Meiner Lektorin Katharina Naumann, die mich nicht nur entdeckt, sondern durch ihre großartige Redaktion meine Geschichte noch verbessert hat.

Die Namen aller weniger sympathischen Personen und Organisationen in diesem Buch sind frei erfunden; niemand kann also erkannt werden.

Allen, die noch zweifeln, sei die fiktive Geschichte «Brazzaville Beach» von William Boyd zur Lektüre ans Herz gelegt.